高等学校土木工程专业"十四五"系列教材
高等学校土木工程专业应用型本科系列教材

BIM技术在土木工程设计中的应用

武 鹤 刘海苹 王丛菲 杨道宇 主 编

中国建筑工业出版社

图书在版编目（CIP）数据

BIM 技术在土木工程设计中的应用 / 武鹤等主编. —
北京：中国建筑工业出版社，2021.12
高等学校土木工程专业"十四五"系列教材 高等学
校土木工程专业应用型本科系列教材
ISBN 978-7-112-26698-2

Ⅰ. ①B… Ⅱ. ①武… Ⅲ. ①土木工程—计算机辅助
设计—应用软件—高等学校—教材 Ⅳ. ①TU201.4

中国版本图书馆 CIP 数据核字（2021）第 208987 号

　　本书全面介绍了 BIM 技术在土木工程设计中的应用现状和应用方法，主要从
建筑工程领域和交通工程领域设计现状和解决方案入手，使用 Revit、MicroSta-
tion、CCNCBIM OpenRoads、LumenRT 软件进行工程设计。本书共分为 9 章，分
别为 BIM 技术及标准的认知、BIM 技术的软件平台认知、建筑信息模型（BIM）
创建、建筑信息模型（BIM）成果输出、建筑信息模型（BIM）应用拓展、Mi-
croStation 工程设计应用、CCNCBIM OpenRoads 工程设计应用、LumenRT 三维
模型渲染、BIM 技术在交通工程设计中的应用实例。

　　本书为土木工程相关专业的 BIM 应用者提供了参考依据，可作为高等院校土
木工程专业、道路桥梁与渡河工程专业、交通工程专业的教学用书，也可作为从
事建筑、公路、城市道路等相关专业工程技术人员和研究人员的参考书。

　　为了更好地支持相应课程的教学，我们向采用本书作为教材的教师提供课件，
有需要者可与出版社联系。建工书院：http：//edu.cabplink.com；邮箱：jckj@
cabp.com.cn，2917266507@qq.com；电话：（010）58337285。

＊　＊　＊

责任编辑：聂　伟　王　跃
责任校对：赵　颖　李美娜

高等学校土木工程专业"十四五"系列教材
高等学校土木工程专业应用型本科系列教材
BIM 技术在土木工程设计中的应用
武　鹤　刘海苹　王丛菲　杨道宇　主　编
＊
中国建筑工业出版社出版、发行（北京海淀三里河路 9 号）
各地新华书店、建筑书店经销
北京红光制版公司制版
河北鹏润印刷有限公司印刷
＊
开本：787 毫米×1092 毫米　1/16　印张：24¼　字数：593 千字
2022 年 5 月第一版　　2022 年 5 月第一次印刷
定价：**63.00** 元（赠教师课件）
ISBN 978-7-112-26698-2
（38560）

前　　言

　　BIM 技术是一项应用于项目全生命周期的数字化技术，它以一种在整个生命周期都通用的数据格式，创建、收集该设施所有相关信息并建立起信息协调的信息化模型作为项目决策的基础和共享信息的资源。BIM 技术等信息技术是提高产业信息化水平，推进建筑、交通、水利等工业化、数字化、智能化，实现转型升级的基础性技术，是现代土木工程行业可持续发展的重要支点。

　　我国的土木工程建设体量很大，BIM 技术推广应用工作正在如火如荼地开展。设计单位、施工单位、行业协会、科研院校等都在积极地开展 BIM 方面的推广和实践应用。对于土木工程建设领域的技术、管理人员而言，BIM 技术都是必须掌握的技能。同时，在国家政策不断推动和行业内部需求不断增强的大环境下，BIM 也是面向未来的行业创新创业的重要领域。

　　为了使 BIM 类书籍与企业实际需求紧密衔接，为企业高质量发展营造良好的环境，本书为土木工程领域从业人员提供全面、系统的 BIM 知识和实践应用。本书主要从土木工程行业解决方案入手，分为上篇（建筑工程领域）和下篇（交通工程领域），上篇使用 Autodesk 公司 Revit 软件进行编写，下篇使用 Bentley 公司 MicroStation CONNECT Edition、CNCCBIM OpenRoads、LumenRT 软件进行编写，讲解了使用软件操作环境搭建、工作流程和相关技巧应用，最后用工程项目实例综合叙述，实现了基于 BIM 技术的土木工程三维设计、工程图纸输出、数字化交付等方面的应用。

　　本书共 9 章，第 1 章由黑龙江工程学院武鹤编写，第 2 章由哈尔滨建筑云网络科技有限公司杨道宇编写，第 3 章由哈尔滨工业大学建筑设计研究院王丛菲编写，第 4 章由哈尔滨工业大学建筑设计研究院李浩然编写，第 5 章由哈尔滨工业大学建筑设计研究院赵晓彤、张璠编写，第 6、8 章由黑龙江工程学院杨扬编写，第 7、9 章由黑龙江工程学院刘海苹编写，全书由刘海苹、王丛菲负责统稿。

　　本书在编写过程中，参考了相关标准、规范、教材和论著，在此谨向有关编者表示衷心的感谢。由于 BIM 所涉及的问题比较复杂，加上编者水平有限，书中难免有不妥之处，敬请广大读者批评指正。

目　　录

上篇　BIM 技术在土木工程(建筑工程领域)设计中的应用

下篇　BIM技术在土木工程(交通工程领域)设计中的应用

第1章　BIM技术及标准的认知

1.1　BIM技术的认知

1.1.1　BIM的概念

BIM思想的产生于1975年，是由查理斯·伊斯曼（Charles Eastman）提出来的，Eastman教授在其研究的课题"Building Description System（建筑描述系统）"中提出"a computer-based description of a building"，以便于实现建筑工程的可视化和量化分析，提高工程建设效率。但在当时流传速度较慢，直到2002年，由Autodesk公司正式发布《BIM白皮书》后，由BIM教父Jerry Laiserin对BIM的内涵和外延进行界定并把BIM一词推广流传。

BIM是Building Information Modeling的缩写，直译为建筑信息模型，进入21世纪以来，随着计算机技术的迅猛发展，BIM技术的应用也日趋成熟。目前对于BIM的概念还没有统一的定义与解释。

国际标准组织设施信息委员会（Facilities Information Council，FIC）给出了一个定义：建筑信息模型（Building Information Modeling）是利用开放的行业标准，对设施的物理和功能特性及其相关的项目生命周期信息进行数字化形式的表现，从而为项目决策提供支持，有利于更好地实现项目的价值。在其补充说明中强调，建筑信息模型将所有的相关方面集成在一个连贯有序的数据组织中，相关的应用软件在被许可的情况下可以获取、修改或增加数据。

美国国家BIM标准（The National Building Information Modeling Standards Committee，NBIMS）对BIM的定义为：BIM是一个设施（建设项目）物理和功能特性的数字表达；BIM是一个共享的知识资源，是一个分享有关这个设施的信息，为该设施从概念到拆除的全生命周期中的所有决策提供可靠依据的过程；在项目的不同阶段，项目的不同利益相关方可在BIM中插入、提取、更新和修改信息，以支持和反映各自职责范围内的协同作业。

Building SMART International的BIM定义为：BIM是首字母缩略词，以下三者之间既互相独立又彼此关联：

（1）Building Information Modeling：建筑信息模型应用是创建和利用项目数据在其全寿命期内进行设计、施工和运营的业务过程，允许所有项目相关方通过数据互用使不同技术平台之间在同一时间利用相同的信息。

（2）Building Information Model：建筑信息模型是一个设施物理特征和功能特征的数字化表达，是该项目相关方的共享知识资源，为项目全寿命期内的所有决策提供可靠的信息支持。

（3）Building Information Management：建筑信息管理是指利用数字原型信息支持项目全寿命期信息共享的业务流程组织和控制过程。建筑信息管理的效益包括集中和可视化沟通、更早进行多方案比较、可持续分析、高效设计、多专业集成、施工现场控制、竣工资料记录等。

住房和城乡建设部发布的国家标准《建筑信息模型应用统一标准》GB/T 51212—2016 中对 BIM 的定义为：在建设工程及设施全生命期内，对其物理和功能特性进行数字化表达，并依此设计、施工、运营的过程和结果的总称。

1.1.2　BIM 技术及特点

BIM 在民用建筑行业里称为新技术，但没必要认为它"很神秘、很高端"，它只是三维数字技术领域的应用之一。应该说三维数字技术在我们身边无处不在，在许多行业中也早已普及，比如航空、航天、水利水电、电子、船舶、汽车、各种机械制造，其他诸如电影、电视、动画、游戏等，也大量应用了三维数字技术，如图 1.1.2-1 所示。

图 1.1.2-1　飞机、汽车三维数字技术

大多数建筑设计师至今还在从事二维平面设计，而其他行业三维设计与应用已经几十年了。差距如此明显已是不争的事实，如今建筑行业终于着手发展三维数字技术的应用，这就促成了 BIM 技术的应运而生。BIM 技术实质上是基于数字化技术的一种新型工作模式。BIM 包含了建筑物在项目建设周期中的所有相关真实信息，不仅包括几何信息（几何信息反映了建筑模型内部和外部空间结构的三维几何表示，通常通过参数化的三维建筑构件组合来实现），还包括非几何属性信息（非几何信息是指除几何信息之外的所有信息集合，通常被保存在模型的参数属性中），如建筑构件的材料、重量、价格、进度和施工等，同时还为建筑工程师、结构工程师、设备工程师、开发商乃至最终用户等各环节人员提供"模拟和分析"的基础数据。从项目的规划阶段"数据库"就开始建立，随着工程项目的开展，信息和数据将不断丰富和完善。不同专业的设计人员、施工人员以及运维管理人员可以协同工作，随时从中提取有用的资料并实现一次建模无限次充实并利用，从而避免重复工作。

BIM 技术是实现建设项目全生命周期管理的关键，能够存储项目全生命周期的所有物理属性和功能特性指征，以便于业主和经营者利用这些信息进行建筑物管理与维护，乃至整个城市的管理维护。BIM 的优势有很多，在这里特别总结了最具代表性也是最突出的优势。

（1）可视化——BIM 最直观的优势

俗话说："眼睛是心灵的窗口"，人都首先愿意相信自己的眼睛——无论它是否会欺骗你，最直观的是最容易被人接受的，也是接受最快的。"可视化"的概念是指可以被眼睛直接察觉的事物或现象，可视化使"外行变成内行，内行成为专家，专家可以回家"，虽然这是句调侃，但其幽默地反映出可视化的作用确实意义非凡，能够把抽象的、需要大脑思维分析判断的事物转化为视觉直观地表达。

图 1.1.2-2　BIM 的
可视化示意

BIM 的可视化不仅体现在三维模型，能够把传统抽象的二维图纸自然地通过具象的三维模型被视觉感知，还体现在工程计算清单、用量、管理等方面，从而达到由难变易、由繁到简、深入浅出、由抽象到直观的目的，如图 1.1.2-2 所示。

（2）风险前置——BIM 最直接的优势

风险意味着什么？对于投资，风险意味着机遇，意味着高收益，同时也意味着可能有的损失；对于项目设计、施工建设来讲，风险只意味着损失，风险可以变成危险。工程项目的风险不仅包括施工建设风险，还包括前期设计、销售策划风险，以及后期运维管理风险。所谓"风险前置"，就是在实施任务阶段前就能预知、预判出现风险的时间、地点以及类型等，从而采取有效应对措施和解决方案来化解风险的方法。施工建设中的风险为"显性风险"，前期设计和后期运维中的风险为"隐性风险"，发现和解决"隐性风险"在工程项目中尤其重要。

二维设计由于其本身设计手段的局限，错漏碰缺在所难免，人们更多的是根据以往项目的经验总结来进行弥补，这就属于前期设计中的"隐性风险"，而后期运维中的"隐性风险"则表现在设备运行的科学性、安全性和故障率等因素，它们往往更加难以被及时发现，而风险前置是 BIM 对项目最直接的优势，如图 1.1.2-3 所示。

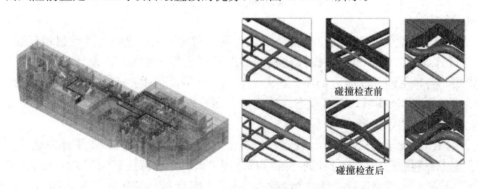

碰撞检查前

碰撞检查后

图 1.1.2-3　风险前置示意

通过 BIM 技术在计算机上完成三维建造模拟，尽早发现项目在施工等阶段存在的风险，以便及时采取主动措施规避风险，将风险控制在设计阶段。

（3）全生命周期——BIM 最大、最深远的优势

建筑的"全生命周期"是指建筑的有效使用年限内的时期，这是表层定义；而深层含

义则包括了建筑从立项、策划到规划、设计、施工，再到运维管理的全过程。BIM 的应用从广义上可以涵盖并服务于建筑乃至城市的全生命周期，能够体现出可持续发展的深远意义。既然 BIM 是一次革命，就不应该局限于建筑设计行业内，而是全建筑业的革命。实现全生命期的关键就在于 BIM 模型的信息传递，在所有传递过程中间，管理就显得至关重要；施工、监理、建设方乃至后期的运维、物业管理方，工作流程、工作方式和人员配备都将产生变化，以形成真正有序的管理，只有这样，从管理上获取设计、施工乃至运维的收益，BIM 才能发挥出它最大、最深远的优势，如图 1.1.2-4 所示。

图 1.1.2-4　全专业 BIM 模型示意

1.1.3　BIM 的应用价值

1. BIM 对甲方的价值

BIM 对甲方的价值主要反映在甲方对 BIM 的实际需求方面。

（1）对设计质量的需求。只有模型、图纸一体化的 BIM 才能保证最大限度地发挥设计效能，把风险前置，从而使设计质量大幅度提高，大幅度减少变更、洽商，往常的错漏碰缺将不复存在。

（2）对时间成本的节省。BIM 能够对设计周期和施工工期进行有效控制和节省。

① 设计周期：BIM 虽然在设计建模的前期阶段会慢于普通 2D 设计，但后期成图阶段非常快，各种平面、立面、剖面、详图、表格统计等都信手拈来，尤其表现在图纸的修改周期明显快于 2D 图纸，而且没有二次错误。随着软件的不断完善进步，BIM 的设计周期会比传统设计缩短很多。

② 施工工期：由于 BIM 设计使得图纸质量大幅度提高，大大减少了错漏碰缺，从而保障了施工顺利进行；由于设计的三维可视化使工人对工程有更直观、更全面的理解，从而窝工、待工、返工情况都会大幅度减少，施工工期自然会缩短；另外，BIM 的三维模型可以直接运用到施工单位进行三维施工模拟，使工程项目管理更加科学、高效，4D、5D 的模拟更能有效提升施工组织计划的科学性、合理性。

（3）对管理成本的控制。BIM 使甲方可有效地控制管理团队的规模，通过建立计算机会商平台，运用高科技手段，可以直观而有效地协同甲方、监理单位、设计院、设备材料商和施工单位等工作，控制项目进度，从而实施高效管理，这样可以大幅节约人力成本和办公成本。

(4) 对设计费的支付。BIM 使甲方不用为一个项目分别支付 2D 设计费和 3D 建模费，甲方只需要面对一个设计团队，支付一份设计费即可，而得到的设计成果的性价比远远高于传统 2D 模式。

(5) 对设计参与的需求。BIM 全程化、可视化的特点促使甲方产生了设计参与的热情和需求。甲方只需要一些简单的操作，就可以直接置身于设计中，对项目产品有了更直观的了解和认知，可以把自己的理念融入项目中，而且可以避免决策上的失误。

2. BIM 对设计院的价值

(1) 工作效率的提高导致人力成本的降低。BIM 使设计院缩减翻图建模非专业人员的编制，同时全过程、全专业的 BIM 设计使设计人员更加精干，设计效率更高，设计周期也相应缩短，以及工地配合工作大幅度简化，这一切都直接或间接地节约了人力成本和时间成本。

(2) 承接设计项目的竞争力增强，从而保证设计费的稳步增加。BIM 增强了设计院的市场竞争力，间接加重了设计费的谈判砝码，从而保证了设计院的经济效益。

(3) BIM 保证了图纸质量的大幅提高，培养锻炼了一线设计人员，从而提升了设计院的整体实力。BIM 使设计师更加关注设计的细节和完成度，各专业直接的配合也更加默契，解决问题的能力大大提高，设计产品更加完善，使设计院的设计水平越来越与国际接轨。

3. BIM 对设计师的价值

通过 BIM，设计师不仅是完成了三维信息模型和二维施工图纸，而且对设计的许多细节有了更全面、更直观、更深刻的认识；同时也更理解了各专业相互配合、协调的重要性。另外设计师自身在实际工作中的技能水平比传统 2D 设计更高，具体表现在：

(1) BIM 使建筑全方位展现在设计师面前，一览无余，设计师能很快发现在 2D 设计中发现不了的设计漏洞并及时补正，使设计更加精细化、准确化。

(2) BIM 设计联动性使图面低级错误消失殆尽，设计师摆脱了低级错误的苦恼。

(3) BIM 的全程可视化给枯燥的设计带来了乐趣，增加了设计师的设计热情和能动性。

(4) BIM 编辑、修改的便利与高效极大地提高了设计效率，设计师不用再做枯燥的重复工作了。

(5) 由于 BIM 包含了建筑物所有构件、设备的全部信息数据，从而为设计统计、造表带来了极大的便利。

(6) BIM 能使我们轻松去做渲染和动画，还能使设计参与 4D、5D 的管理，从而使设计师的作品更趋完美。

三维设计是设计的真正回归，因为工作的全部就是设计的全部，以前二维设计中重复、无趣的"体力活"统统由计算机和 BIM 平台完成，使大脑从机械工作中解放出来，更大限度地投入到创造过程中，这就是"设计"，一个从无到有的创造性工作的真谛。"设计"不再是建筑师所独有，结构工程师、水暖电工程师都是真正意义上的设计师。总之，BIM 使设计师回归"设计"，尽力摆脱"制图"。

1.2 BIM 标准的认知

1.2.1 BIM 国家标准

国家级标准分为三个层次：第一层为最高标准：《建筑信息模型应用统一标准》；第二层为基础数据标准：《建筑信息模型分类和编码标准》《建筑信息模型存储标准》；第三层为执行标准：《建筑信息模型设计交付标准》《建筑信息模型施工应用标准》《制造工业工程设计信息模型应用标准》。

1. 最高标准

《建筑信息模型应用统一标准》GB/T 51212—2016：对建筑工程建筑信息模型在工程项目全寿命期的各个阶段建立、共享和应用进行统一规定，包括模型的数据要求、模型的交换及共享要求、模型的应用要求、项目或企业具体实施的其他要求等，其他标准应遵循统一标准的要求和原则。

2. 基础数据标准

《建筑信息模型分类和编码标准》GB/T 51269—2017：规定了模型信息应该如何分类，对建筑信息标准化以满足数据互用的要求，以及建筑信息模型存储的要求。一方面，在计算机中保存非数值信息（例如材料类型）往往需要将其代码化，因此涉及信息分类；另一方面，为了有序地管理大量建筑信息，也需要遵循一定的信息分类。该标准与 IFD 关联，基于 Omniclass，面向建筑工程领域，规定了各类信息的分类方式和编码办法，这些信息包括建设资源、建设行为和建设成果。对于信息的整理、关系的建立、信息的使用都起到了关键性作用。

《建筑信息模型存储标准》GB/T 51447—2021：规定了模型信息应该采用什么格式进行组织和存储。例如，建筑师在利用应用软件建立用于初步会签的建筑信息后，他需要将这些信息保存为某种应用软件提供的格式，或保存为某种标准化的中性格式，然后分发给结构工程师等其他参加者。对应于 BIM 数据模型标准中的 IFC 标准，该标准基于 IFC，针对建筑工程对象的数据描述架构做出规定，以便于信息化系统能够准确、高效地完成数字化工作，并以一定的数据格式进行存储和数据交换。

3. 执行标准

《建筑信息模型设计交付标准》GB/T 51301—2018：规定了在建筑工程规划、设计过程中，基于建筑信息模型的数据建立、传递和读取，特别是各专业之间的协同，工程各参与方的协作，以及质量管理体系的管控、交付等过程。规定了总体模型在项目生命周期各阶段应用的信息精度和深度的要求，规定各专业子模型的划分、包含的构件分类和内容，以及相应的造价、计划、性能等其他业务信息的要求。对应于 BIM 模型过程标准中的 IDM、MVD 标准。该标准含有 IDM 的部分概念，也包括设计应用方法。规定了交付准备、交付物、交付协同三方面内容，包括建筑信息模型的基本架构，模型精细度、几何表达精度、信息深度、交付物、表达方法、协同要求等。另外，该标准指明了"设计 BIM"的本质，就是建筑物自身的数字化描述，从而在 BIM 数据流转方面发挥了标准引领作用。

行业标准《建筑工程设计信息模型制图标准》JGJ/T 448—2018 是《建筑信息模型设计交

付标准》的细化和延伸。

《建筑信息模型施工应用标准》GB/T 51235—2017：规定了在设计、施工、运维等各阶段 BIM 具体的应用内容，包括 BIM 应用基本任务、工作方式、软件要求、标准依据等。对应于 IDM 标准，标准规定在施工过程中该如何应用 BIM，以及如何向他人交付施工模型信息，包括深化设计、施工模拟、预加工、进度管理、成本管理等方面。

《制造工业工程设计信息模型应用标准》GB/T 51362—2019：这是制造工业工程设计领域第一部信息模型应用标准，主要参照国际 IDM 标准，面向制造业工厂，规定了在设计、施工、运维等各阶段 BIM 具体的应用，具体内容包括这一领域的 BIM 设计标准、模型命名规则，数据该怎么交换、各阶段单元模型的拆分规则、模型的简化方法、项目该怎么交付及模型精细度要求等。

1.2.2　BIM 地方标准

地方标准 表 1.2.2-1

序号	标准号	标准名称	省市区	批准日期	实施日期
1	DB21/T 3409 - 2021	辽宁省竣工验收建筑信息模型交付数据标准	辽宁省	2021-04-30	2021-05-30
2	DB21/T 3408 - 2021	辽宁省施工图建筑信息模型交付数据标准	辽宁省	2021-04-30	2021-05-30
3	DB21/T 3177 - 2019	装配式建筑信息模型应用技术规程	辽宁省	2019-09-30	2019-10-30
4	DB34/T 3838 - 2021	公路工程建筑信息模型分类和编码标准	安徽省	2021-01-25	2021-02-25
5	DB34/T 3837 - 2021	公路工程建筑信息模型交付标准	安徽省	2021-01-25	2021-02-25
6	DB32/T 3841 - 2020	水利工程建筑信息模型设计规范	江苏省	2020-07-14	2020-08-14
7	DB32/T 3503 - 2019	公路工程信息模型分类和编码规则	江苏省	2019-01-12	2019-01-30
8	DB4401/T 25 - 2019	建筑信息模型（BIM）施工应用技术规范	广州市	2019-08-20	2019-10-01
9	DB4401/T 9 - 2018	民用建筑信息模型（BIM）设计技术规范	广州市	2018-08-20	2018-10-01
10	DB13/T 5003 - 2019	水利水电工程建筑信息模型应用标准	河北省	2019-06-30	2019-08-01
11	DB11/T 1610 - 2018	民用建筑信息模型深化设计建模细度标准	北京市	2018-12-17	2019-04-01
12	DB11/T 1069 - 2014	民用建筑信息模型设计标准	北京市	2014-02-26	2014-09-01
13	DB50/T 831 - 2018	建筑信息模型与城市三维模型信息交换与集成技术规范	重庆市	2018-02-05	2018-06-01
14	DB37/T 2936 - 2017	建筑信息模型（BIM）技术的消防应用	山东省	2017-04-14	2017-05-14

第2章 BIM技术的软件平台认知

2.1 Autodesk系列软件

2.1.1 Autodesk软件优势

Autodesk公司是设计与制造技术领域的全球领导者，拥有建筑、工程、施工、设计、制造等方面的专业知识。自1982年推出AutoCAD软件以来，Autodesk继续为全球市场开发最广泛的3D软件组合。Autodesk公司是三维设计、工程及娱乐软件的领导者，其产品和解决方案被广泛应用于制造业、工程建设行业和传媒娱乐业。Autodesk是世界领先的设计软件和数字内容创建公司，其产品用于建筑设计、土地资源开发、生产、公用设施、通信、媒体和娱乐。Autodesk提供设计软件、Internet门户服务、无线开发平台及定点应用，帮助遍及150多个国家的400万用户推动业务，保持竞争力。Autodesk公司帮助用户将Web和业务结合起来，利用设计信息的竞争优势。

AutoCAD软件是Autodesk在软件行业的第一场革命，它将制图带入了个人计算机时代。AutoCAD软件享有广泛的声誉，体现着该公司的一贯承诺：不断探索能够提升生产效率和经济效益的实用性创新。自1982年以来，Autodesk已针对全球最广泛的应用领域，研发出最先进和完善的系列软件产品和解决方案，帮助各行业用户进行设计、可视化，并对产品和项目在真实世界中的性能表现进行仿真分析。例如，荣膺过去15年奥斯卡最佳视觉特效奖的全部获奖影片，均采用了Autodesk的软件产品和解决方案。如今，Autodesk已经成长为一家多样性的软件公司，可以为创建、管理和共享数字资产提供有针对性的解决方案。AutoCAD还为Autodesk技术在建筑、基础设施、制造、媒体和娱乐以及无线数据等各个行业中的领先铺平了道路。

2009年11月17日，中华人民共和国教育部与全球二维和三维设计、工程及娱乐软件的领导者欧特克有限公司（"欧特克"或"Autodesk"）在北京签署《支持中国工程技术教育创新的合作备忘录》。根据该备忘录，双方将通过开展一系列全面而深入的合作，进一步提升中国工程技术领域教学和师资水平，促进新一代设计创新人才成长，推动中国设计创新领域可持续发展，借此为国家由"中国制造"向"中国设计"发展战略的实现贡献力量。

2.1.2 Revit产品简介

Autodesk公司的Revit是运用不同的代码库及文件结构区别于AutoCAD的独立软件平台。Revit系列软件是为建筑信息模型（BIM）构建的，可帮助建筑设计师设计、建造和维护质量更好、能效更高的建筑。Revit是我国建筑业BIM体系中使用最广泛的软件之一。

Revit 系列软件针对建筑、结构和机电三个专业，有三款不同的软件，分别是 Revit Architecture、Revit Structure 和 Revit MEP，在 Revit 2013 版本中，这三个软件被合并到了一起，成为一个软件的三个功能模块。Revit 采用全面创新的 BIM 概念，可进行自由形状建模和参数化设计，并且还能够对早期设计进行分析。借助这些功能可以自由绘制草图，快速创建三维形状，交互地处理各个形状。可以利用内置的工具进行复杂形状的概念澄清，为建造和施工准备模型。随着设计的持续推进，软件能够围绕最复杂的形状自动构建参数化框架，提供更高的创建控制能力、精确性和灵活性。

Revit 软件面向暖通、电气和给水排水工程师提供工具，可以设计最复杂的建筑系统。Revit 支持建筑信息建模（BIM），可帮助导出更高效的建筑系统从概念到建筑的精确设计、分析和文档。使用信息丰富的模型在整个建筑生命周期中支持建筑系统。为暖通、电气和给水排水工程师构建的工具可帮助您设计和分析高效的建设系统以及为这些系统编档。

为支持建筑信息建模（BIM）而构建的 Revit 可帮助您使用智能模型，通过模拟和分析深入了解项目，并在施工前预测性能。使用智能模型中固有的坐标和一致信息，提高文档设计的精确度。专为结构工程师构建的工具可帮助您更加精确地设计和建设高效的建筑结构。

2.2 Bentley 系列软件

2.2.1 Bentley 软件优势

Bentley 软件公司（纳斯达克股票代码：BSY）是一家基础设施工程软件公司。其核心业务是满足负责建造和管理全球公路、桥梁、机场、摩天大楼、工业厂房和电厂以及公用事业网络等基础设施领域专业人士的需求。Bentley 为满足不同专业人士的需求量身打造针对基础设施资产全生命周期的解决方案，这些专业人士包括工程师、建筑师、地理信息人员、规划师、承包商、制造商、IT 管理员、运营商和维护工程师，他们从事着基础设施资产全生命周期的各项工作。每个解决方案均基于一个开放平台构建，由集成的应用程序和服务组成，旨在确保各工作流程和项目团队成员之间的信息共享，从而实现数据互用性和协同工作。

Bentley 的产品包括用于建模和模拟的基于 MicroStation 的应用程序，用于项目交付的 ProjectWise，用于资产和网络性能管理的 AssetWise，以及用于基础设施数字孪生的 iTwin 平台。

2.2.2 MicroStation 简介

MicroStation 的高级参数化三维建模功能可让任何专业的基础设施专业人士交付数据驱动的 BIM 就绪模型。您的团队可以在 MicroStation 上整合工作，包括借助 Bentley 特定专业的 BIM 应用程序创建的设计和模型。因此，您可以创建多专业综合 BIM 模型、文档和其他可交付成果。由于您的项目团队将在通用的建模应用程序中工作，他们可以轻松地进行沟通，以共享智能可交付成果并保持数据的充分完整性。

MicroStation 及所有 Bentley BIM 应用程序均构建于同一个综合建模平台上。因此，您可以利用 Bentley 设计和分析建模 BIM 应用程序，轻松为 MicroStation 工作实现专业特定的工作流。得益于这种灵活性，项目团队中的每位成员在执行其需要完成的工作时，都能用到最适合的应用程序。无需更改现有的工作流，便可获得 BIM 的全部优势。

使用 MicroStation 还可以：

（1）自动生成可交付成果。利用数据驱动的综合 BIM 模型自动创建和共享项目可交付成果，例如图纸、计划表、模型、可视化效果等。

（2）实景建模。轻松集成设计的背景信息，包括实景网格、图像、点云、GIS 数据、Revit 或其他模型、DWG 文件以及外部数据源等。

（3）特有的地理坐标系。在特有的标注地理坐标的环境中工作，便于在精确的地理和几何环境中设计 BIM 模型。

（4）功能组件。体验真正的高级设计建模三维参数化设计，利用二维和三维约束，准确捕捉设计意图并进行建模。

（5）超模型建模。通过丰富、可视化的三维体验，将带注释的文档集成到三维模型中，提供对设计更深入的了解。

2.2.3　CNCCBIM OpenRoads 简介

CCNCBIM OpenRoads 是 Benley 软件公司基于 Bentley OpenRoads 技术，结合我国国家规范、国内用户习惯等本土化需求联合中交第一公路勘察设计研究院有限公司研发的道路工程 BIM 正向设计软件，实现了基于 BIM 的道路三维设计、工程图纸输出、数字化交付等方面的应用。CNCCBIM OpenRoads 可承接对方案设计阶段由 OpenRoads ConceptStation 生成的成果进行深化设计，也可与 Bentley 的实景建模、桥涵、隧道、交通工程、地质、管线、结构详图等软件成果无缝对接，同时完全支持 ProjectWise 协同工作和 iModel 进行项目交付，为国内交通建设行业的业主、设计、施工及监理等各参建方提供贯穿设计、施工、运维全生命周期的 BIM 解决方案，设计效果如图 2.2.3-1所示。

图 2.2.3-1　设计效果图

CNCCBIM OpenRoads 重新定义了设计和施工交付的最佳实践,并确保整个项目交付过程无误。使用 CNCCBIM OpenRoads 可以实现的功能为:

(1)快速从各种数据源收集背景数据,例如点云、三维实景网格、地形数据、图像和地理信息,将真实背景融入项目。

(2)实现指数级建模性能增长,以模型为中心生成设计交付成果。

(3)支持用户跨团队、跨地点、跨专业共享项目信息,并确保准确性和安全性。

(4)使用构件库服务管理和交付功能组件,保证所有工程内工作组之间的衍生式设计。

(5)访问文档中心,为整个项目中所有工作生成多专业文档。

(6)与公众和利益相关方共享逼真的可视化效果,从而收集反馈、提高公众参与度并加快项目审批。

2.2.4 LumenRT 简介

拥有 Bentley LumenRT,您无需成为计算机图形专家,便可将数字化栩栩如生的特性与基础设施模拟设计整合,为项目利益相关方创造震撼的视觉效果,如图 2.2.4-1 所示。这一革命性的实时可视化工具不但可供 AECO 行业的专业人士轻松使用,还能制作极其精美并易于理解的可视化文件。

图 2.2.4-1 可视化效果

使用 Bentley LumenRT 可以实现以下功能:

(1)运用包括各类车辆在内的运动元素以及使用各类车辆、移动的人、随风而动的植物、在某个季节微风吹拂下摇曳的树木、云卷云舒、潺潺流水以及更多元素模拟交通实况,让基础设施模型更有生气。

(2)轻松生成能吸引注意力、电影级别的图片和视频。

(3)使用 Bentley LumenRT LiveCubes 与所有利益相关方共享交互式、呈现三维虚拟实境的演示。

（4）在 MicroStation 中直接创建 Bentley LumenRT 场景，包含 V8i SELECTseries 和 CONNECT Edition，Autodesk Revit，Esri CityEngine，Graphisoft ArchiCAD，Trimble Sketchup 以及从更多领先的三维交换格式中引入元素。

上 篇

BIM 技术在土木工程(建筑工程领域)设计中的应用

第3章 建筑信息模型（BIM）创建

3.1 基础知识

3.1.1 项目准备

1. Revit 基本概念

（1）项目概念

在 Revit 中开始项目设计新建一个文件是指新建一个"项目"文件，这有别于传统 AutoCAD 中的新建一个平面图或剖面图等文件的概念。

在 Revit 中的"项目"是指单个设计信息数据库建筑信息模型（BIM），Revit 的一个项目文件包含了建筑的所有设计信息（从几何图形到构造数据），包括完整的三维建筑模型、所有设计视图（平面、立面、剖面、大样节点、明细表等）和施工图纸等信息。且所有信息之间都保持了关联关系，当建筑师在某一个视图中修改设计时，Revit 会在整个项目中传播这些修改，从而实现了"一处修改、处处更新"。这一点，也完全不同于传统 AutoCAD 设计中，将所有平面、立面、剖面、大样节点、明细表等设计图形放在一个 DWG 文件中保存，但设计信息各自独立互不相关的设计模式，所以 Revit 可以自动避免各种不必要的设计错误，大大减少了建筑设计和施工期间由于图纸错误引起的设计变更和返工，提高了设计和施工的质量与效率。

（2）图元概念

在 Revit 中通过在设计过程中添加图元来创建建筑，Revit 图元有 3 种：模型图元、基准图元、视图专有图元。

1）模型图元：表示建筑的实际三维几何图形，它们显示在模型的相关视图中，例如墙窗、门和屋顶都是模型图元。模型图元又分 2 种类型：

① 主体：通常指在项目现场构建的建筑主体图元，例如墙、屋顶等。

② 模型构件：是指建筑主体模型之外的其他所有类型的图元，例如窗、门和橱柜等。

2）基准图元：可帮助定义项目定位的图元，例如轴网、标高和参照平面等。

3）视图专有图元：只显示在放置这些图元的视图中，可帮助对模型进行描述或归档，例如尺寸标注、标记和二维详图构件等。视图专有图元也分 2 种类型：

① 注释图元：是对模型进行标记注释，并在图纸上保持比例的二维构件，例如尺寸标注、标记和注释记号等。

② 详图：是在特定视图中提供有关建筑模型详细信息的二维设计信息图元，例如详图线、填充区域和二维详图构件等。

（3）类别、族、类型和实例

1）类别：用于对建筑模型图元、基准图元、视图专有图元进一步分类。例如墙、屋顶以及梁、柱等都有数据模型图元类别。标记和文字注释则属于注释图元类别。

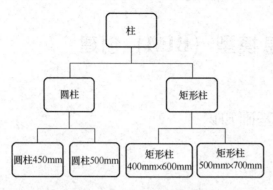

图 3.1.1-1　结构柱分组示意

2）族：用于根据图元参数的共用、使用方式的相同和图形表示的相似来对图元类别进一步分组。一个族中不同图元的部分或全部属性可能有不同的值，但是属性的设置（其名称与含义）是相同的。例如，结构柱中的"圆柱"和"矩形柱"都是柱类别中的一个族，虽然构成此族的"圆柱"会有不同的尺寸和材质，如图 3.1.1-1 所示。

3）类型：特定尺寸的模型图元族就是族的一种类型，例如一个 400mm×600mm、500mm×700mm 的矩形柱都是"矩形柱"族的一种类型；类型也可以是样式，例如"线性尺寸标注类型""角度尺寸标注类型"都是尺寸标注图元的类型。一个族可以拥有多个类型。

4）实例：就是放置在 Revit 项目中的每一个实际的图元，每一实例都属于一个族，并且在该族中，它属于特定类型。例如：在项目中的轴网交点位置放置了 30 根 400mm×600mm 的结构柱，那么每一根柱子都是"矩形柱"族中"400mm×600mm"类型的一个实例。

（4）图元属性：类型属性和实例属性

1）类型属性：是族中某一类型图元的公共属性，修改类型属性参数会影响项目中族的所有已有的实例（各个图元）和任何将要在项目中放置的实例。例如，图 3.1.1-2 中"混凝土-圆形-柱"族"300mm"类型的截面尺寸参数 b 就属于类型属性参数。

2）实例属性：是指某种族类型的各个实例（图元）的特有属性，实例属性往往会随图元在建筑或项目中位置的不同而不同，实例属性仅影响当前选择的图元或将要放置的图元。例如，图 3.1.1-3 的高度参数"底部标高""顶部标高"就属于实例属性参数，当修改该参数时，仅影响当前选择的"圆柱"实例图元，其他同类型的图元不受影响。

图 3.1.1-2　类型属性参数

图 3.1.1-3　实例属性参数

16

2. 新建项目与工作界面

（1）新建项目

"最近使用的文件"主界面：单击"模型"下的"新建"命令，选择需要的样板文件。

（2）工作界面

打开默认建筑样板，如图 3.1.1-4 所示。Revit 的工作界面包含以下几个部分。

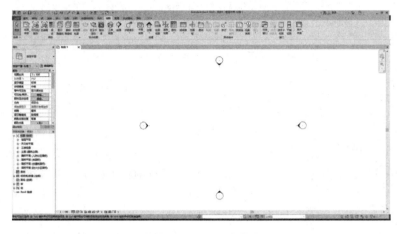

图 3.1.1-4　工作界面

（3）功能区

"功能区"是创建 Revit 项目所用的所有创建和编辑工具的集合，Revit 把这些命令工具按类别分别放在不同的选项卡面板中，如图 3.1.1-5 所示。

图 3.1.1-5　选项卡面板

1）功能区选项卡：Revit 默认"文件""建筑""结构""钢""系统""插入""注释""分析""体量和场地""协作""视图""管理""附加模块""修改"共 14 个主选项卡。

2）功能区子选项卡：当选择某图元或激活某命令时，在"功能区"主选项卡后会增加子选项卡，其中列出了和该图元或该命令相关的所有子命令工具，如图 3.1.1-6 中的"修改｜放置结构墙"即为选择墙图元后的子选项卡。

图 3.1.1-6　墙图元子选项卡

3）面板：每个选项卡都将其命令工具细分为几个面板，选项卡下方的"剪切""连接"后面有下拉三角箭头，表明该面板为展开面板，可以显示更多的工具。

（4）选项栏

"功能区"下方即为"选项栏",如图3.1.1-7所示当选择不同的工具命令,或选择不同的图元时,"选项栏"会显示与该命令或图元有关的选项,从中可以设置或编辑相关参数。

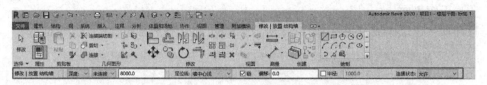

图 3.1.1-7 结构墙选项栏

图 3.1.1-8 墙属性参数

（5）"属性"选项板与类型选择器

"选项栏"下方最左侧一列上面的浮动面板即为"属性"选项板。当选择某图元时,"属性"选项板会立即显示该图元的图元类型、属性参数等,如图3.1.1-8所示为墙的"属性"选项板。"属性"选项板由以下3部分组成：

1）类型选择器：选项板上面一行的预览框和类型名称即为图元类型选择器。单击右侧的下拉三角箭头可以从下拉列表中选择已有的合适的构件类型直接替换现有类型,而不需要反复修改图元参数。

2）实例属性参数：选项板下面的各种参数列表,显示了当前选择图元的各种限制条件类、图形类、尺寸标注类、标识数据类、阶段类等实例参数及其值。修改参数值可改变当前选择图元的外观尺寸等。

3）编辑类型：单击该按钮,可打开"类型属性"对话框,可以复制、重命名对象类型,并编辑其中参数值,从而改变与当前选择图元同类型的所有图元的外观尺寸等。

"属性"选项板下方即为"项目浏览器",项目浏览器用于显示当前的项目中所有视图、明细表、图纸、族、组、链接的Revit模型和其他部分的目录树结构,展开和折叠各分支时,将显示下一层目录。

"项目浏览器"的形式和操作方式类似于Windows的资源管理器,双击视图名称即可打开视图；选择视图名称单击鼠标右键即可找到复制、重命名、删除等视图编辑命令。

（6）绘图区域和面符号

"项目浏览器"右侧空白区域即为Revit的"绘图区域",其背景默认为白色,可在"选项"中反转为黑色。

在"绘图区域"默认的平面视图中,上下左右居中位置各显示一个"立面符号"⊙,东南西北4个正立面视图即由这4个立面符号自动生成。

注：请不要随意删除立面符号,否则正立面视图也将被删除。如果项目很大出了立面符号的空间范围,请窗选该符号,用鼠标拖拽或工具栏的"移动"命令将其移引到项目之外,则立面视图会自动显示建筑的完整立面。

（7）视图控制栏

18

"绘图区域"左下角即为"视图控制栏"，如图 3.1.1-9 所示，通过"视图控制栏"可以快速设置当前视图的"比例""详细程度""视觉样式""打开/关闭日光路径""打开/关闭阴影""打开/关闭裁剪区域""显示/隐藏裁剪区域""临时隐藏/隔离"和"显示隐藏的图元"，以上功能命令将在后续章节中详细介绍。

图 3.1.1-9　视图控制栏

（8）状态栏

主界面最下面一行是 Revit 的"状态栏"。当选择、绘制、编辑图元时，系统会在状态栏提供一些技巧或提示。

1）当高亮显示图元或构件时，状态栏会显示该图元的族和类型名称。

2）勾选"状态栏"右侧的"单击＋拖拽"，允许在不事先选择图元的情况下直接单击并拖拽图元。

3）过滤器 ∇:0 ："状态栏"右侧的过滤器图标，显示当前已经选择的图元数量。选择图元后，单击过滤器可通过勾选的方式按类别过滤选择的图元。

（9）其他

1）工具提示：将光标停留在"功能区"的某个工具上时，默认情况下，Revit 会显示工具提示，简要介绍该工具的功能用途。工具提示方式由"选项"设置决定，默认为"标准"显示模式，即先显示"最小"，后显示"高"。

2）按键提示：按下 Alt 键可以显示应用程序窗口中常用工具的按键快捷键提示，如图 3.1.1-10所示。当按"功能区"选项板对应的快捷按键后，将显示其中的各个工具命令的快捷键提示。

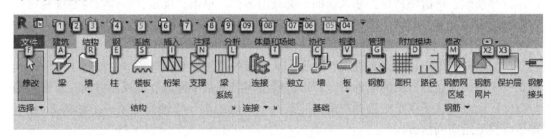

图 3.1.1-10　按键快捷键提示

3）右键菜单：选择构件或在视图空白处点鼠标右键，可找到与所选图元或当前视图相关的编辑命令及删除、缩放等常用命令。

4）自定义用户界面：在功能区"视图"选项卡的"窗口"面板中单击"用户界面"命令，从下拉列表中勾选或取消勾选"项目浏览器""属性""状态栏"等，可以打开或隐藏其显示。

3. 图形浏览与控制基本操作

以下介绍 Revit 视图和图元浏览与控制的基本操作方法，例如：缩放、平移视图，隐藏、隔离、显示构件，或在平、立、剖面等视图之间切换，选择和过滤图元等。

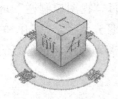

图 3.1.1-11　View
Cube 导航工具

（1）视图导航

新建一个新的项目，打开 Revit，新建"建筑样板"。

1）View Cube 导航

View Cube 导航工具用于在三维视图中快速定向模型的方向，如图 3.1.1-11 所示。

① 不活动状态：View Cube 在不活动状态时为半透明显示，不会遮挡模型视图。

② 活动状态：当移动光标到 View Cube 上时，View Cube 处于活动状态，不透明显示。光标在 View Cube 上的位置不同显示不同，单击后模型方向不同。

③ 指南针：立方体下的带方向文字的圆盘即是指南针。单击指南针的方向文字即可切换到东南西北正立面视图。单击拖拽方向文字可以旋转模型。移动光标到指南针的圆，圆加粗蓝色亮显，单击拖拽圆可旋转模型。

④ View Cube 关联菜单：除了在 View Cube 导航工具上鼠标单击或拖拽切换视图外，还可以通过 View Cube 菜单进行操作和设置。单击 View Cube 右下角的下拉三角箭头或在 View Cube 上单击鼠标右键，即可打开 View Cube 关联菜单。在关联菜单中可进行以下操作和设置。

主视图设置：单击"将当前视图设定为主视图"命令即可将当前的模型视图方向设定为主视图，以后即可随时用"转至主视图"命令快速切换至该视图。

前视图设置：单击"将视图设定为前视图"命令即可从子菜单中选择东南西北 4 个主立面视图或其他项目文件中已经创建的立面视图中的一个，并将其视图方向设定为前视图方向，此时 View Cube 立方体的"前"会自动调整到所选择视图的方向。单击"重置为前视图"命令前视图恢复为默认的南立面视图方向。

保存视图：单击该命令，输入新的三维视图名称，单击"确定"后即可将当前视图保存在"项目浏览器"的"三维视图"节点下随时打开查看。

显示指南针：单击该命令可显示或关闭 View Cube 的指南针。

模型定向：单击"定向到视图"命令、从展开的"楼层平面"或"立面"子菜单中选择某一个平面或立面视图的名称后，即可将模型定向到某平面或立面视图方向。单击"确定方向"命令，从子菜单中选择东南西北某一个方向或东北等轴侧等某一个轴侧方向后，即可将模型定向到该方向。

View Cube "选项"设置：单击"选项"命令，打开系统设置"选项"对话框的"View Cube"选项卡，如图 3.1.1-12 所示。其中可以设置 View Cube 的外观显示（显示位置、屏幕位置、大小、不透明度）、单击和拖拽时的视图表现、指南针显示等。单击左下角的"恢复默认值"按钮将上述设置恢复到系统原始设置。

2）导航栏

在 View Cube 右下方的矩形工具栏为"导航栏"，其中包含"控制盘"（Steering Wheels）（图 3.1.1-13）和"缩放"（图 3.1.1-14）两大工具。

导航栏在默认情况下为 50% 透明显示，不会遮挡视图。单击右下角的下拉三角箭头，在自定义菜单中可以做以下设置：

图 3.1.1-12 View Cube 外观设置

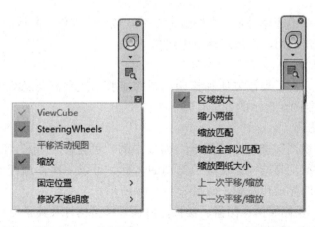

图 3.1.1-13 控制盘　　　图 3.1.1-14 缩放

① 自定义工具：单击"Steering Wheels""缩放"命令可以在"导航栏"中显示或关闭"Steering Wheels"和"缩放"工具。

② 固定位置：设置"导航栏"的显示位置。

单击该命令，从子菜单中的"左上、右上、左下、右下"选择一个方向，"导航栏"将移动到对应的位置显示。

单击该命令，从子菜单中的"连接到 View Cube"，可以将"导航栏"和"View Cube"连接在一起，或取消连接。在连接状态下，"导航栏"和"View Cube"一起移动。取消连接时，导航栏为独立面板，可单独移动位置。

③ 修改不透明度：单击该命令可以选择导航栏的透明度值。

注：在功能区"视图"选项卡的"窗口"面板中单击"用户界面"命令，从下拉列表中勾选或取消勾选"导航栏"可以显示或隐藏导航栏。

（2）导航栏："缩放"工具

单击导航栏下方的"缩放"工具下面的下拉三角箭头，从下拉菜单中选择一个缩放命令：

1）区域放大（默认快捷键 ZR）：选择命令后，用光标单击捕捉要放大区域的两个对角点，当前视图窗口中即放大显示该区域。

2）缩小一半（默认快捷键 ZO）：选择命令后，即以当前视图窗口的中心点为中心，自动将图形缩小一半以显示更多区域。

3）缩放匹配（默认快捷键 ZF、ZE）：选择命令后，即在当前视图窗口中自动缩放以充满显示所有图形。

4）缩放全部以匹配（默认快捷键 ZA）：当同时打开显示几个视图窗口时，选择命令后，将在所有打开的窗口中执行"缩放匹配"命令，自动缩放以充满显示所有图形。

5）缩放图纸大小（默认快捷键 ZS）：选择命令后，将视图自动缩放为实际打印大小。

6）上一次平移/缩放（默认快捷键 ZP）：选择命令后，将视图恢复到最近平移或缩放状态中的上一次平移和缩放视图。

7）下一次平移/缩放：选择命令后，将视图恢复到最近平移和缩放状态中的下一次平移和缩放视图。

注：从下拉菜单中选择了某一个缩放命令后，该命令即作为默认的当前缩放命令，下次使用时可直接单击使用，无须从菜单中选择。

4. 图元可见性控制

在设计过程中，为了操作方便和打印出图的需要，经常需要隐藏或显示某些设计内容。在 Revit 中控制图元显示的方法有以下 3 种。

（1）可见性/图形

使用功能区"视图"选项卡"图形"面板中的"可见性/图形"工具（默认快捷键：VV），通过勾选或取消勾选构件及其子类别的名称，可以一次性地控制某一类或某几类图元在当前视图中的显示和隐藏，如图 3.1.1-15 所示。

1）模型类别：控制墙体、门窗、楼板、屋顶等模型构件及其子类别的可见性。

2）注释类别：控制所有文字、尺寸标注、门窗标记、参照平面等注释类别的可见性。

3）过滤器：通过设置过滤器来控制图元的可见性。

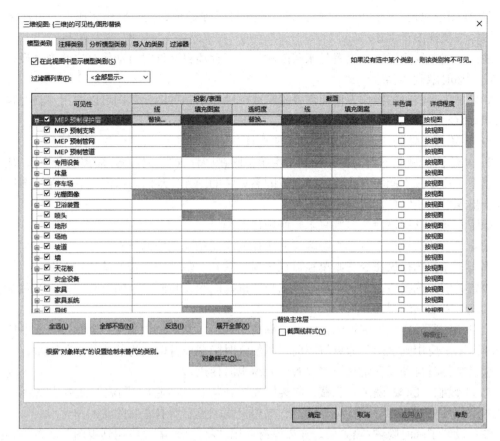

图 3.1.1-15　三维视图面板

注：取消勾选顶部的"在此视图中显示模型类别"可以隐藏所有模型类别图元，注释和导入类别同理。

（2）隐藏与显示

隐藏图元还有一个非常方便的方法："隐藏"或"视图中隐藏"命令。

1）在练习文件的三维视图中按住 Ctrl 键，单击随便选择几个门、窗图元。功能区会出现"修改 | 选择多个"子选项卡（选择对象不同，选项卡名称不同）。

2）从"修改 | 选择多个"子选项卡中的"视图"面板中单击"在视图中隐藏"（灯泡图标）命令，选择以下 3 个子命令，或从右键菜单中选择"在视图中隐藏"命令的 3 个子命令，即可按不同的方式隐藏不需要显示的图元：

图元：选择该命令，则隐藏当前所选择的所有图元。

按类别：选择该命令，则隐藏与所选择的图元相同类别的所有图元，本例中则隐藏所有的门和窗构件。

按过滤器：选择该命令，则可以设置条件过滤器来设置图元的显示。

3）取消隐藏：隐藏的图元要恢复显示必须按下面的方法操作。先单击绘图区域左下角视图控制栏中最右侧的灯泡图标（"显示隐藏的图元"命令），此时在绘图区域周围会出现一圈紫红色加粗显示的边线，同时隐藏的图元也以紫红色显示。单击选择隐藏的图元，在功能区单击"取消隐藏图元"或"取消隐藏类别"命令，或者从右键菜单中选择

23

"取消在视图中隐藏"命令的子命令，即可重新显示被隐藏图元。操作完成后，再次单击灯泡图标恢复视图正常显示。

注：上述两种隐藏图元设置是永久隐藏，当保存项目文件时自动保存这些隐藏设置。

（3）临时隐藏/隔离

如果是为了临时的操作方便而需要隐藏或单独显示某些图元，则可以选用"临时隐藏/隔离"命令。

1）在练习文件的三维视图中单击随便选择一面墙。

2）从绘图区域左下角的视图控制栏中单击眼镜图标（"临时隐藏/隔离"命令），从中选择以下子命令按不同的方式临时隐藏或隔离相关的图元。临时隐藏图元后，在绘图区域周围会出现一圈浅绿色加粗显示的边线：

隐藏图元：选择该命令，则只隐藏所选择的图元。

隐藏类别：选择该命令，则隐藏与所选择的图元相同类别的所有图元。

隔离图元：选择该命令，则单独显示选择的图元，隐藏未选择的其他所有图元。

隔离类别：选择该命令，则单独显示与所选择的图元相同类别的所有图元，隐藏未选择的其他所有类别的图元。

3）将隐藏/隔离应用到视图：隐藏、隔离图元后，从"临时隐藏/隔离"命令中选择"将隐藏/隔离应用到视图"命令将当前视图的临时隐藏设置转变为前述的永久隐藏，并在保存项目文件时自动保存隐藏设置以备以后编辑时使用。

4）重设临时隐藏/隔离：隐藏、隔离图元后，从"临时隐藏/隔离"命令中选择"重设临时隐藏/隔离"命令，即可取消隐藏/隔离模式，显示所有临时隐藏的图元。

注：设置了临时隐藏/隔离后，如果没有使用"将隐藏/隔离应用到视图"命令将临时隐藏转变为永久隐藏，则保存关闭项目文件后，再次打开文件时会恢复显示所有被临时隐藏的图元。

5. 视图与视口控制

在 Revit 中，所有的平面、立面、剖面、详图、三维、明细表、渲染等视图都在项目浏览器中集中管理，设计过程中经常要在这些视图间切换，或者同时打开与显示几个视口，以便于编辑操作或观察设计细节。下面是一些常用的视图开关、切换、平铺等视图和视口控制方法。

（1）打开视图

在项目浏览器中双击"楼层平面""三维视图""立面"等节点下的视图名称，或选择视图名称从右键菜单中选择"打开"命令即可打开该视图，同时视图名称黑色加粗显示为当前视图。新打开的视图会在最前面显示，原先已经打开的视图也没有关闭只是隐藏在后面。

（2）打开默认三维视图

单击快速访问工具栏"默认三维视图"工具 ，可以快速打开默认三维正交视图。

（3）切换窗口

当打开多个视图后，从功能区"视图"选项卡的"窗口"面板中，单击"切换窗口"命令，从下拉列表中即可选择已经打开的视图名称快速切换到该视图。名称前面打√的为当前视图。

（4）关闭隐藏对象

当打开很多视图，尽管当前显示的只有一个视图，但有可能会影响计算机的操作性能，因此建议关闭隐藏的视图。如图 3.1.1-16 所示，单击"窗口"面板的"关闭隐藏对象"命令即可自动关闭所有隐藏的视图，而无须手工逐一关闭。

图 3.1.1-16　关闭隐藏对象视图

（5）"平铺"视口

如果需要同时显示几个视口的设计内容，可按下面的方法平铺视口。在练习文件的项目浏览器中，双击标高 1、南立面、（3D）视图，同时打开 3 个视图。单击"窗口"面板的"平铺"命令，即可自动在绘图区域同时显示 3 个视图。每个视口的大小可以用鼠标直接拖拽视口边界调整。

3.1.2　基础编辑功能

Revit 基础编辑功能包括移动、对齐、复制、旋转、镜像、阵列等功能，如图 3.1.2-1 所示。下面详细介绍这些功能。

图 3.1.2-1　基础编辑功能

（1）移动：左键点击需要移动的构件，然后点击移动按钮（或快捷键"MV"）进行构件移动。

（2）对齐：在功能区单击"修改"选项卡的"对齐"工具，也可以使用快捷键 AL 进行对齐命令。

注：对齐前在选项栏勾选"多重对齐"，可以拾取多个图元对齐到同一个目标位置。

（3）复制：在功能区单击"修改"选项卡的"复制"工具，也可以使用快捷键 CO 进行复制命令。

选项栏设置：

约束：复制前如勾选"约束"，则光标只能在水平或垂直方向移动；取消勾选可以随意移动，将构件复制到任意位置。

多个：复制前勾选"多个"，则为多重复制，可以连续复制多个副本。取消勾选"多个"则只复制一个。

（4）旋转：在功能区单击"修改"选项卡的"旋转"工具，也可以使用快捷键 RO 进行旋转命令。

选项栏设置：

复制：旋转前勾选"复制"，则选择的图元位置不动，旋转后复制一个副本。

25

角度：旋转前设置"角度"参数值，回车后将围绕中心位置自动旋转到指定角度位置。"角度"参数正值逆时针旋转，负值顺时针旋转。

（5）镜像 ：："镜像拾取轴"（快捷键 MM）：该命令以拾取线作为轴进行镜像。"镜像-绘制轴"（快捷键 DM）：该命令为画一条线为轴进行镜像。选项栏设置：镜像前如勾选"复制"则保留原始图元；如取消勾选"复制"，则在镜像完成后，删除原始图元。

（6）阵列 ：功能区单击"修改"选项卡的"阵列"工具，也可以使用快捷键 AR进行阵列命令。阵列分线性阵列和径向阵列，下面分别讲解其操作方法。

1）线性阵列

设置选项栏：单击"线性"图标，勾选"成组并关联"，设置阵列数"项目数"参数为 6，选择"移动到"参数为"第二个"，不勾选"约束"。

移动光标到构件中心，单击捕捉中点为阵列起点。移动光标出现长度和角度临时标注：角度决定阵列方向，长度决定构件 1 和构件 2 之间的距离。

向右移动光标，单击捕捉构件 2 的终点位置，或选好角度方向后直接输入到构件 2 的距离值 600，回车后按 600 的间距阵列了构件，同时出现阵列的"项目数"6，直接回车（或输入新的阵列数后回车）完成阵列。

点击选择阵列后的任意一构件，在椅子外围出现代表"成组并关联"的虚线矩形框以及阵列"项目数"6。输入 5 后回车更新阵列。

2）径向阵列

设置旋转中心：单击"径向"图标，构件中心点出现旋转中心符号，移动光标到旋转中心符号上，单击鼠标左键按住不放，拖动光标到圆心位置，当出现三角形中点标记时，松开鼠标左键放置旋转中心。

设置选项栏：勾选"成组并关联"，设置阵列数"项目数"参数为 6，选择"移动到"参数为"第二个"，如图 3.1.2-2 所示。

图 3.1.2-2　成组并关联面板

向下移动光标到构件中心，单击捕捉中点为旋转起点，再向右上方移动光标，出现角度，临时标注时捕捉到 60°角位置，单击作为第 2 个构件的角度位置，或直接输入 60 作为第 2 把椅子的旋转角度后回车，即可阵列构件，同时出现阵列的"项目数"6，直接回车（或输入新的阵列数后回车）完成阵列。

（7）修剪/延伸：在功能区"修改"选项卡的"编辑"面板中，Revit 有 3 个"修建/延伸"命令，且修剪和延伸是合二为一的，下面分别介绍。

1）"修剪/延伸为角"　（快捷键 TR），如图 3.1.2-3 所示。

2）"修剪/延伸单个图元"　工具：选择单个边界只修剪/延伸单个图元，如图 3.1.2-4所示。

26

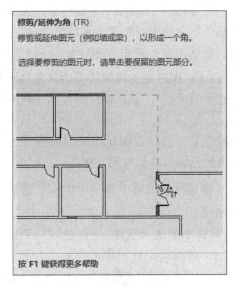

修剪/延伸为角 (TR)
修剪或延伸图元（例如墙或梁），以形成一个角。
选择要修剪的图元时，请单击要保留的图元部分。
按 F1 键获得更多帮助

图 3.1.2-3　修剪/延伸为角功能

修剪/延伸单个图元
可以修剪或延伸一个图元（如墙、线或梁）到其他图元定义的边界。
选择用作边界的参照。然后选择要修剪或延伸的图元。
选择要修剪的图元时，请单击要保留的图元部分。
按 F1 键获得更多帮助

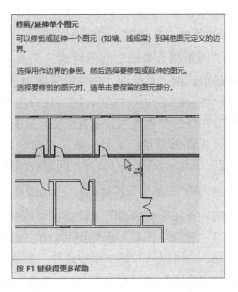

图 3.1.2-4　修剪/延伸单个图元功能

3）“修剪/延伸多个图元”工具：选择一个边界可修剪/延伸多个图元，如图 3.1.2-5 所示。

注：上述修剪/延伸命令适用于编辑模型线、详图线、墙、梁和支撑。

修剪/延伸多个图元
修剪或延伸多个图元（如墙、线、梁）到其他图元定义的边界。
选择用作边界的参照，然后使用选择框或单独选择要修剪或延伸的图元。
在边界上单击或启动选择框时，位于边界一侧的图元部分将被保留。

图 3.1.2-5　修剪/延伸多个图元功能

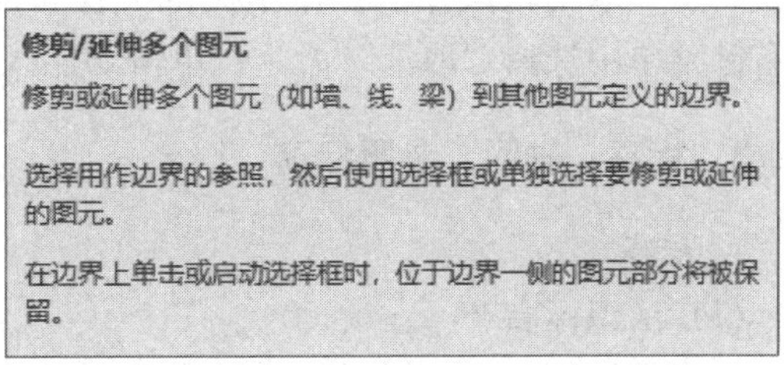

（8）偏移（快捷键 OF）：“数值方式”：先设置偏移距离，拾取偏移的图元即可偏移。选择“数值方式”，在后面的“偏移”栏中输入偏移的距离 1000，勾选“复制”，即可复制出指定距离图元。“图形方式”：先选择偏移的图元和起点，再捕捉终点或输入偏移距离后偏移。

复制：偏移前如取消勾选“复制”选项，则将偏移的图元移动到新的位置。

（9）拆分：在标高 1 平面画一堵墙，点击拆分图元即可将一完整的墙分为两部分，如图 3.1.2-6 所示。

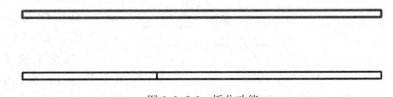

图 3.1.2-6　拆分功能

“用间隙拆分”工具：单击该工具，设置“连接间隙”（1.6～304.8mm），在墙或线上单击即可在单击位置创建一个缺口。拆分墙或线后，即可单独选择其中的一段编辑修改，而不影响其他部分。

注： 在立面、剖面视图和三维视图中，可以用"拆分"工具沿水平线拆分一面墙。

（10）测量：在功能区"修改"选项卡的"测量"面板中，有两个测量命令。

1）"测量两个参照之间的距离"工具 ![icon]：勾选"链"然后在图中连续单击捕捉一系列测量点，则"总长度"中显示线链的总测量长度，同时在每段线的旁边灰色显示其长度尺寸标注。取消勾选"链"，则每次只能单击捕捉两个点，"总长度"中显示一段线的长度，同时在线的旁边灰色显示其长度尺寸标注。

2）"沿图元测量"工具：单击该命令，在图中单击选择要测量的墙或线等图元，则"总长度"中显示该图元的长度，同时在线的旁边灰色显示其长度尺寸标注。

（11）"锁定/解锁" ![icon]：当选择图元后，在出现相关的子选项卡中才能找到该工具。为防止误操作时移动图元位置，可以锁定其位置。

（12）"删除"工具：选择图元，在"修改"面板中单击"删除"（红色×）工具即可删除图元。也可以从右键菜单中选择"删除"命令，或按 Delete 键删除图元。

（13）"撤销"与"恢复"：单击快速访问工具栏的"撤销" ![icon]工具（快捷键：Ctrl＋Z）可取消最近执行的操作。撤销后单击"恢复" ![icon]工具（快捷键：Ctrl＋Y）可恢复最近执行的操作。单击图标右侧的下拉三角箭头，可以从下拉列表中选择撤销或恢复到以前某一步操作。

（14）"取消"操作：在命令执行中有 3 种取消方式。按 Esc 键两次；单击鼠标右键，从右键菜单中选择"取消"命令；单击功能区最左侧的"修改"工具。

3.1.3 标高、轴网、参照标高

1. 标高

（1）认识标高

标高主要用于定义楼层层高和生成平面视图，反映建筑物构件在高度方向上的定位情况。标高并不是只能表示楼层层高，也可作为临时的定位线。在建立模型之前，应对项目的层高、标高等信息进行绘制。在建立模型时，Revit 会根据标高来确定建筑构件的高度。

标高实际是在空间高度方向上相互平行的一组平面，用作屋顶、楼板和天花板等以标高为主体的图元的参照。

标高由标头和标高线组成，如图 3.1.3-1 所示。

1）标头反映了标高的标头符号样式、标高值、标高名称等信息。

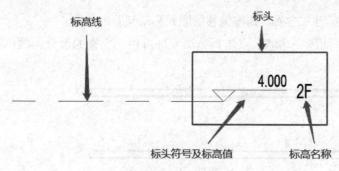

图 3.1.3-1 标高示意

2）标高线反应标高对象投影位置和线型表现。

（2）绘制标高

使用"标高"工具，可定义垂直高度或建筑内的楼层标高，可为每个已知楼层或其他必需的建筑参照（例如墙顶或基础底端）创建标高。想要添加标高，必须处于剖面视图或

立面视图中。在 Revit 中,一般都是先建标高,后建轴网。

创建一个新项目,选择建筑样板文件。

1)在"项目浏览器"中展开"立面(建筑立面)"选项,切换视图至任意立面视图中(东、南、西、北或其他自定义的立面视图),双击任意一个立面视图名称,打开立面视图,如图 3.1.3-2 所示。

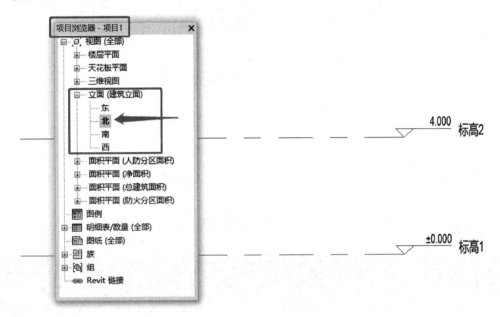

图 3.1.3-2 立面视图

图 3.1.3-2 中,"标高 1"和"标高 2"为样板中的预设标高。

修改"标高"名称:分别在"标高 1"和"标高 2"上双击鼠标左键,然后修改"标高 1"为 F1、"标高 2"为 F2,如图 3.1.3-3 所示。

图 3.1.3-3 修改标高名称

注:在修改"标高"名称时,系统会提示"是否希望重命名相应视图",如果选择"是",则相对应的平面视图名称会随之修改,如果选择"否",相对应的平面视图的名称则不会同步修改,如图 3.1.3-4 所示。

2)单击 F2 所在的标高线,修改 F2 的"标高"为 3000,如图 3.1.3-5 所示。

3)创建标高

① 点击"建筑"面板,选择"标高"工具(快捷键 LL),如图 3.1.3-6 所示。

② 点击"绘制"面板中的直线工具,确认勾选"创建平面视图",如图 3.1.3-7 所示。

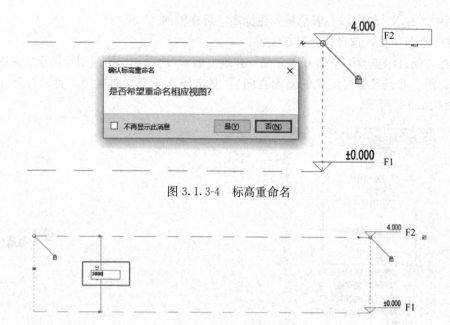

图 3.1.3-4　标高重命名

图 3.1.3-5　修改标高

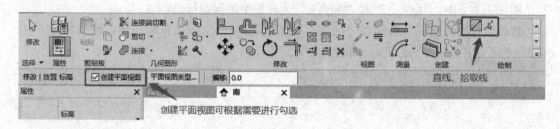

图 3.1.3-6　创建标高

图 3.1.3-7　创建平面视图

③ 开始绘制标高。移动光标到视图中"F2"左侧上方，当出现蓝色标头对齐虚线时，再次使用鼠标左键单击，捕捉标高起点，如图 3.1.3-8 所示。

图 3.1.3-8　绘制标高起点

从左向右移动鼠标至"F2"标头上方。当出现蓝色标头对齐虚线时，再次单击鼠标左键，捕捉标高终点，如图 3.1.3-9 所示。

图 3.1.3-9　绘制标高终点

（3）编辑标高

当标高创建完成后，还可以修改标高的标头样式、标高线型，调整标高标头位置等。单击标高线，会出现临时尺寸标注、控制符号等，如图 3.1.3-10 所示。

图 3.1.3-10　编辑标高

1）临时尺寸标注。单击临时尺寸标注的数字，可以对两标高之间的间隔进行修改调整。

2）标头隐藏/显示。控制着标头符号的关闭与显示，小方块中有"✓"标头为显示状态，小方块中没有"✓"则标头隐藏不显示，如图 3.1.3-11 所示。

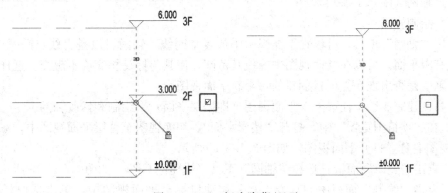

图 3.1.3-11　标头隐藏/显示

3）弯头添加。单击弯头添加的折线符号，可以偏移标头，适用于两标高间距较小时的图面调整，如图 3.1.3-12 所示。

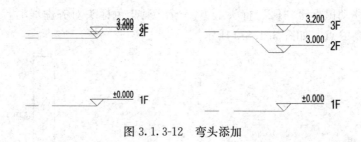

图 3.1.3-12　弯头添加

4）标头位置调整。点击蓝圈位置拖动，可以调整标头位置。当标高线过短时使用该工具。

5）标头对齐锁。在 🔓 状态时，所有标高可以同时拖动调整位置。在 🔒 状态时，可单独调整标高的位置。

6）2D/3D 切换。在"3D"状态时，修改某一标高时，对称立面视图会同时更改。在"2D"状态时，修改某一标高时，只会在当前视图修改，其他立面视图不会受影响，如图 3.1.3-13 所示。

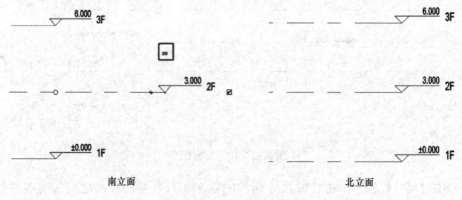

图 3.1.3-13　标头位置调整

2. 轴网

（1）轴网（图 3.1.3-14）

（2）绘制轴网

使用"轴网"工具，可以在平面视图中放置轴网线，轴网可以是直线、圆弧或多段。轴网是有限平面。可以在立面视图中拖拽其范围，使其与标高相交或不想交。这样，便可以确定轴线是否出现在为项目创建的每个新平面视图中。

标高创建完成后，任选一个平面视图（即楼层平面）来绘制和修改轴网。

1）在"项目浏览器"中，打开"楼层平面"，切换视图至首层平面视图中，双击任意"F1"视图名称，打开平面视图，如图 3.1.3-15 所示。

2）点击"建筑"面板，选择"轴网"工具（快捷键 GR），如图 3.1.3-16 所示。

3）点击"绘制"面板中的直线工具，移动鼠标至平面视图中，单击选取任意一点作为轴线起点，然后从左向右方向水平移动鼠标一段距离后，再次单击鼠标左键捕捉轴线的终点，按 ESC 键退出绘制，创建出第一条水平轴线，轴号为"1"，如图 3.1.3-17 所示。

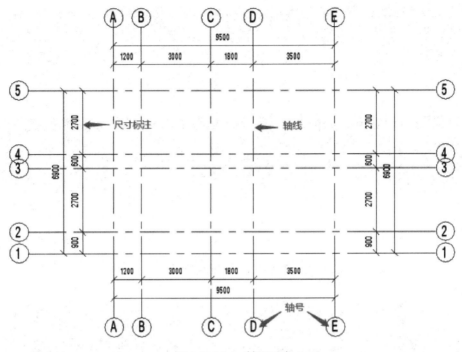

图 3.1.3-14　轴网示意

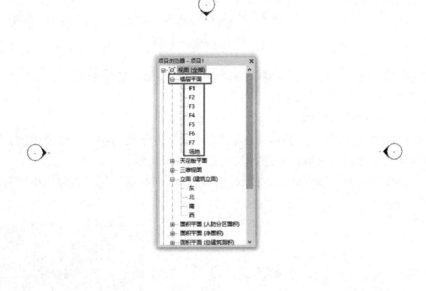

图 3.1.3-15　楼层平面

4) 单击"1"号轴线，点击"复制"命令，在选项框中勾选"约束"和"多个"，如图 3.1.3-18 所示。

移动鼠标至"1"号轴网上，单击捕捉一点作为复制的参考点，然后水平向上移动鼠

图 3.1.3-16　轴网工具

图 3.1.3-17　轴网绘制

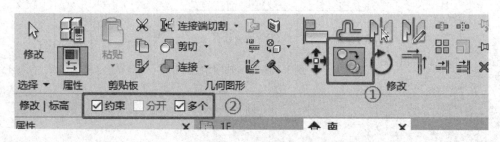

图 3.1.3-18　轴线复制

标，输入间距值"900"，按 Enter 键，确认后"2"号轴网即复制成功，随后继续输入间距值，将"3"号轴网等复制出来。

同理，绘制纵向定位轴网。

注： 在绘制第一条纵向轴网后，其编号为顺延横向轴网的编号。修改轴网：双击需要修改的轴网编号，即可进入编辑状态，如图 3.1.3-19 所示。

选择需要修改轴号的轴网，在左侧属性栏中"标识数据"里"名称"中进行修改，如图 3.1.3-20 所示。

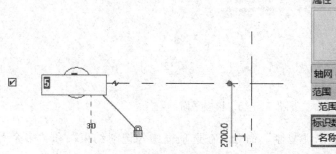

图 3.1.3-19　绘制纵向定位轴网

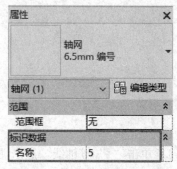

图 3.1.3-20　修改轴网轴号

（3）编辑轴网

选择一根轴网，平面中将会出现临时尺寸标注、隐藏/显示设置、2D/3D 切换、标头对齐线等。与上一节标高的功能基本一致，如图 3.1.3-21 所示。

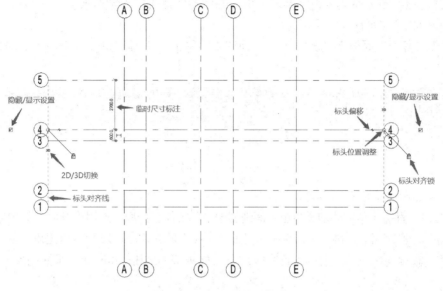

图 3.1.3-21　编辑轴网

注：在 2D 状态下，所做的修改只会影响当前的平面视图。如果在当前视图所做的修改，想在部分其他视图中显示，可以选中轴网，点击"修改"中"影响范围"，选择需要同时修改的平面视图，如图 3.1.3-22所示。

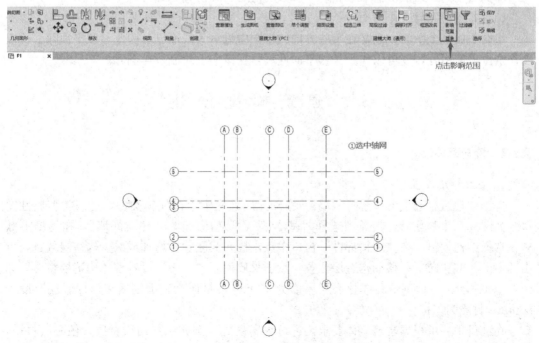

图 3.1.3-22　影响范围

3. 参照平面

在 Revit 中，进行制图时，有时会需要参照平面辅助线，帮助确定构件的位置。"参照线"以及"参照平面"是制图中最常用的辅助工具。在制作族的时候最为常用，通常会将构件锁定在参照平面上，由"参照平面"来驱动实体进行参数修改。

（1）创建参照平面

1）在"建筑"面板下选择"工作平面""参照平面"工具（快捷键 RP），如图 3.1.3-23 所示。

图 3.1.3-23　工作平面

2）绘制参照平面有两种方法：

方法一：直接绘制，移动鼠标至平面视图中，单击任意选取一点用作参照平面的起点，然后移动鼠标一段距离后，再次单击鼠标左键捕捉参照平面的终点，按 ESC 键退出绘制。

方法二：拾取线，在图中单击拾取已有的线或者模型图元的边，即可创建一个参照平面。

（2）命名参照平面

对一些重要的参照平面，可以给它起个名字，以方便今后通过名字来选择其作为设计的工作平面选择参照平面。

在功能区"修改1参照平面"选项卡"图元"面板中单击"图元属性"工具。在打开的"实例属性"对话框中输入"名称"参数的值后，单击确定即可。

（3）参照平面与工作平面

参照平面是个平面，只是在某些方向的视图中显示为线而已，因此参照平面除了可以当作定位线使用外，还可以作为工作平面使用，在该面上绘制线等图元。

3.2　建　筑　模　型　创　建

3.2.1　墙与幕墙

1. 墙体材质设置

单击"建筑"选项卡，选择"墙"，在图元属性栏中单击编辑类型，进入类型属性窗口，如图 3.2.1-1 所示。族类型选择"基本墙"，类型命名为"建筑外墙"，在类型参数中，选择结构编辑，在"编辑部件"窗口中点击插入或删除，增加或减少构造层数量，点击"向上"或"向下"移动构造层位置。点击材质栏里"……"设置墙体构造层材质，如图 3.2.1-2 所示。示例中墙体核心层厚度为 120mm，材质为钢筋混凝土。保温层厚度为 80mm，材质为苯板。

在项目中，可根据建筑墙体要求，进行编辑设置，例如添加面层材质、核心层材质，以及保温层材质。

图 3.2.1-1　墙体材质设置

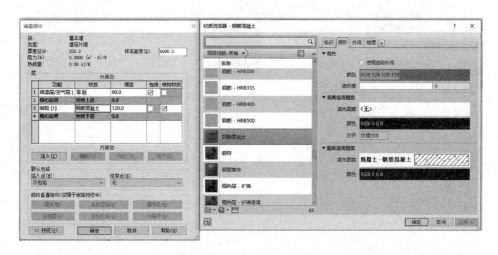

图 3.2.1-2　材质浏览器

2. 绘制墙体

（1）绘制墙体

在选择墙体命令同时会出现墙的上下文关联菜单，选择墙体基本绘制形式，如图 3.2.1-3 所示。例如直墙、矩形墙、多边形墙、弧形墙等。

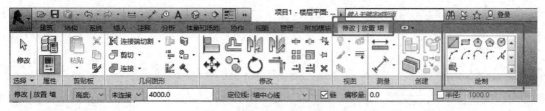

图 3.2.1-3　墙体基本绘制形式

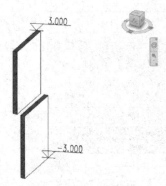

图 3.2.1-4 绘制墙体

绘制墙体时，在选项栏中设置基本参数。高度：是指绘制墙体时墙体高于当前标高。深度：是指绘制墙体时墙体低于当前标高。未连接：可以自由设置墙体深度或高度值。

例如：未连接数值设置为 3000mm 时，绘制墙体选择高度时墙体高于当前标高 3m。绘制墙体选择深度时墙体低于当前标高 3m，如图 3.2.1-4 所示。

注： 绘制墙体选择深度时高度限制不可选择高于当前标高的其他标高。比如绘制墙体选择深度时，底标高为 1F，高度限制不能选择 2F。

（2）定位线

定位线设置如图 3.2.1-5 所示。

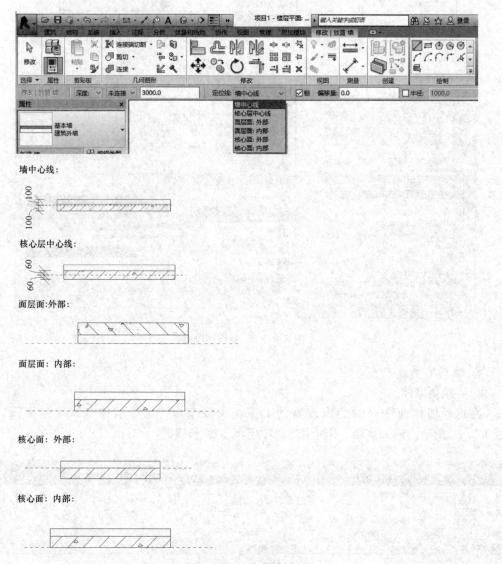

图 3.2.1-5 定位线设置

绘制墙体时，偏移量设置如图 3.2.1-6 所示。绘制墙体时，偏移量设置为 500mm，顺时针绘制时墙体基于定位线向上偏移 500mm，逆时针绘制时墙体基于定位线向下偏移 500mm。

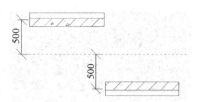

图 3.2.1-6 墙体偏移量设置

（3）墙体外轮廓编辑

在立面或三维视图中选择墙体，激活"上下文关联菜单"，选择"编辑轮廓"或双击墙体对墙体外轮廓进行编辑，编辑轮廓完毕后选择 ✔ 完成编辑，如图 3.2.1-7 所示。点击重设轮廓可恢复原始轮廓形状。

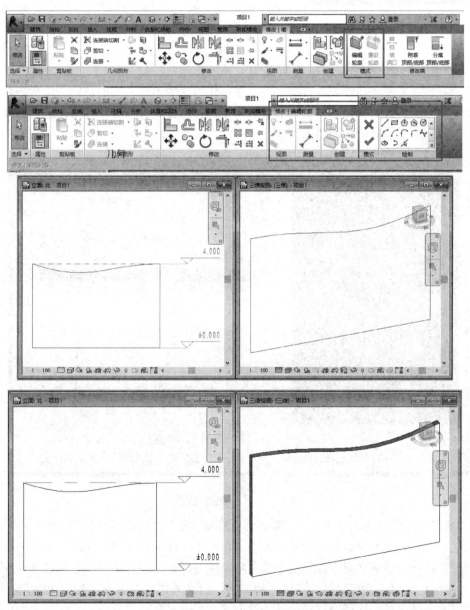

图 3.2.1-7 墙体外轮廓编辑

图 3.2.1-8　墙饰条

（4）墙饰条

墙饰条是墙体的水平或垂直投影，通常起装饰作用。装饰条的示例包括沿着墙底部的踢脚板，或沿墙体顶部的压顶。可以在三维或立面视图中为墙添加墙饰条，如图 3.2.1-8 所示。

在墙结构的剖面状态下添加墙饰条，自定顶部的位置，输入数值，如图 3.2.1-9 所示。

（5）墙体的图元基本属性设置

图元属性：墙体的高度定位、底部、顶部、顶部限制条件、是否参与房间边界控制、墙体的建筑或结构属性控制，如图 3.2.1-10 所示。

（6）幕墙

1）幕墙的介绍。幕墙是由嵌板组成的一种墙类型，绘制幕墙时，Revit 会将嵌板按网格分割规则在长度和高度方向自动排列。按创建方法的不同，幕墙可以分为常规幕墙和幕墙系统两大类。幕墙的创建与编辑方法与墙类似；墙系统分为规则幕墙系统、面幕墙系统，可以用来快速地创建异形曲面幕墙。

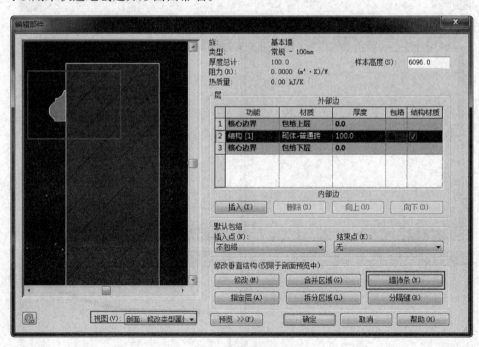

图 3.2.1-9　墙饰条编辑

2）幕墙的组成（图 3.2.1-11）。幕墙由"幕墙嵌板""幕墙网格""幕墙竖梃"三大部分组成。幕墙嵌板是构成幕墙的基本单元，幕墙由一块或多块嵌板组成；幕墙嵌板的大小由划分幕墙的幕墙网格决定；幕墙竖梃又称幕墙龙骨，是沿幕墙网格生成的线性构件。

3）幕墙的编辑。常规幕墙是墙的一种特例，因此其创建和编辑方法与常规墙体大致相同。基本方法包括：绘制线、拾取线、拾取面。

图 3.2.1-10　墙体基本属性

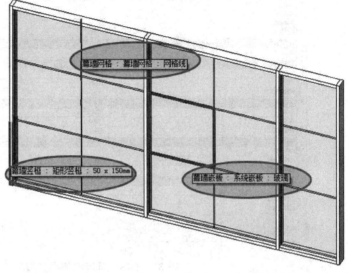

图 3.2.1-11　幕墙的组成

① 幕墙实例属性编辑（图 3.2.1-12）。限制条件包括：基准限制/底部偏移，顶部限制/顶部偏移。垂直/水平网格样式包括：对正，起点/终点/中心；角度，倾斜角度；偏移。

② 幕墙实例类型编辑。a. 构造。b. 功能：外墙/内墙。c. 自动嵌入：当在常规墙体内部绘制幕墙时，将在幕墙位置自动创建洞口，本功能可将幕墙作为带形窗来使用。幕墙嵌板：设置嵌板类型。当设为空时，则只剩下竖梃，可用来创建空网格模型。d. 连接条件：控制竖梃的连接方式是"边界和水平网格连续"还是"边界和垂直网格连续"。e. 垂直/水平网格样式：参数"布局"可以设置幕墙网格线的布置，规则为"固定距离""最大间距""最小间距""固定数量"或"无"；选择前三种方式要设置参数"间距"值来控制网格线距离；选择"固定数量"则要设置实例参数"编号"值来控制内部网格线数量；选择"无"则没有网格线，需要用"幕墙网格"命令手工分割。f. 垂直（水平）竖梃："内部类型""边界 1 类型""边界 2 类型"。分别设置幕墙内部和左右（上下）边界竖梃的类型，如果选择"无"

图 3.2.1-12　幕墙实例属性编辑

41

则没有竖梃，用"竖梃"命令手工添加，如图 3.2.1-13 所示。

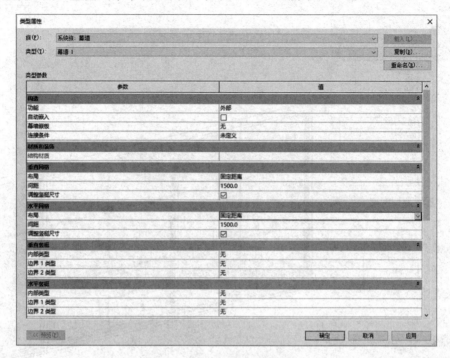

图 3.2.1-13　幕墙实例类型编辑

4）竖梃的编辑。如图 3.2.1-14 所示，对角度、偏移量、轮廓、位置、材质等属性进行设置。

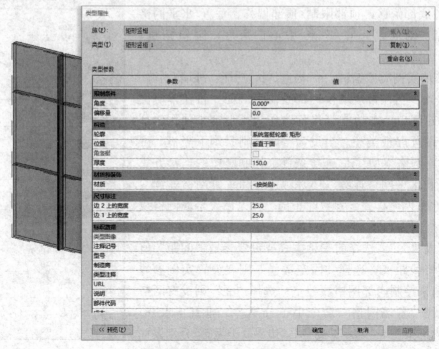

图 3.2.1-14　竖梃的编辑

5）嵌板的类型属性编辑。如图 3.2.1-15 所示，对偏移量、材质、厚度等进行设置。

图 3.2.1-15　嵌板的类型属性编辑

　　幕墙的嵌板除了默认的玻璃外，还可以替换为实体、空、门窗、常规基本墙体类型或其他自定义的任意形状。

　　6）幕墙网格的编辑（图 3.2.1-16）。①网格线：单击绘图区域中的网格线时，此工

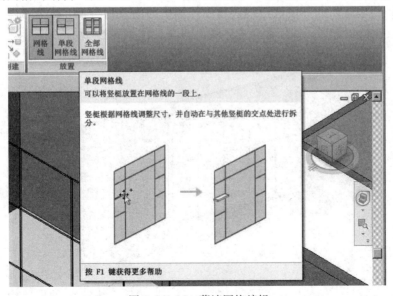

图 3.2.1-16　幕墙网格编辑

具将跨整个网格线放置竖梃。②单段网格线：单击绘图区域中的网格线时，此工具将在单击的网格线的各段上放置竖梃。③全部网格线：单击绘图区域中的任何网格线时，此工具将在所有网格线上放置竖梃。

移动光标到幕墙嵌板网格线上时，系统会自动捕捉嵌板的1/2、1/3位置显示预览虚线，可以快速地平均布置网格线，也可以直接修改临时尺寸而布置网格线。对网格线编辑时注意锁定符号，必要时解开，如图3.2.1-17所示。

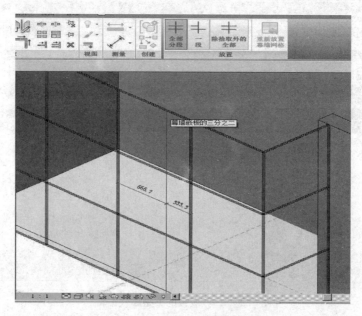

图 3.2.1-17　幕墙嵌板网格线编辑

7）Revit 中关于内嵌墙

可以将墙嵌入到主体墙内，以使内嵌墙与主体墙相关联。例如，可以将幕墙嵌入到外墙内，也可以将墙嵌入到幕墙嵌板内。与主体墙中的门或窗类似，嵌入墙不会调整尺寸（如果调整其主体的尺寸）。如果移动主体墙，则嵌入墙将随之移动，如图3.2.1-18所示。

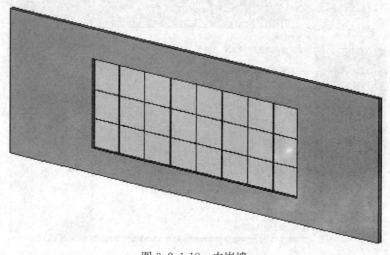

图 3.2.1-18　内嵌墙

（7）注意事项

1）所有墙都按照建筑墙画；

2）墙底落到结构板顶，墙顶到上层结构板顶；

3）墙遇柱断开。

3.2.2 门窗

在 Revit 中，门窗是基于主体的构件，可以添加于任何类型的墙体。通过平面、立面、剖面及三维视图添加，门窗会自动剪切墙体。创建门窗时可直接放置项目中已有的门窗族，对于普通门窗可直接通过修改族类型参数，如门窗的宽、高及材质等，形成新的门窗类型。

1. 创建门窗

（1）单击"建筑"选项卡 → "构建"面板 → "门"或"窗"命令，在类型选择时，选择所需的门、窗类型，如图 3.2.2-1 所示。

图 3.2.2-1　门窗面板

如果需要更多的门、窗类型，可选择"插入" → "载入族"命令，找到软件自带的门窗族库；或者新建不同类型尺寸的门窗，如图 3.2.2-2 所示。

图 3.2.2-2　载入族

（2）放置前，先选定放置门窗的标高，在"选项栏"中选择"在放置时进行标记"后，软件将会自动标记门窗，选择"引线"可设置引线长度，如图 3.2.2-3 所示。

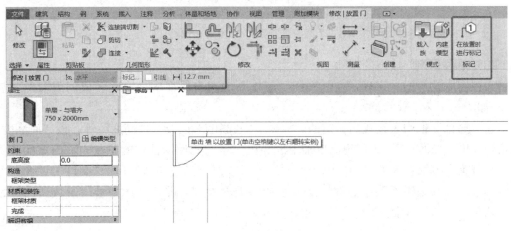

图 3.2.2-3　放置门

门窗布置时，在墙的主体上移动鼠标，参照临时尺寸标注，当门位于正确的位置时单击鼠标。

（3）创建门窗除了在面板中点击"门"或"窗"基本命令外，还可使用"修改｜门"选项卡中的移动、复制、旋转、镜像、阵列、对齐等编辑工具来进行门窗的创建与编辑，如图 3.2.2-4 所示。

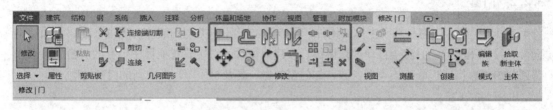

图 3.2.2-4　修改门窗命令

2. 编辑门窗

（1）放置门窗时，根据临时尺寸可能很难快速定位放置，可先大致放置后，调整临时尺寸标注或通过尺寸标注来精准定位；如果放置门窗时，开启方向放反了，则可与墙一样，选中门窗，通过"翻转控件↕"来调整。

（2）对于临时尺寸的调节，可单击"管理"选项卡 → "设置"面板 → "其他设置"下拉列表 → "临时尺寸标注"，在弹出的"临时尺寸标注属性"对话框中进行设置，如图 3.2.2-5 所示。

图 3.2.2-5　门窗临时尺寸标注属性

（3）单独调整门或窗的属性。

在视图中选择门、窗后，左侧视图"属性"的用户界面框会自动转成门或窗的"属性"，如图 3.2.2-6 所示。

在"属性"框中可设置门、窗的"标高""底高度"以及"顶高度"等，该"底高度"为窗台高度，"顶高度"为门窗高度加上底高度。该"属性"框中的参数为该门窗的实例参数，编辑实例属性参数只会影响当前选择的门或窗；其他如"材质""高度"以及"宽度"等参数需在编辑类型中更改，此类参数为类型参数，即体现此型号门窗数据的一致性，如图 3.2.2-7 所示。

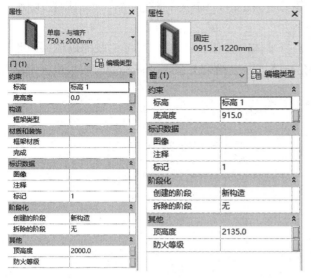
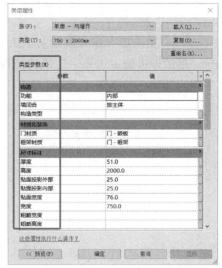

图 3.2.2-6　门窗属性　　　　　　　　图 3.2.2-7　门窗类型属性

3.2.3　楼板

楼板分为建筑板、结构板、面楼板以及楼板边缘,建筑板与结构板的区别在于是否进行结构分析;面楼板主要用于设计阶段,在体量中的体量楼层生成;楼板边缘多用于生成室外的台阶或楼板边缘的造型。楼板的日常设计有平楼板和斜楼板,楼板汇水和一体式平斜组合设计。

1. 创建及编辑平楼板

(1) 创建平楼板

1) 单击"建筑"选项卡 → "楼板:建筑"命令 → 进入"修改│创建楼板边界"界面,可选择楼板的绘制方式。通过使用"直线"及"矩形框"等命令,可绘制任意形状的楼板。利用"拾取线"及"拾取墙"可根据已经绘制好的墙体快速生成楼板,也可通过设置偏移值直接生成距离参照线一定偏移量的板边线,如图 3.2.3-1 所示。

图 3.2.3-1　楼板创建路径及绘制楼板边界

注：① 顺时针方向绘制板边线时，偏移量为正值，则在参照线外侧，负值则在内侧，如图 3.2.3-2 所示。

② 用"拾取墙"命令来绘制楼板，选择墙体时按住 Tab 键，可将关联的墙体一次性选中，单击即可确定边界。生成的楼板会与墙体发生约束关系，墙体移动时楼板也会随之发生相应变化，如图 3.2.3-3 所示。

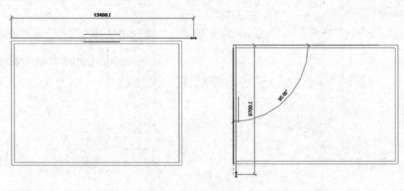

图 3.2.3-2　绘制板边线

2）边界绘制楼板完成后，单击✔完成绘制，此时会弹出"是否希望将高达此楼层标高的墙附着到此楼层的底部"窗口，如图 3.2.3-4 所示。如果单击"是"按钮，则墙体将附着到此楼层的底部，与楼板呈剪切状态；单击"否"按钮，则墙体为原先实例参数的设置值，若与楼板的标高一致，将与楼板呈重叠状态，如图 3.2.3-5 所示。

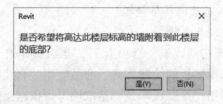

图 3.2.3-3　绘制楼板　　　　　图 3.2.3-4　附着到此楼层的底部窗口

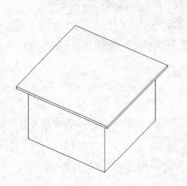

图 3.2.3-5　墙体和屋面快速连接

如果墙体多在坡屋面下方，墙体和屋面可以通过"附着/分离"的命令快速连接。

（2）编辑平楼板

1）编辑轮廓

选中要编辑的楼板，点击"修改丨楼板"选项卡中的"编辑边界"，如图 3.2.3-6 所示。

图 3.2.3-6　楼板编辑边界

2）添加洞口

方法一：编辑楼板边界，手动绘制洞口。

方法二：用"洞口"命令进行开洞，如图 3.2.3-7 所示。

图 3.2.3-7　楼板绘制洞口

3）调整楼板

① 调整材质及分层：选中楼板，在"属性"中点击"编辑类型"→点击结构中的"编辑"，可自行添加楼板构造层，设置方法如同墙体，如图 3.2.3-8 所示。

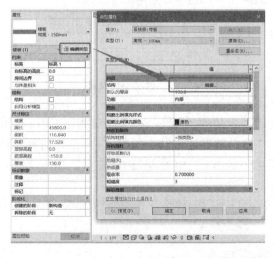

图 3.2.3-8　调整楼板材质及分层

② 楼板的参数定义：选中楼板后，设置"属性"中的实例参数将影响当前选择的楼板，如图 3.2.3-9 所示。"标高"参数：可以更改当前楼板的标高及偏移量；"房间边界"参数：每个楼板为默认勾选状态，其可以作为计算房间边界的定义对象。

2. 创建及编辑斜楼板

方法一：坡度箭头设置。选择"坡度箭头"，用直线绘制一段箭头。通过设置属性栏中的"约束"，根据实际需要选择"尾高"和"坡度"来调节楼板，如图 3.2.3-10 所示。

注：可在"管理"选项卡中的"项目单位"面板中找到坡度单位进行设置，如图 3.2.3-11 所示。

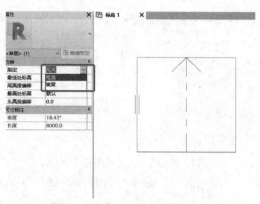

图 3.2.3-10　坡度箭头设置

图 3.2.3-9　楼板的参数定义

图 3.2.3-11　坡度单位设置

方法二：两条平行边线高度设置。创建楼板边界的草图 → 选择左侧草图线 → 在属性选线卡中勾选"定义固定高度"参数、"相对基准的偏移"值为 0 → 选择对侧草图线 → 在属性选线卡中勾选"定义固定高度"参数、"相对基准的偏移"值为 800，如图 3.2.3-12所示。

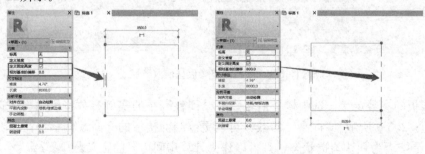

图 3.2.3-12　两条平行边线高度设置

方法三：通过修改图元的方式来编辑楼板。选中楼板，在编辑界面选择修改"修改子图元"选项后，选中视图中的点或线来添加上下移动的高度值，如图 3.2.3-13 所示。

图 3.2.3-13　修改图元编辑楼板

3. 异形楼板与平楼板汇水设计

（1）异形楼板

【例 3-1】错层的楼板需要斜楼板的连接。

1）选择楼板 → 点击"修改｜楼板"选项卡中的"添加分割线"命令（此时楼板边界变为绿色虚线，角点处可显示绿色高程点），如图 3.2.3-14 所示。

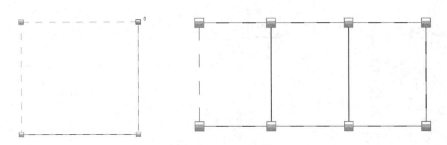

图 3.2.3-14　添加分割线

2）移动光标，在矩形框内部绘制两条分割线 → 点击"修改子图元"命令并选中一条分割线，输入数值 600 → 在旁边的边界线输入 600 → ESC 退出并打开南立面或北立面，如图 3.2.3-15 所示。

（2）平楼板汇水设计

【例 3-2】卫生间面层地漏找坡。

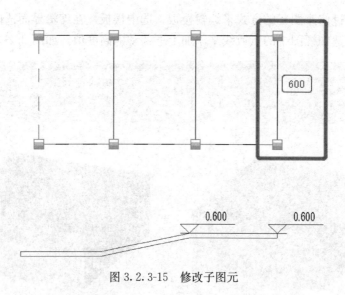

图 3.2.3-15　修改子图元

　　绘制平楼板→点击"修改子图元"命令 → 用"添加分割线"命令绘制四条地漏边界线 → 选中创建的四条分割线并在选项卡中的"立面"参数栏输入"－15mm"→ 卫生间汇水找坡完成，如图 3.2.3-16 所示。

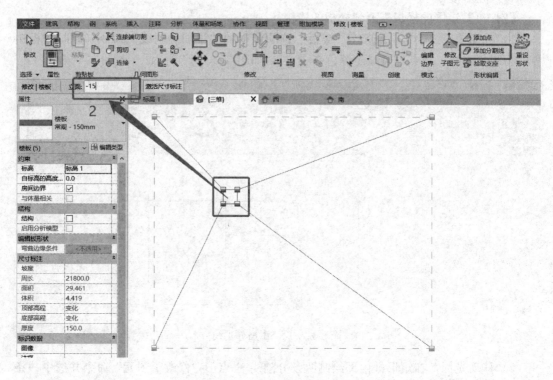

图 3.2.3-16　卫生间汇水找坡

　　注：卫生间汇水设计是针对楼板面层，结构部分不应有找坡，所以在修改楼板后，应勾选楼板的"编辑类型"里面层后的"可变"，如图 3.2.3-17 所示。

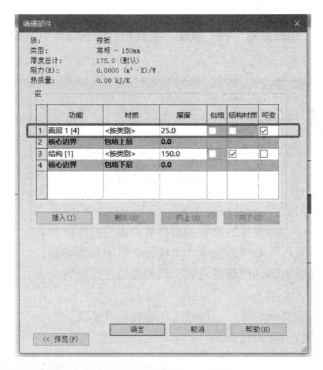

图 3.2.3-17　结构面层修改

4. 楼板边缘

楼板边缘与"墙饰条""分割缝"的共同点是都属于主体放样对象，例如阳台楼板下面的滴水檐。

（1）创建楼板边缘

步骤：选择"建筑"选项卡 → 在"楼板"面板选择"楼板边缘"命令 → 拾取楼板构件的边线即可生成楼板边缘，如图 3.2.3-18 所示。

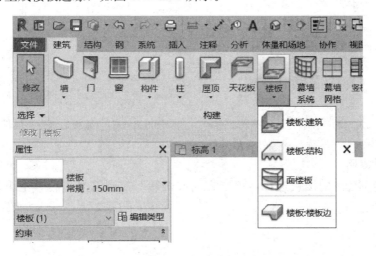

图 3.2.3-18　创建楼板边缘

（2）编辑楼板边缘

1）步骤：选择"楼板边缘"→"修改｜楼板边缘"选项卡进行编辑，如图 3.2.3-19 所示。

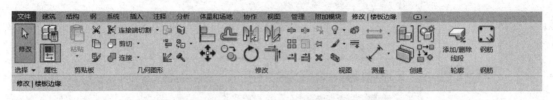

图 3.2.3-19　编辑楼板边缘

2）楼板边缘的"属性"选项板实例属性如图 3.2.3-20 所示。

垂直轮廓偏移：可以调整楼板边缘相对楼板的垂直高度偏移。

水平轮廓偏移：可以调整楼板边缘相对楼板的水平位置偏移。

角度：可以将楼板边缘的横截面轮廓围绕附着边进行旋转。

类型属性如图 3.2.3-21 所示。

轮廓：可选择所需要的轮廓，也可通过创建轮廓族添加。

材质：可添加楼板边缘的材质。

图 3.2.3-20　楼板边缘实例属性

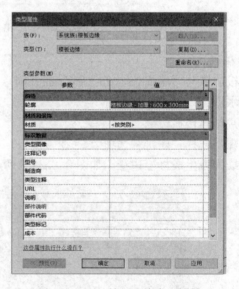

图 3.2.3-21　楼板边缘类型属性

（3）翻转方向

选择已经创建好的楼板边缘，单击方向"翻转"控制符号进行"上下↕"及"左右⇔"的方向变化。

3.2.4　屋顶

屋顶是建筑的重要组成部分，Revit 提供了多种建模工具。根据屋顶的不同形式可以选择不同的创建方法。

常规坡屋顶和平屋顶，可以用"轨迹屋顶"创建。有规则断面的屋顶，可以采用"拉伸屋顶"异形曲面屋顶创建，可以采用"面屋顶"或"内建模型"命令创建。玻璃采光屋顶，采用特殊类型"玻璃斜窗"系统族创建。此外，对于一些特殊造型的屋顶，我们还可以通过内建模型的工具来创建。

1. 创建迹线屋顶

在项目浏览器中双击"楼层平面"项下的"RF"，设置参数"基线"为 F2。单击"建筑"选项卡中的"屋顶"下拉菜单，选择"迹线屋顶"命令，进入绘制迹线屋顶草图模式，如图 3.2.4-1 所示。

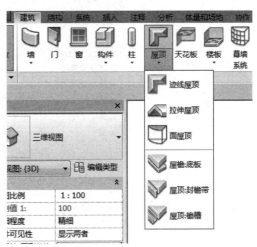

图 3.2.4-1　创建迹线屋顶

在"绘制"面板选择"直线"命令，在相应的轴线向外偏移量中输入 800mm，绘制出屋顶的轮廓，将多余轮廓线修剪。屋顶轮廓线上的小三角为定义坡度符号，取消勾选"定义坡度"三角符号即消失，如图 3.2.4-2 所示。

单击"屋顶属性"命令，设置屋顶的厚度、材料等参数，如图 3.2.4-3 所示。

图 3.2.4-2　屋顶轮廓线

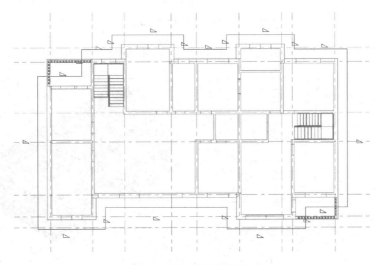

图 3.2.4-3　屋顶属性设置

边界的属性编辑可定义坡度、悬挑。坡度可以给每条边定义不同的坡度值，如图 3.2.4-4 所示。

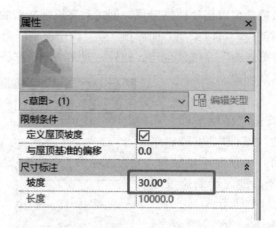

图 3.2.4-4　坡度属性编辑

迹线屋顶的具体分类及画法如下：

（1）平屋顶：取消所有边界线的定义坡度，如图 3.2.4-5 所示。

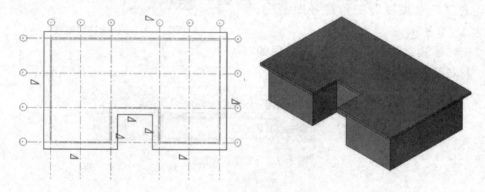

图 3.2.4-5　平屋顶迹线编辑

（2）双坡屋顶：对两条对边设置"定义坡度"，如图 3.2.4-6 所示。

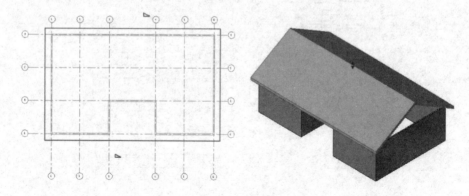

图 3.2.4-6　双坡屋顶迹线编辑

（3）标准四坡屋顶：如图 3.2.4-7 所示。

（4）特殊四坡屋顶：将左右两边的"板对基准的偏移"设为 900，如图 3.2.4-8 所示。

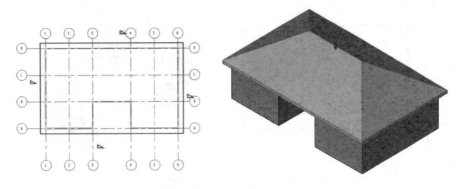

图 3.2.4-7　四坡屋顶迹线编辑

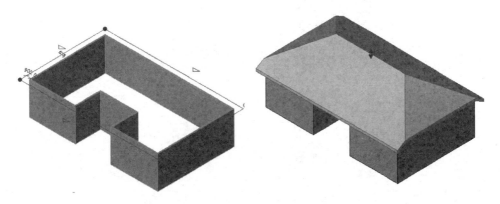

图 3.2.4-8　特殊四坡屋顶迹线编辑

（5）老虎窗屋顶：通过拆分命令，把一边拆为三段。左右两段仍定义坡度值，中段取消"定义坡度"，设置左右箭头，并指定"定义坡度"值，如图 3.2.4-9 所示。

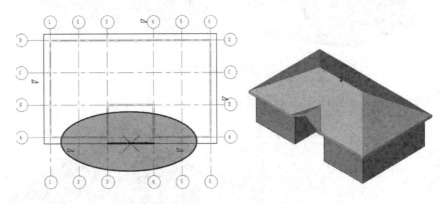

图 3.2.4-9　老虎窗屋顶迹线编辑

（6）四面双坡屋顶：全部用斜坡箭头进行设置，并指定"坡度"（如果左边是正方形，双坡呈对称），如图 3.2.4-10 所示。

（7）圆锥、棱锥屋顶：设置参数"完全分段的数量"为 6，创建正六边形棱锥屋顶，如图 3.2.4-11 所示。

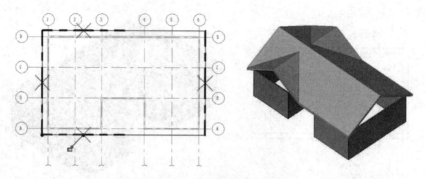

图 3.2.4-10　四面双坡屋顶迹线编辑

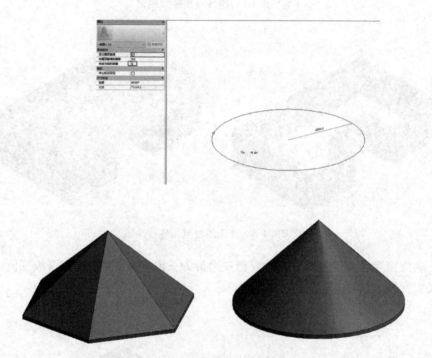

图 3.2.4-11　圆锥、棱锥屋顶迹线编辑

（8）双重斜坡屋顶：如图 3.2.4-12 所示。

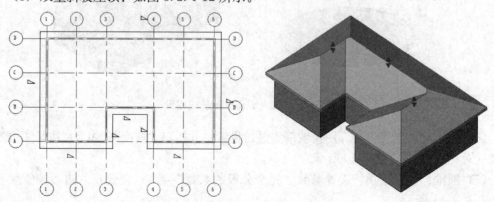

图 3.2.4-12　双重斜坡屋顶迹线编辑

2. 创建拉伸屋顶

（1）绘制拉伸屋顶

拉伸屋顶的绘制与迹线屋顶的绘制有所不同，绘制屋顶轮廓前需要绘制辅助工作平面，如图 3.2.4-13 所示。

单击"建筑"选项卡"屋顶"右边小三角下拉菜单，点击"拉伸屋顶"命令，系统会弹出"工作平面"对话框，提示设置工作平面，如图 3.2.4-14 所示。

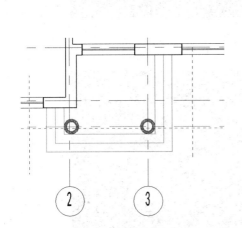

图 3.2.4-13　绘制拉伸屋顶

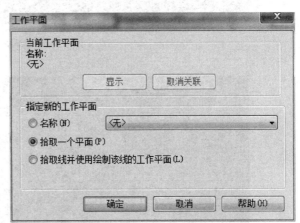

图 3.2.4-14　工作平面对话框

在"工作平面"对话框中选择"拾取一个平面"，单击"确定"关闭对话框。移动光标单击拾取刚绘制的垂直参照平面，打开"进入视图"对话框，在上面的列表中单击选择"立面-南"，单击"确定"关闭对话框进入"南立面"视图。在"西立面"视图中间墙体两侧可以看到两根竖向的参照平面，即参照平面 1 和平面 2 在南立面的投影，创建屋顶时可精确定位。

单击"绘制"面板"直线"命令，绘制拉伸屋顶截面形状线，如图 3.2.4-15 所示。

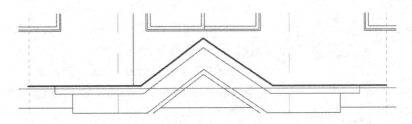

图 3.2.4-15　绘制拉伸屋顶截面形状线

在"属性"面板中，从"类型"下拉列表中选择"常规－200mm"，单击"确定"按钮关闭对话框。单击"完成屋顶"命令创建拉伸屋顶，保存文件，如图 3.2.4-16 所示。

（2）修改拉伸屋顶

在三维视图中观察创建的拉伸屋顶，可以看到屋顶长度过长，延伸到了二层屋内。

打开三维视图，点击"修改"选项卡中的"几何图形"工具栏的"连接屋顶"按钮，先单击拾取延伸到二层屋内的屋顶边缘线，再单击拾取左侧二层外墙墙面，即可自动调整屋顶长度使其端面和二层外墙墙面对齐。最后结果如图 3.2.4-17 所示。

图 3.2.4-16 创建拉伸屋顶

图 3.2.4-17 修改拉伸屋顶

（3）屋顶的编辑

1）屋顶的实例属性：如图 3.2.4-18 所示，对底部标高、自标高的底部偏移、截断标高、截断偏移、椽截面、坡度进行设置。

2）屋顶的类型属性：如图 3.2.4-19 所示。

3. 屋顶的特殊类型：玻璃斜窗

玻璃斜窗既有屋顶的功能，又有幕墙的功能，是屋顶的一种特殊类型。

其创建方法与传统屋顶一样，只是类型选择用"系统簇：玻璃斜窗"。具体创建方法与幕墙创建相同，如图 3.2.4-20 所示。

4. 墙体与屋顶的附着

（1）墙体会自动地智能地与屋体延伸相交，如图 3.2.4-21 所示。

（2）完成屋顶的绘制后，可以对齐屋檐，并修改屋檐截面：垂直截面、垂直双截面、正方形双截面，如图 3.2.4-22 所示。

（3）封檐带和檐槽，都属于主体放样，其放样主体是屋顶，其创建方法与楼板边缘完全一样，同理可

图 3.2.4-18 屋顶的实例属性

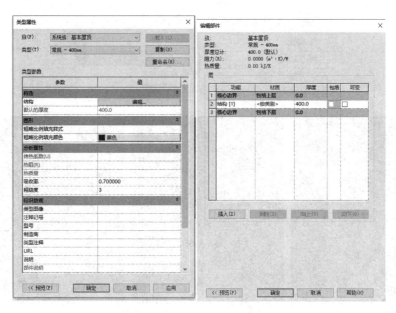

图 3.2.4-19　屋顶的类型属性

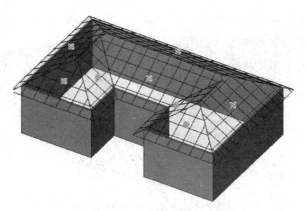

图 3.2.4-20　创建玻璃斜窗

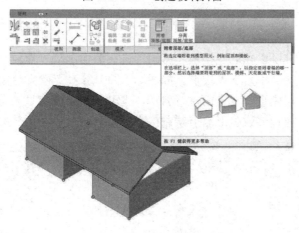

图 3.2.4-21　墙体与屋顶附着

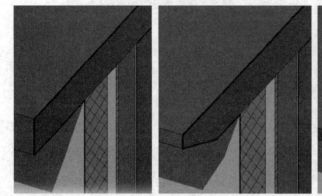

图 3.2.4-22　修改屋檐截面

以自定义轮廓簇，如图 3.2.4-23 所示。

图 3.2.4-23　绘制封檐带和檐槽

3.2.5　洞口

使用"洞口"工具可以在墙、楼板、屋顶等进行剪切洞口。比较常见的洞口创建工具有按面、墙洞口、竖井、垂直、老虎窗，如图 3.2.5-1 所示。在剪切楼板、天花板或屋顶时，可以选择垂直剪切或垂直于表面进行剪切，也可以用绘图工具来绘制复杂形状。在墙上剪切洞口时，可以在直墙或弧形墙上绘制一个矩形的洞口。

图 3.2.5-1　洞口面板

1. 创建按面或垂直洞口

（1）选择"建筑"或"结构"面板的"洞口"中"按面"或"垂直"工具。当洞口垂直于所选的面时，使用"按面"工具；如果洞口垂直于某个标高，使用"垂直"工具，如图 3.2.5-2 所示。

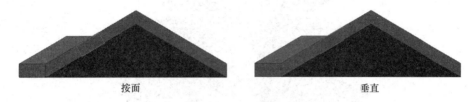

按面   垂直

图 3.2.5-2　洞口工具

（2）当选择"按面"工具时，则在需要开洞的位置选择一个面。如果选择"垂直"工具时，则选择整个图元。选择完成后，Revit 将进入编辑草图模式，可以在此模式下创建任意形状的洞口。

注："按面"洞口不仅可以用于屋顶、楼板、天花板上，还可以用于柱上。

（3）单击"√"完成编辑。

2. 创建竖井洞口

"竖井"洞口可以同时贯穿屋顶、楼板和天花板，可以跨越整个建筑高度。

（1）选择"建筑"或"结构"面板，单击"洞口"中"竖井"工具，即可进入编辑状态。

（2）通过绘制线或者拾取线来绘制竖井洞口。

（3）绘制完成后，可在左侧"属性"选项板上调整"底部约束""底部偏移""顶部约束""顶部偏移"等，如图 3.2.5-3 所示。

图 3.2.5-3　竖井洞口属性编辑

（4）单击"√"完成编辑。

注：也可以采用拖拽控制柄的方法来调整竖井高度，如图 3.2.5-4 所示。

3. 创建墙洞口

"墙"洞口工具是在直墙或弯曲墙上剪切一个矩形洞口。

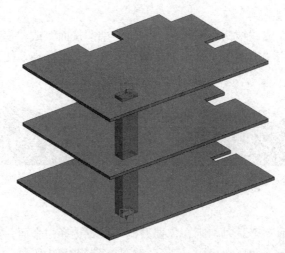

图 3.2.5-4　拖拽控制柄调整竖井高度

（1）打开可以对主体墙进行编辑的立面或者剖面视图。

（2）选择"建筑"或"结构"面板，单击"洞口"中"墙"工具。选择需创建洞口的墙，即可进入编辑状态。

（3）在需要开洞的位置，点击鼠标左键，确定矩形洞口起始点，移动鼠标至矩形洞口对角点后，单击鼠标左键，洞口创建成功，如图 3.2.5-5 所示。

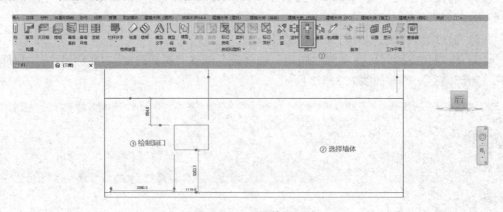

图 3.2.5-5　墙体开洞

（4）需要修改洞口时，可以单击选择洞口，使用拖拽控制柄的方法修改洞口的尺寸和位置。

4. 创建老虎窗洞口

（1）创建一个构成老虎窗的墙和屋顶图元，将墙顶部附着在老虎窗屋顶上，如图 3.2.5-6所示。

（2）使用"修改"中 "连接/取消连接屋顶"命令，将老虎窗的屋顶连接到主屋顶。

注：此处使用的命令是 "连接/取消连接屋顶"，请勿使用 "连接几何图形"，否则在创建老虎窗洞口时会出现错误。

（3）打开一个可以看到老虎窗屋顶和墙的视图中，点击"建筑"面板中"洞口""老虎窗"命令。

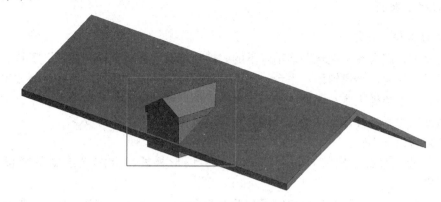

图 3.2.5-6　创建老虎窗的墙和屋顶图元

（4）点击命令后，单击选择高亮显示的主屋顶。随后即进入"编辑草图"模式，移动鼠标至老虎窗屋顶和墙上，高亮显示了有效边界，拾取老虎窗屋顶的底边和墙的内边。拾取完成后，使用"修剪/延伸为角"命令，将拾取的线修剪为一个闭合的形状，如图 3.2.5-7所示。

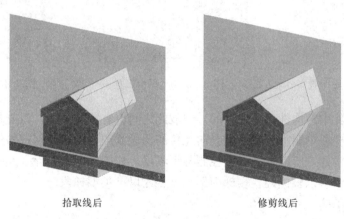

拾取线后　　　　　　　　　　　修剪线后

图 3.2.5-7　拾取

（5）单击"✓"按钮，即完成编辑。

（6）将墙底部附着到主屋顶上即可，如图 3.2.5-8 所示。

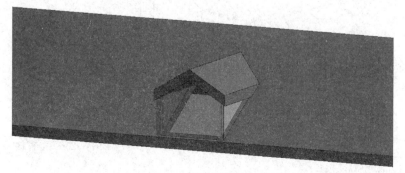

图 3.2.5-8　墙底部附着到主屋顶

3.2.6 楼梯、坡道

1. 创建楼梯

创建楼梯，需要在"建筑"选项卡下的"楼梯坡道"面板选择"楼梯"工具。在"楼梯"编辑模式下通过创建梯段、平台、支座来创建楼梯；同时还可以通过绘制楼梯踢面线和边界线，设置楼梯主体、踢面、踏板、踢边梁的尺寸和材质等参数的方式来自定义楼梯样式，从而衍生出各种各样的楼梯样式，并满足楼梯施工图的设计要求。

楼梯包含以下内容：

（1）梯段：直梯、螺旋梯段、U 形梯段、L 形梯段、自定义绘制的梯段，如图 3.2.6-1 所示。

（2）平台：该功能可在梯段之间通过拾取两个梯段，或通过创建自定义绘制的平台自动创建，如图 3.2.6-2 所示。

（3）支座（侧边和中心）：随梯段自动创建，或通过拾取梯段或平台边缘创建，如图 3.2.6-3 所示。

图 3.2.6-1　梯段工具

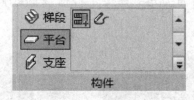

图 3.2.6-2　平台工具

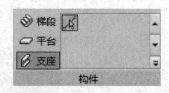

图 3.2.6-3　支座工具

虽然楼梯部件中的构件都是独立的，但彼此之间也有智能关系，以支持设计意图。例如，如果从一个梯段中删除台阶，则会向连接的梯段添加台阶，以保持整体楼梯高度。因为楼梯使用构件构建，所以可以分别控制各个零件，如图 3.2.6-4 所示。

使用梯段命令（以整体浇筑楼梯为例）可创建以下类型梯段。

（1）直梯如图 3.2.6-5 所示。

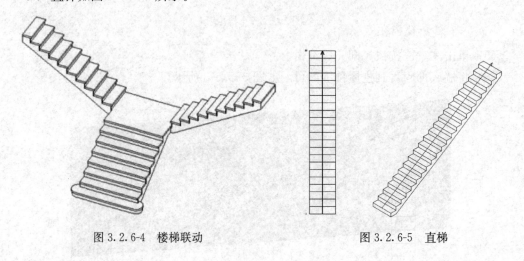

图 3.2.6-4　楼梯联动　　　　　　　　　图 3.2.6-5　直梯

（2）全踏步螺旋（可以大于 360°）楼梯如图 3.2.6-6 所示。

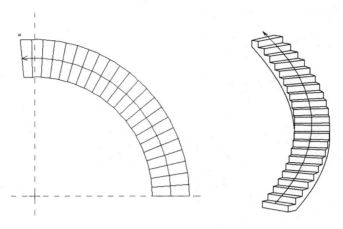

图 3.2.6-6 全踏步螺旋楼梯

（3）圆心端点螺旋（小于 360°）楼梯如图 3.2.6-7 所示。

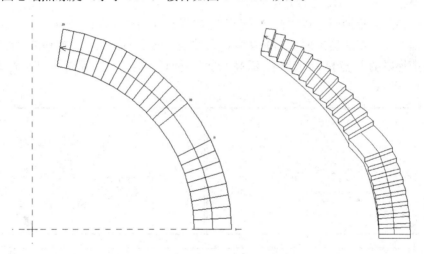

图 3.2.6-7 圆心端点螺旋楼梯

（4）L 形转角楼梯如图 3.2.6-8 所示。

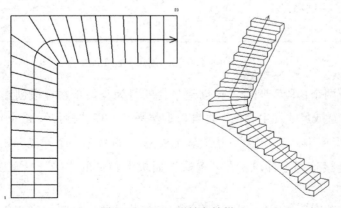

图 3.2.6-8 L 形转角楼梯

（5）U形转角楼梯如图3.2.6-9所示。

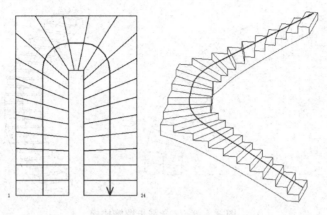

图 3.2.6-9 U形转角楼梯

2. 在楼梯的两个梯段之间创建平台

可以在梯段创建期间选择"自动平台"选项以自动创建连接梯段的平台。如果不选择此选项，则可以在稍后连接两个相关梯段，条件是：两个梯段在同一楼梯部件编辑任务中创建。一个梯段的起点标高或终点标高与另一梯段的起点标高或终点标高相同，如图 3.2.6-10所示。

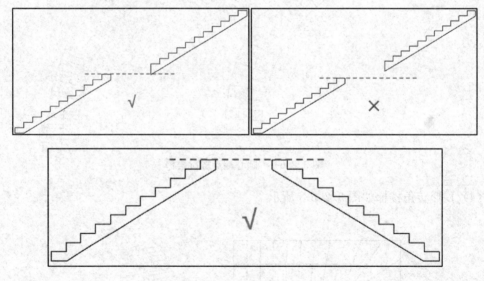

图 3.2.6-10 创建平台-1

使用"拾取两个梯段"平台工具创建平台的行为类似于在梯段创建期间自动创建平台。如果梯段位置或尺寸发生变化，将自动重塑平台。在"构件"面板上，单击 ⬭（平台）。在"绘制"库中，单击 ▦（拾取两个梯段）。选择第一个梯段和第二个梯段，将自动创建平台以连接这两个梯段。在"模式"面板上，单击"✓"（完成编辑模式），如图 3.2.6-11所示。

使用"创建草图" ✎ 方式创建平台。绘制楼梯边界和楼梯路径来创建任意形状的平台，如图 3.2.6-12 所示。

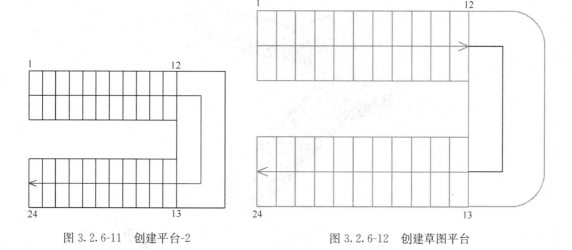

图 3.2.6-11 创建平台-2   图 3.2.6-12 创建草图平台

3. 楼梯构件的类型属性

（1）现场浇筑楼梯：整体梯段和整体平台（有踏板和无踏板的示例）如图 3.2.6-13 所示。

（2）预制楼梯：开槽连接如图 3.2.6-14 所示。

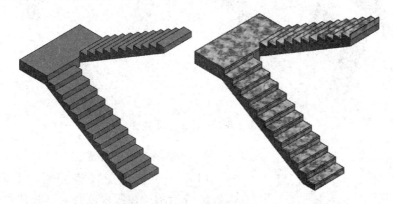

图 3.2.6-13 现场浇筑楼梯

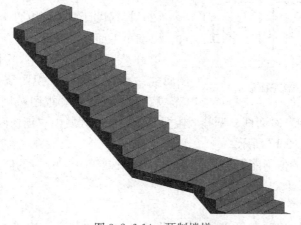

图 3.2.6-14 预制楼梯

（3）装配楼梯：木质楼梯如图 3.2.6-15 所示。

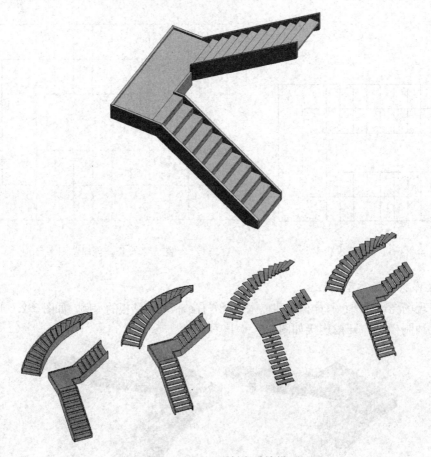

图 3.2.6-15　预制木质楼梯

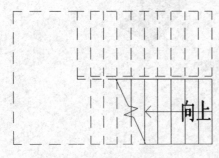

图 3.2.6-16　楼梯平面显示

4. 楼梯平面显示样式

（1）当绘制首层楼梯完毕，平面显示如图 3.2.6-16 所示。按照规范要求，通常要设置它的平面显示。

（2）根据设计需要可以自由调整视图的投影条件，以满足平面显示要求。

单击"视图"选项卡下"图形"面板中的"视图属性"按钮，弹出"视图属性"对话框，单击"范围"选项区域中"视图范围"后的"编辑"按钮，弹出"视图范围"对话框。调整"主要范围"选项区域中"剖切面"的值，修改楼梯平面显示，如图 3.2.6-17 所示。

注："剖切面"的值不能低于"底"的值，也不能高于"顶"的值。

5. 坡道

（1）直坡道

1）单击"建筑"选项卡下"楼梯坡道"面板中的"坡道"按钮，进入"创建坡道草

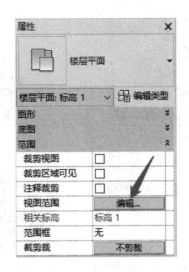

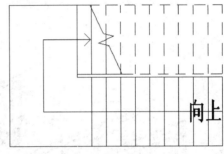

图 3.2.6-17　视图属性及范围设置

图"模式。

2) 单击"属性"面板中的"编辑类型"按钮，在弹出的"类型属性"对话框中单击"复制"按钮，创建自己的坡道样式，设置类型属性参数：坡道厚度、材质、坡道最大坡度（1/x）、结构等，单击"完成坡道"按钮。

3) 在"属性"面板中设置宽度、底部标高、底部偏移、顶部标高、顶部偏移等参数，系统自动计算坡道长度，如图 3.2.6-18 所示。

4) 绘制参照平面：起跑位置线、休息平台位置、坡道宽度位置。

5) 单击"梯段"按钮，捕捉每跑的起点、终点位置绘制梯段，注意梯段草图下方的提示：×××创建的倾斜坡道，××××剩余。

6) 单击"完成坡道"按钮，创建坡道，坡道扶手自动生成，如图 3.2.6-19 所示。

注：① "顶部标高"和"顶部偏移"属性的默认设置可能会使坡道太长。建议将"顶部标高"和"底部标高"都设置为当前标高，并将"顶部偏移"设置为较低的值。

② 可以用"踢面"和"边界"命令绘制特殊坡道，可用边界和踢面命令创建楼梯。

③ 坡道实体、结构板选项差异：选择坡道，单击"属性"面板下的"编辑类型"按钮，弹出"类型属性"对话框。若设置"其他"参数下的"造型"为"实体"，若设置"其他"参数下的"造型"为"结构板"，如图 3.2.6-20 所示。

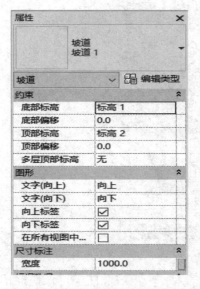

图 3.2.6-18　坡道属性设置

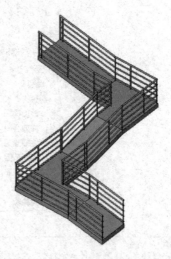

图 3.2.6-19　坡道扶手自动生成

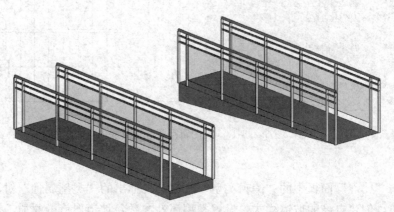

图 3.2.6-20　坡道实体、结构板

（2）弧形坡道

1）单击"建筑"选项卡下"楼梯坡道"面板中的"坡道"按钮，进入绘制楼梯草图模式。

2）在"属性"面板中，同前所述设置坡道的类型、实例参数。

3）绘制中心点、半径、起点位置参照平面，以便精确定位。

4）单击"梯段"按钮，选择选项栏的"中心-端点弧"选项 ⬦，开始创建弧形坡道。

5）捕捉弧形坡道梯段的中心点、起点、终点位置绘制弧形梯段，如有休息平台，应分段绘制梯段。

6）可以删除弧形坡道的原始边界和踢面，并用"边界"和"踢面"命令绘制新的边界和踢面，创建特殊的弧形坡道。单击"完成坡道"按钮创建弧形坡道，如图 3.2.6-21所示。

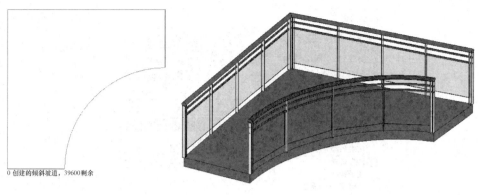

图 3.2.6-21　弧形坡道

3.2.7　栏杆扶手

1. 扶手的创建

单击"建筑"选项卡下"楼梯坡道"面板中的"栏杆扶手"，有两种创建扶手的方式，一种是绘制路径；一种是放置在楼梯/坡道上。

点击"绘制路径"进入"创建栏杆扶手路径"，绘制一条单一且连续的草图，单击"完成扶手"按钮创建扶手，如图 3.2.7-1 所示。

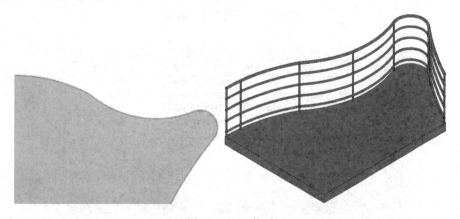

图 3.2.7-1　扶手

2. 扶手的编辑

（1）选择扶手，然后单击"修改栏杆扶手"选项卡下"模式"面板中的"编辑路径"按钮，编辑扶手轮廓线位置。

（2）属性编辑：自定义扶手。

点击"插入"选项卡下"从库中载入"面板中的"载入族"按钮，载入需要的扶手、栏杆族。点击"建筑"选项卡下"楼梯坡道"面板中的"栏杆扶手"按钮，在"属性"面板中，单击"编辑类型"，弹出"类型属性"对话框，编辑类型属性，如图 3.2.7-2 所示。

单击"扶栏结构"栏对应的"编辑"按钮，弹出"编辑扶手"对话框，编辑扶手结构：插入新扶手或复制现有扶手，设置扶手名称、高度、偏移、轮廓、材质等参数，调整扶手上、下位置，如图 3.2.7-3 所示。

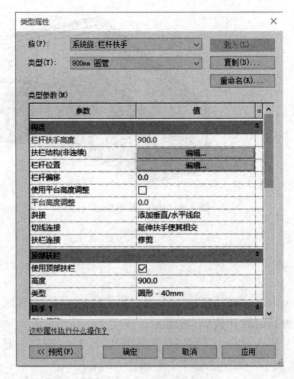

图 3.2.7-2　扶手类型属性

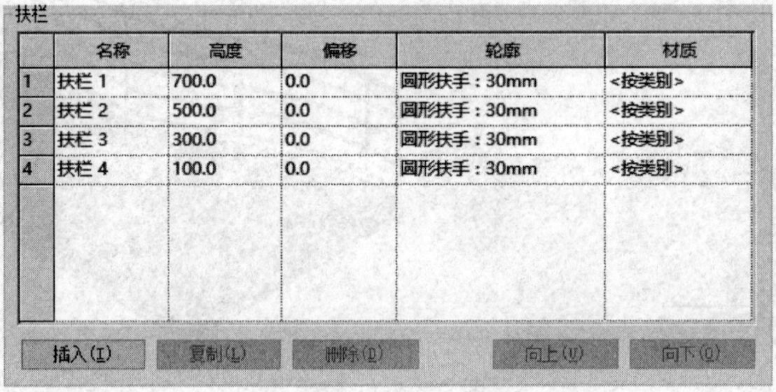

	名称	高度	偏移	轮廓	材质
1	扶栏 1	700.0	0.0	圆形扶手：30mm	<按类别>
2	扶栏 2	500.0	0.0	圆形扶手：30mm	<按类别>
3	扶栏 3	300.0	0.0	圆形扶手：30mm	<按类别>
4	扶栏 4	100.0	0.0	圆形扶手：30mm	<按类别>

图 3.2.7-3　扶手编辑

单击"栏杆位置"栏对应的"编辑"按钮，弹出"编辑栏杆"对话框，编辑栏杆位置：布置主栏杆样式和支柱样式——设置主栏杆和支柱的栏杆族、底部及偏移、顶及顶部偏移、相对距离、偏移等参数。确定后，创建新的扶手样式、栏杆主样式，并按图中样式设置各参数。

3. 扶手连接设置

Revit 允许用户控制扶手的不同连接形式，扶手类型属性参数包括"斜接""切线连接""扶手连接"。

斜接：如果两段扶手在平面内成角相交，但没有垂直连接，Autodesk Revit 既可添加垂直或水平线段进行连接，也可不添加连接件保留间隙。如果两段扶手在平面内成角相交，但没有垂直连接，Autodesk Revit 既可添加垂直或水平线段进行连接，也可不添加连接件保留间隙，这样即可创建连续扶手。

切线连接：如果两段相切扶手在平面内共线或相切，但没有垂直连接，Autodesk Revit 既可添加垂直或水平线段进行连接，也可延伸扶手使其相交。这样即可在修改了平台处扶手高度，或在将扶手延伸至楼梯末端之外的情况下创建光滑连接，如图 3.2.7-4 所示。

扶栏连接：其包括修剪、结合两种类型。如果要控制单独的扶手接点，可以忽略整体的属性，即选择扶手，单击"编辑"面板中的"编辑路径"按钮，进入编辑扶手草图模式，单击"工具"面板下的"编辑扶手连接"按钮，单击

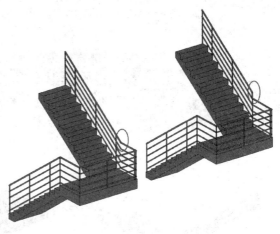

图 3.2.7-4　扶手连接

需要编辑的连接点，在选项栏的"扶栏连接"下拉列表中选择需要的连接方式，如图 3.2.7-5 所示。

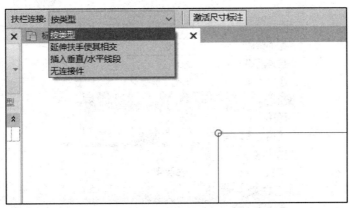

图 3.2.7-5　扶手连接编辑

3.2.8　室内外常用构件

1. 台阶、散水、女儿墙

（1）台阶创建：软件无内置绘制台阶工具，需通过内建模型进行创建。

单击"建筑"选项卡，选择"构件"工具。点击下方倒三角 ，选择内建模型工具

。在弹出窗口选择常规模型进行创建模型，名称命名为台阶。选择拉伸工具，根据台阶范围以及厚度进行拉伸创建模型。利用空心形状工具编辑台阶轮廓，对拉伸模型进行剪切，如图 3.2.8-1 所示。单机绘制好的台阶构件，在属性选项卡添加台阶材质，如图 3.2.8-2 所示。

图 3.2.8-1　台阶模型创建

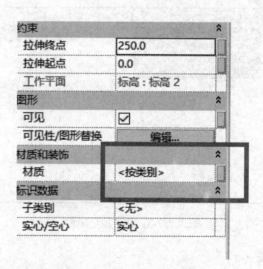

约束		❱
拉伸终点	250.0	
拉伸起点	0.0	
工作平面	标高：标高 2	
图形		❱
可见	☑	
可见性/图形替换	编辑...	
材质和装饰		❱
材质	<按类别>	
标识数据		❱
子类别	<无>	
实心/空心	实心	

图 3.2.8-2　台阶属性编辑

（2）散水创建

散水绘制：需调用内建模型工具，通过放样命令进行绘制。单击"建筑"选项卡，在"构建"栏选择"构件"，点击实心倒三角中的内建模型以常规模型的方式创建散水构件，如图 3.2.8-3 所示。

选择放样工具，并选择绘制或拾取路径（在这里选择拾取路径示意），将光标移动到墙底边界，系统自动高亮显示，单击左键确定路径，如图 3.2.8-4 所示。

绘制好路径点击"√"确定。确定路径后编辑轮廓或载入已有轮廓 ，

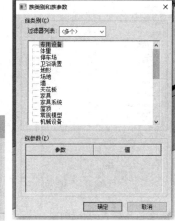

图 3.2.8-3　散水创建

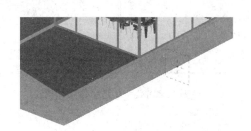

图 3.2.8-4　散水绘制

绘制完成点击"√"完成模型，如图 3.2.8-5 所示。

（3）女儿墙创建

女儿墙可以通过墙体命令或放样创建。矩形截面女儿墙可以通过直接调用"墙体"工具创建。复杂异形截面女儿墙需调用"放样"工具创建。异形截面女儿墙创建：单击"建筑"选项卡，选择构件工具，点击下方倒三角 构件 ，选

择内建模型工具 ████ 。在弹出窗口选择常规模型

进行模型创建，如图 3.2.8-6 所示。名称命名为女

图 3.2.8-5　散水轮廓

儿墙。选择放样工具，单击绘制路径，如图 3.2.8-7 所示，绘制女儿墙路径，点击"√"完成路径绘制。在放样工具栏点击编辑轮廓 ████ 。

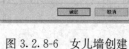

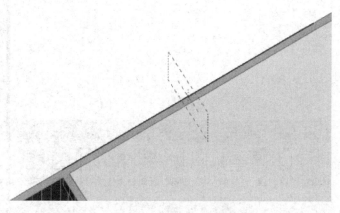

图 3.2.8-6　女儿墙创建　　　　　　　　　　　图 3.2.8-7　女儿墙绘制

绘制女儿墙轮廓，单击"√"完成轮廓编辑，系统自动退出编辑模式。再次单击"√"完成模型创建，如图 3.2.8-8 所示。

图 3.2.8-8　女儿墙轮廓编辑

2. 卫浴装置、家具、照明、电梯、雨篷

（1）卫浴装置模型创建

卫浴装置通常是基于主体的构件，被放置在垂直面或工作平面上。在项目浏览器中，打开要放置卫浴装置的视图，单击"系统"选项卡"卫浴和管道"面板处的卫浴装置，从类型选择器中选择一个特定的装置类型（图 3.2.8-9）。在功能区上，确认选择了"在放置时进行标记"，以自动标记卫浴装置。如果要标记引线，请在选项栏上选择"引线"并指定长度，如图 3.2.8-10 所示。在工作平面上放置卫浴装置时，可能需要在"工作平面"对话框中"拾取一个平面"，或者放置装置时在选项栏上选择"放置平面"。将光标移到要放置卫浴装置的位置，然后单击。将卫浴装置放入视图之前，可以按空格键旋转卫浴装置。每次按空格键时，卫浴装置都会旋转 90°。

（2）家具模型创建

首先单击"插入"选项卡，在"从库中载入"工具栏单击"载入族"，弹出"载入族"对话框，选择文件夹（建筑→家具→3D→选择需要的家具类型），载入所需的家具族。族载入完成，项目浏览器中，打开要放置家具的视图。单击"建筑"选项卡构建工具栏，找到构件工具单击下拉三角，选择放置构件工具。在属性栏处可选择放置族类型。点击家具族进行放置。可以在视图预览家具（预览状态见图 3.2.8-11），单击以放置家具。放置完

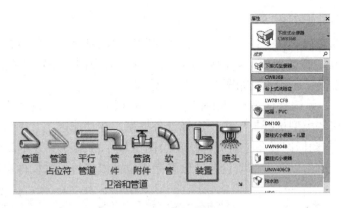

图 3.2.8-9　卫浴装置模型创建

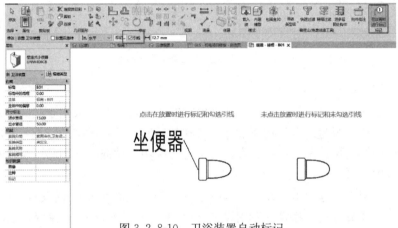

图 3.2.8-10　卫浴装置自动标记

成也可以通过单击构件进行"修改"。将家具族放入视图之前，可以按空格键旋转家具方向。每次按空格键时，家具都会旋转 $90°$。

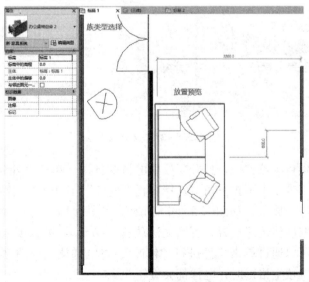

图 3.2.8-11　家具模型创建

（3）照明设备模型创建

照明设备一般是放置在主体构件（天花板或墙）上的基于主体的构件。在项目浏览器中，找到想要放置的楼层平面，双击要放置照明设备的视图。单击"系统"选项卡"电气"面板"照明设备"选项卡，如图 3.2.8-12 所示。

"放置"面板，系统默认为放置在垂直面上，根据需要可以调整"放置"面，如指定一个主体构件。在"类型选择器"中，选择设备类型。在功能区上，确认选择了"在放置时进行标记"，以自动标记设备。将光标移至绘图区域中的某一有效主体或位置上时，可以预览照明设备，单击以放置照明设备。放置完成也可以通过单击构件进行"修改"。

图 3.2.8-12　照明设备模型创建

（4）电梯模型创建

电梯类型包括：高速电梯、货梯、住宅电梯等。高速电梯一般用于超高层建筑，例如大型写字楼。货梯主要为运送货物而设计，货梯的轿厢具有长而窄的特点。住宅电梯是供居民住宅楼使用的电梯，主要运送乘客，也可运送家用物件或生活用品。可以在系统族库调用相应的电梯类型。

首先单击"插入"选项卡，在"从族库中载入"工具栏单击"载入族"，弹出"载入族"对话框，选择文件夹（建筑→专用设备→电梯），载入所需的电梯族，如图 3.2.8-13所示。

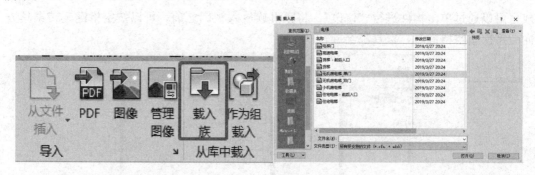

图 3.2.8-13　电梯族载入

族载入完成，项目浏览器中，打开要放置电梯的视图。单击"建筑"选项卡"构建"工具栏，找到构件工具单击下拉三角，选择放置"构件"工具。在属性栏处可选择放置族类型。点击电梯族进行放置，如图 3.2.8-14 所示。当鼠标移动到有效载体（**提示：**系统自带电梯族必须拾取墙体边缘放置，否则无法放置电梯族），可以预览电梯，单击以放置电梯。放置完成也可以通过单击构件进行"修改"。将电梯放入视图之前，可以按空格键旋转电梯方向。每次按空格键时，电梯都会旋转 $90°$。

（5）雨篷

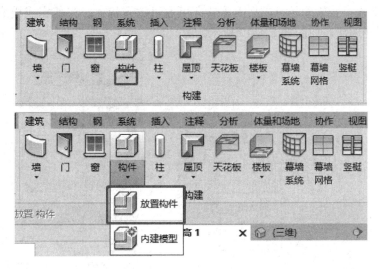

图 3.2.8-14　电梯模型放置

雨篷的定义：雨篷主要作用是挡雨、挡风、防坠物砸伤，主要设置在建筑物出入口。图纸内一般用"YP"表达雨篷（图 3.2.8-15）。雨篷材质分玻璃钢、铝合金、混凝土等。在 Revit 软件中可通过直接调用雨篷族或通过内建模型方式创建雨篷。若无特殊要求，也可通过创建楼板的方式生成简易雨篷。

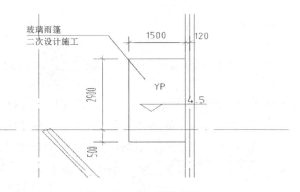

图 3.2.8-15　雨篷平面

1）雨篷的创建：单击"建筑"选项卡，在"构建"栏点击构件工具，点击倒三角，选择"内建模型"，弹出"族类别和族参数"对话框，选择"常规模型"进行创建。可通过"拉伸或放样"工具创建雨篷模型。在属性栏处赋予雨篷材质，如图 3.2.8-16 所示。

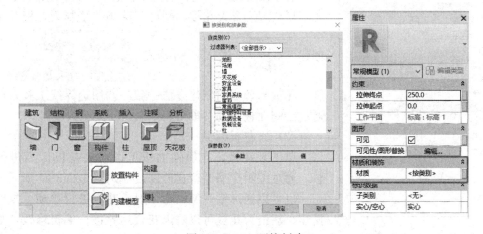

图 3.2.8-16　雨篷创建

2）放置雨篷：若族库已有成品雨篷族，可通过放置构建，快速完成模型创建。通过调整族参数创建雨篷，如图 3.2.8-17 所示。

图 3.2.8-17　雨篷属性设置

3. 天花板创建与编辑

（1）天花板创建

天花板的创建分自动创建天花板 和绘制天花板两种方式 。对于以墙体为边界的简易平面天花板，可以使用自动创建天花板命令快速拾取创建。

1）前平面视图，单击"建筑"选项卡，在"构件"面板中选择"天花板"工具。选择"自动创建天花板"工具。在属性栏选项板中设置"标高"参数。根据所需高度调整"相对标高"，如图 3.2.8-18 所示。

2）单击编辑类型，选择所需要的天花板类型或自行创建天花板类型，如图 3.2.8-19 所示。移动光标到房间内，系统自动出现红色亮显的墙边界，如图 3.2.8-20 所示，单击鼠标即可创建天花板。

对于没有封闭墙边界房间的天花板，以及倾斜天花板、比较复杂的组合天花板，则可以选用"绘制天花板"工具

创建 ，进入绘制模式 ，绘制天花板与楼板的创建方法一致。调用边界线工具，可以通过绘制面板内的多种工具绘制封闭天花板边界。

（2）天花板编辑

单击天花板，在属性面板可以对天花板标高进行调整。通过编辑类型进行材质修改，如图 3.2.8-21 所示。

也可以通过常规编辑命令对天花板进行移动、复制等操作。双击天花板可以对天花板边界进行编辑修改，如图 3.2.8-22 所示。

图 3.2.8-18　天花板属性

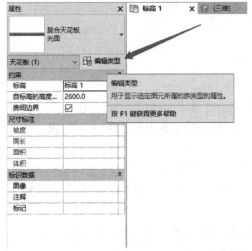

图 3.2.8-19　天花板属性编辑　　　　　　　　图 3.2.8-20　天花板创建

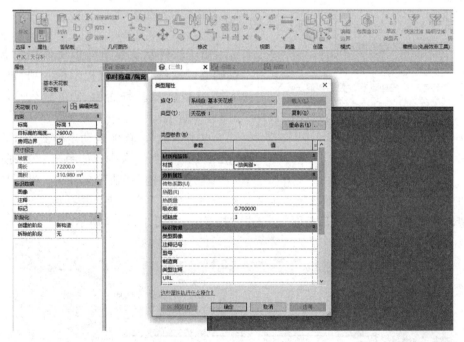

图 3.2.8-21　天花板类型属性

图 3.2.8-22　天花板编辑

3.3 结构模型创建

3.3.1 结构基础

在 Revit2020 中，根据使用的用途及形状提供了多种结构基础的创建方法，例如独立基础、条形基础、基础底板。本书主要讲解不同类型的结构基础的创建与编辑。

1. 独立基础

（1）独立基础的创建

在 Revit2020 中，首先进入基础所在的平面视图，单击"结构"选项卡功能区的"独立"基础命令进行创建，如图 3.3.1-1 所示。

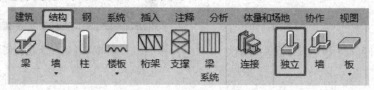

图 3.3.1-1　独立基础命令

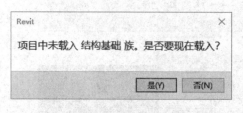

图 3.3.1-2　结构基础族载入

由于软件默认建筑样板文件中没有独立基础族，软件自动弹出提示框"项目中未载入结构基础族。是否要现在载入?"，如图 3.3.1-2 所示。

点击"是"，软件自动定位到"RVT/Libraries/China"目录中，如图 3.3.1-3 所示。

点选"结构/基础"文件夹，选择所需要载入的族类型，载入结构基础族。点击"结构"→"基础"文件夹，选择所要载入的基础族类型，例如"独立基础-坡形截面"，点击"打开"，如图 3.3.1-4 所示。

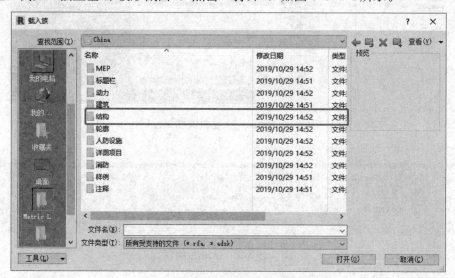

图 3.3.1-3　族类型文件夹

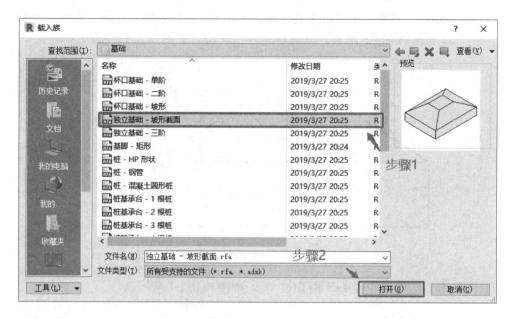

图 3.3.1-4　结构基础族载入

（2）独立基础的编辑

以"独立基础-坡形截面"为例，尺寸设置及修改可以通过点击"属性"面板的"编辑类型"修改相关参数，在属性面板里默认添加为"独立基础-坡形截面 $2000 \times 1500 \times 650$"，如图 3.3.1-5 所示。

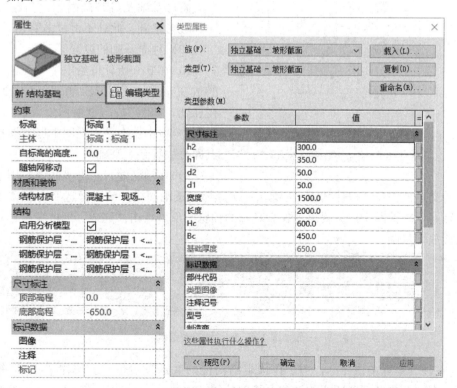

图 3.3.1-5　独立基础属性编辑

85

点击复制命令，新建一个基础名称，按照 CAD 图中的基础几何尺寸更改尺寸标注。例如：h1、h2 为基础高度、坡高，基础厚度为 h1＋h2，如图 3.3.1-6 所示。

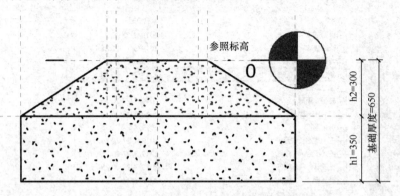

图 3.3.1-6　独立基础厚度

Hc、Bc 分别为坡形截面基础顶部长、宽，如图 3.3.1-7 所示。

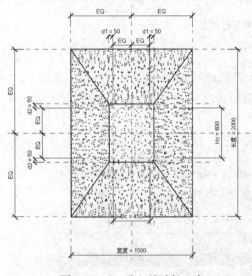

图 3.3.1-7　独立基础长、宽

当现有族库中，基础族构件不满足项目所需时，可选择相关的族直接进行编辑。首先选中所要修改的"基础族"，在"修改｜结构基础"选项卡中点击"编辑族"选项，进入族编辑界面进行修改，如图 3.3.1-8 所示。

阶形基础及桩基础的创建与编辑的方法同坡形基础，此处不再过多赘述。

（3）独立基础的放置

Revit2020 版软件给出了 3 种独立基础的放置形式，分别是：单击、在轴网处、在柱处，如图 3.3.1-9 所示。

1）单击：在平面视图中点击捕捉插入点即可放置独立基础。

2）在轴网处：点击该命令，用于在选定轴线的交点处创建。按住"Ctrl"键，一次选择一条轴网线；或者框选所要放置独立基础处的轴网，在轴网交点位置出现独立基础的预览图形，点击"完成"即可在所选轴网交点处放置独立基础。

图 3.3.1-8　独立基础族编辑

3）在柱处：点击该命令，用于在选定结构柱的底部进行创建。按住"Ctrl"键，一次选择一根柱；或者框选所要放置独立基础处的结构柱，点击"完成"即可在所选结构处

图 3.3.1-9　独立基础放置

底部位置放置独立基础。

2. 条形基础

（1）条形基础的创建

在 Revit2020 中，系统默认的"条形基础"的创建方法为：单击"结构"选项卡功能区的"墙"命令，如图 3.3.1-10 所示。

图 3.3.1-10　条形基础命令

建筑样板中默认"条形基础-连续基脚"。

（2）条形基础的编辑

可以通过点击"属性"面板的"编辑类型"进行尺寸相关参数的修改及编辑，如图 3.3.1-11 所示。

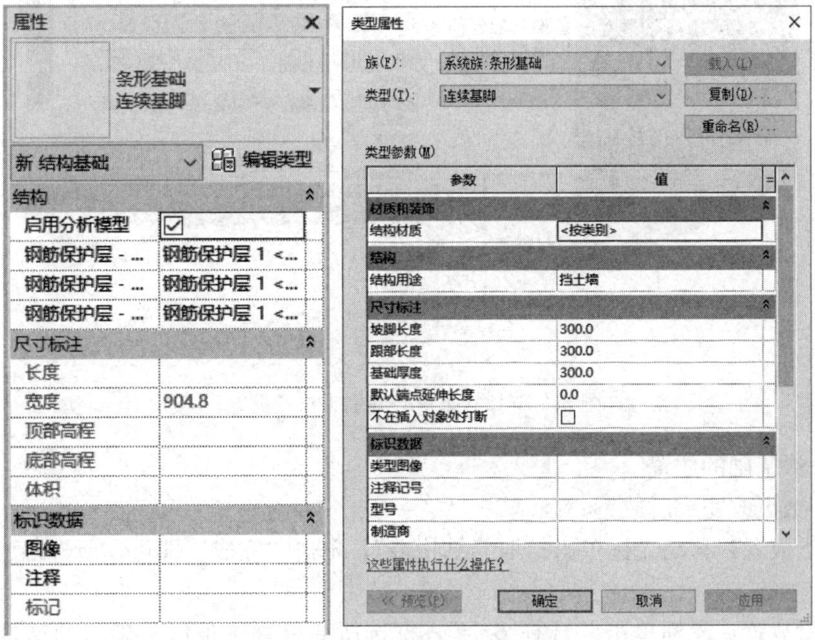

图 3.3.1-11　条型基础属性编辑

图 3.3.1-12　条形基础材质填充

例如结构材质的更改，点击图 3.3.1-12 中红框处 "…"，进入材质浏览器，选择所需要的材质填充，单击 "确认" 完成材质的添加，如图 3.3.1-12 所示。

1）结构用途：根据项目实际用途，有 "挡土墙" "承重" 两种类型，系统默认为 "挡土墙"。

2）尺寸标注：根据项目需要，更改 "坡脚长度" "跟部长度" 及 "基础厚度" 数值。

3）默认端点延伸长度：其设置在开放条形基础端头位置，如图 3.3.1-13 所示中的 "600" 为条形基础延伸出墙端点的长度。

4）不在插入对象处打断：勾选该选项，则在结构墙门窗洞口位置条形基础保持连续，取消勾选则条形基础将和墙饰条一样自动打断，如图 3.3.1-14 所示。

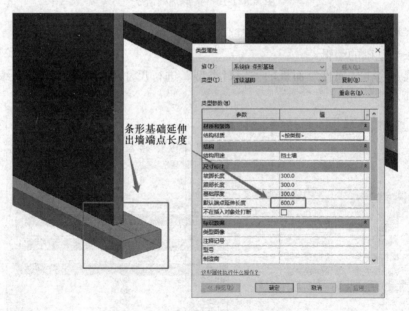

条形基础延伸出墙端点长度

图 3.3.1-13　条形基础端头长度设置

（3）条形基础的放置

相关参数更改完成后放置 "条基"。

1）单击放置：移动光标单击拾取 "结构墙"，单击 "完成" 即可在所选墙底部创建条形基础。

2）批量放置：光标单击 "选择多个"，框选所要放置 "条形基础" 的结构墙，单击 "完成" 即可批量放置 "条形基础"。需要注意的是当同一轴线上有墙也有柱时，先生成墙

88

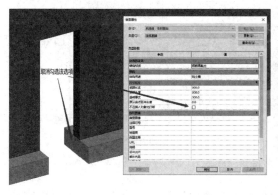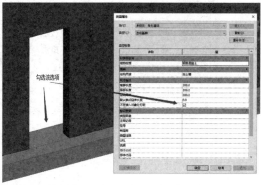

图 3.3.1-14　条形基础插入对象处打断设置

下"条形基础",然后将其拉伸通过柱子,柱下"条形基础"也创建完成,如图 3.3.1-15 所示。

由于样板默认"条形基础"为一阶,并且无法编辑和修改,为满足工程的需求,也可自行创建"条形基础"族。"条形基础"族的创建与"梁"族创建过程相似,可使用"公制结构框架"模板进行"条形基础"的创建,创建流程如下:

图 3.3.1-15　条形基础批量设置

编辑"梁"族创建"条形基础":新建族—"公制结构框架-梁和支撑"—"族类别和族参数"对话框中选择"结构基础",载入梁族样板后,可对此梁进行拉伸轮廓编辑,完成"条形基础"创建,如图 3.3.1-16 所示。

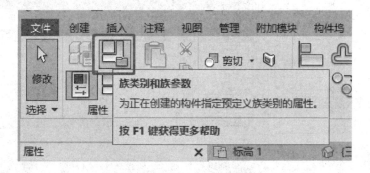

图 3.3.1-16　条形基础族创建

新建"条形基础"族:新建族—"公制结构基础"—通过"拉伸"或者"放样"功能实现多形式"条形基础"的创建,同时进行材质类型的设定。

3. 筏板基础

(1) 板式筏板基础的创建

其创建和编辑方法同楼板、结构楼板一样,单击"结构-板-结构基础:楼板",进入筏板基础创建界面,绘制封闭的楼板边界轮廓线,如图 3.3.1-17 所示。

(2) 筏板基础的编辑

图 3.3.1-17　筏板基础命令

设置"属性"参数-"编辑类型",调整标高、板厚及构造样式,单击"√"完成筏板基础的创建,如图 3.3.1-18 所示。

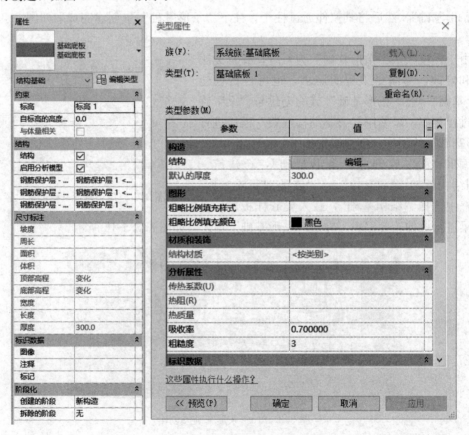

图 3.3.1-18　筏板基础属性编辑

梁式筏板基础:在创建"板式筏板基础"上,选择"结构梁"命令创建"基础梁"部分。

3.3.2　结构柱

1. 结构柱的创建

结构柱创建有以下两种途径:

（1）单击功能区"结构"选项卡-"柱"选项进行创建，如图 3.3.2-1 所示。

（2）单击功能区"建筑"选项卡-"柱"选项—下拉菜单"结构柱"选项进行创建，如图 3.3.2-2 所示。

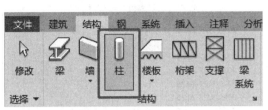

图 3.3.2-1　柱命令

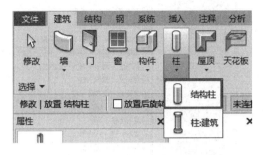

图 3.3.2-2　结构柱命令

2. 结构柱的编辑

根据以上两种途径创建结构柱后对其进行编辑，单击"属性"界面-"编辑类型"进行"结构柱"的编辑，如图 3.3.2-3 所示。

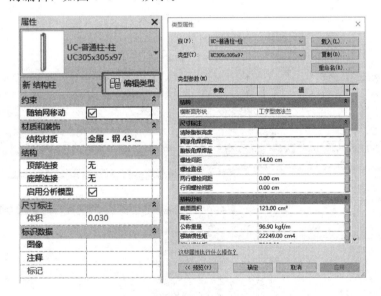

图 3.3.2-3　结构柱属性编辑

进入"编辑类型"界面后，由于使用的是 Revit 系统自带样板，默认的柱族是型钢，需要手动载入项目相应材质的柱族进行创建。

单击"载入"命令，进入族库"RVT2020/Libraries/China/结构/柱"，在"柱"文件夹中，有多种材质的柱的子文件夹，例如钢、混凝土、木质、轻型钢及预制混凝土，根据项目需要，双击进入相应的材质子文件夹，选择所需要的柱子类型，如图 3.3.2-4 所选取的"混凝土-矩形-柱"，单击"打开"完成"柱"族载入。

根据项目要求，需要编辑多种类型的混凝土"结构柱"，在"编辑类型"菜单中，单击"复制"选项，在"名称"一栏中输入"柱名称或尺寸"，单击"确认"。分别设置其宽度 b、深度 h 参数值，单击"确定"，如图 3.3.2-5 所示。

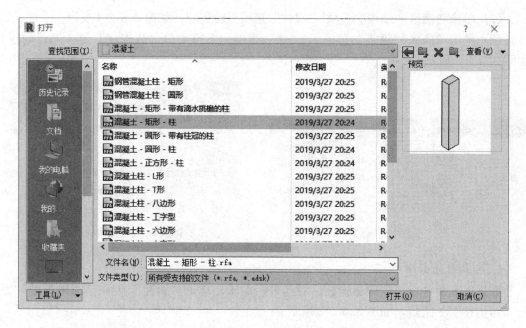

图 3.3.2-4　柱族载入

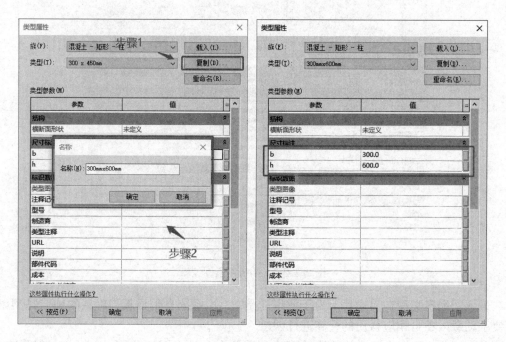

图 3.3.2-5　结构柱类型属性编辑

3. 结构柱的放置

在完成对"结构柱"的编辑之后，需要对"结构柱"进行放置，观察"修改｜放置-结构柱"选项卡一栏，在其上指定下列操作内容，如图 3.3.2-6 所示。

（1）选项卡的设置

1）放置后旋转：勾选此项命令可以在放置柱后立即将其旋转。

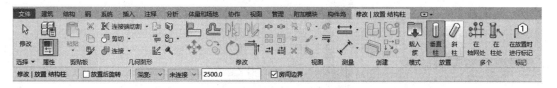

图 3.3.2-6　结构柱放置

2）深度/高度：点选"深度"下拉菜单，出现"深度/高度"选项，"深度"选项默认柱顶为本层标高，柱子向下进行绘制。"高度"选项默认柱底为本层标高，柱子向上绘制，如图 3.3.2-7 所示。

3）未连接/各层标高：点选"未连接"下拉菜单，出现"未连接/各层标高"选项，点选"未连接"则需要在数据框内指定柱子的高度，点选"各层标高"则指定某一层标高为柱顶标高，数据框内呈灰色无法输入。

4）房间边界：默认勾选状态，勾选后计算房间面积时，自动扣减柱子面积。

（2）结构柱的放置

1）垂直柱：选项卡中默认选择"垂直柱"样式进行放置，可在平面视图或三维视图中添加垂直柱，通过点击鼠标左键放置每根柱，也可以使用"在轴网处"工具将柱添加到选定轴

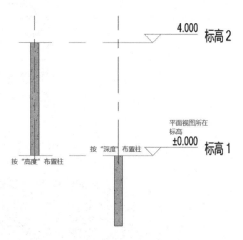

图 3.3.2-7　结构柱深度/高度绘制

网交点处，结构柱可以连接到结构图元，如梁、支撑和独立基础，如图 3.3.2-8、图 3.3.2-9 所示。

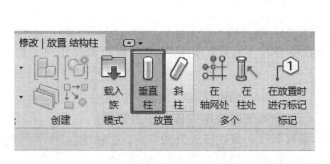

图 3.3.2-8　垂直柱放置

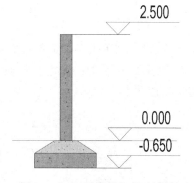

图 3.3.2-9　垂直柱与基础连接

2）随轴网移动：默认勾选该选项，移动轴网的同时，柱子随轴网一起移动，如图 3.3.2-10 所示。

3）斜柱：在平面、立面、剖面及三维视图中添加斜柱，放置柱时，较高高程处的端点被标记为顶点，较低高程被标记为基点。根据柱样式，当梁重新定位时，柱将进行调整以保持与梁的连接关系，角度控制的柱保持柱的角度，端点控制的柱保持其连接的端点位置，如图 3.3.2-11 所示。

图 3.3.2-10　结构柱属性编辑

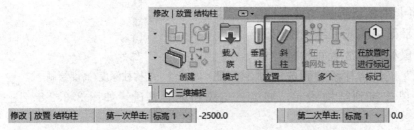

图 3.3.2-11　斜柱放置

① 第一次单击：确定斜柱底标高位置，在其后的数据框可以修改偏移距离；

② 第二次单击：确定斜柱顶标高位置，在其后的数据框可以修改偏移距离，如图 3.3.2-12 所示。

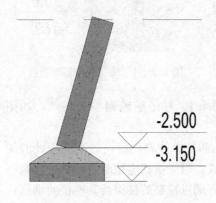

图 3.3.2-12　斜柱数据框设置

（3）左侧属性面板参数的修改

在属性面板参数修改中可以修改底部和顶部的截面样式，截面样式分为"垂直于轴线""水平""竖直"三种，如图 3.3.2-13 所示。

1）在轴网交点处：用于在选定轴线的交点处创建结构柱，根据选项栏上设置的属性，光标窗选轴线的每个交点处都会放置一个柱，单击"完成"之后，才会实际创建柱。

2）在柱处：用于在选定的建筑柱内部创建结构柱，结构柱自动捕捉到建筑的中心。

3）在布置斜柱的同时，需要保证上下结构的完

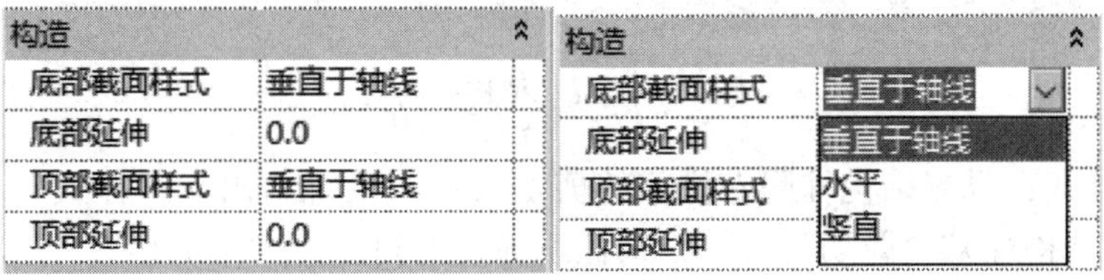

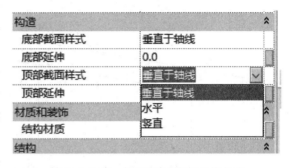

图 3.3.2-13　属性面板-构造

整对接，系统针对顶部/底部给出了三种对接方式："垂直于轴线""水平""竖直"，如图3.3.2-14 所示。

根据项目实际情况，在结构柱的实例属性—"构造"中选择，三种对接方式如图 3.3.2-15 所示。

（4）结构柱的附着与分离

利用"附着"工具可以将结构柱的顶部/底部附着到楼板、梁、屋顶、天花板、参照平面或者标高的上方或下方。选择想要附着的结构柱，上方选项卡工具栏柱会显示"附着/分离"工具，如图3.3.2-16 所示。

图 3.3.2-14　斜柱顶部/底部对接方式

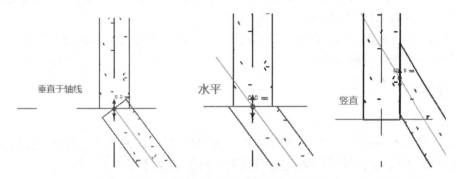

图 3.3.2-15　结构柱实例属性对接方式

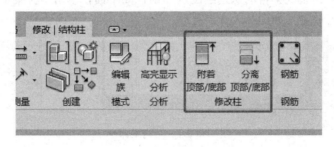

图 3.3.2-16　结构柱附着/分离命令

选择"附着"工具，工具栏下方会给出编辑选项，如图 3.3.2-17 所示。

1）附着柱：设置结构柱附着的部位"顶/底"。

| 修改 \| 结构柱 | 附着柱: ⦿顶 ○底 | 附着样式: 剪切柱 ⌄ | 附着对正: 最小相交 ⌄ | 从附着物偏移 0.0 |

图 3.3.2-17　结构柱附着

2）附着样式：设置结构柱附着样式的剪切关系。系统给出三种样式，分别是"剪切柱（目标剪切结构柱）""剪切目标（结构柱所剪切的目标）""不剪切"。

3）附着对正：结构柱附着目标的对正方式，系统给出三种样式，分别是"最小相交""柱中线相交""最大相交"，具体相交方式如图 3.3.2-18 所示。

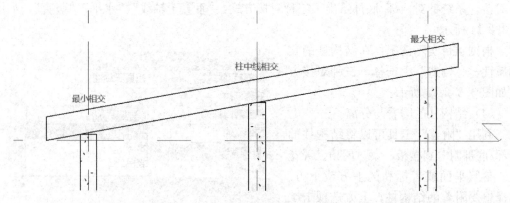

图 3.3.2-18　结构柱附着对正

4）从附着物偏移：在后面的数值栏中输入从附着点的上下偏移距离，可以使结构在附着位置超出或者缩回一定距离。

5）分离顶部/底部：选择附着的结构柱，单击功能区该命令，单击拾取附着目标对象即可将结构柱与附着目标分离。

3.3.3　结构梁

1. 创建梁

Revit2020 中提供了两种创建梁的方法："绘制"和"在轴线上"创建。使用两种创建方法之前，都需要对梁的属性信息进行设置，再绘制梁模型。

单击"结构"选项卡—"梁"进入到绘制界面设置选项栏，如图 3.3.3-1 所示。

（1）放置平面：系统会自动识别绘图区当前标高平面，单击下拉菜单，可以选择其他楼层平面标高进行放置，如图 3.3.3-2 所示。

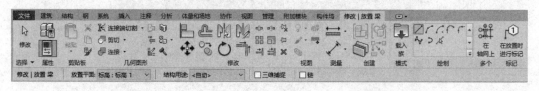

图 3.3.3-1　结构梁命令

（2）结构用途：此参数用于设定绘制梁的结构用途，软件会默认"自动选项"，单击下拉菜单，菜单内包含"大梁""水平支撑""托梁""其他"以及"檩条"选项，可以选择其他用途类型以区分梁。结构用途参数会被记录在结构框架的明细表中，方便统计模型中各类型的结构框架数量，如图 3.3.3-3 所示。

图 3.3.3-2 结构梁放置平面

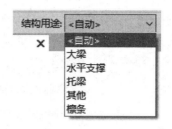

图 3.3.3-3 结构梁用途

（3）三维捕捉：默认取消勾选，勾选后可以在三维视图中捕捉到已有图元上的点，不勾选则捕捉不到点。

（4）链：默认取消勾选，勾选后可以连续绘制梁，不勾选则每次只能绘制一根梁，即每次都需要点选梁的起点和端点。

（5）绘制：可以在绘制选项中，选择绘制方法来进行梁的绘制，如"线""起点-终点-半径"等，也可使用"拾取线"绘制方法，点选该拾取线可生成梁，拾取线为该梁中线，也可在"属性面板"进行调整，如图 3.3.3-4 所示。

图 3.3.3-4 结构梁绘制

（6）在轴网上：光标窗选所要布置梁的轴网，以便将梁置于柱、结构墙和其他梁之间，在有结构柱的轴线方向出现梁的预览图形，图形复杂时可以按住"Ctrl"及"Shift"键增加或减少选择，单击"完成"即可创建所有的梁。

2. 梁的编辑

（1）类型属性：当梁绘制完成后，在平面视图中选取任意一个梁，通过"属性"面板来调整梁的参数，下拉菜单选择合适的梁类型替换当前选择的梁，也可通过"编辑类型"选项复制一个新的类型属性，将图纸中梁的截面信息在尺寸标注中进行修改，如图 3.3.3-5 所示。

（2）编辑类型：单击"属性"面板的"编辑类型"选项，打开"类型属性"对话框，编辑其内相应参数，则改变同类型所有梁的显示。

1）结构：显示"横断面形状"未定义，呈灰色，不可改变。

2）尺寸标注：设置"b""h"参数可改变梁截面的宽度和深度。

3）标识数据：可设置"部件代码""注释记号""型号"等相关参数。

4）实例属性参数："起点标高偏移""终点标高偏移"是梁起/终点与参照标高间的距

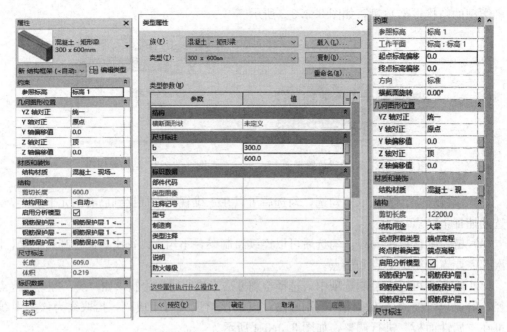

图 3.3.3-5　梁类型属性

离，可以对梁在参照标高上或下进行调整，也可利用该参数绘制斜梁。

5）横截面旋转：可以控制旋转梁和支撑，从梁的工作平面及中心参照平面方向测量旋转角度。

6）起/终点附着类型：可选择端点高程或输入距离。该功能主要确定梁的放置高度位置，即高度方向。"端点高程"是梁放置位置与梁约束的高度位置一致，"距离"用于确定梁与柱搭接位置的高度。

3. 梁系统

对于一系列平行放置的结构梁图元，可以使用"梁系统"工具快速创建。Revit2020可以通过手动创建梁系统边界和自动创建梁系统两种方法进行梁系统的创建和绘制。单击"结构"选项卡—"梁系统"进入梁系统创建截面进行绘制，如图 3.3.3-6 所示。

图 3.3.3-6　梁系统命令

（1）自动创建梁系统

"修改 | 放置 结构梁系统"子选项卡中，系统默认为"自动创建两系统"工具；"梁类型"下拉菜单中选择需要放置的结构梁；"对正"下拉菜单中选择"起点""中心""终点"及"方向线"，系统默认"中心"；"布局规则"选项中下拉菜单可选择"净距离""固定距离""固定数量"及"最大间距"，确定相应选项，在其后参数栏中输入参数，系统自动排布；"三维"选项，系统默认不勾选，如勾选"三维"则可创建三维梁系统，且必须

使用"拾取支座"命令才能创建三维梁系统。

1)"属性"面板中"标高中的高程"为可设置梁系统相对当前标高工作平面的偏移高度;"工作平面"自动拾取当前梁系统所在视图的工作平面。

2)设置好梁系统属性后便可绘制梁系统,光标移动到垂直/水平主梁上,会出现直线预览图形,其为所绘制梁系统中各梁的中心线,单击光标自动生成梁系统。

(2)手动绘制梁系统

点击"绘制梁系统"进入手动绘制梁系统界面,可选择"绘制面板"中的绘制工具来确定边界线,边界线必须为闭合轮廓,如图 3.3.3-7 所示。

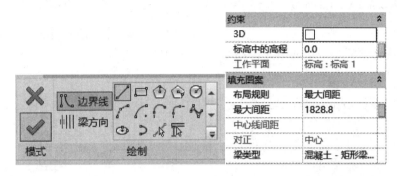

图 3.3.3-7　梁系统绘制

边界线的确定有三种常用方法:

1)使用绘制命令来绘制闭合的边界线。

2)通过"拾取线"命令拾取"梁""结构墙"的方式确定闭合梁系统边界。

3)通过"拾取支座"命令来确定梁系统的边界。使用"梁方向"命令点击所要设置梁方向的边界线,确定梁的方向。

梁系统边界确定之后,设置"属性"面板,主要设置的参数有"布局规则""最大间距""梁类型"等。单击"√"完成梁系统的创建。

4.编辑/修改梁系统

若要对梁系统进行修改或者编辑,需选中梁系统,在"修改|结构梁系统"选项卡中进行设置,如"编辑边界""删除梁系统"等;也可在属性面板中对梁系统"约束""填充图案""标识数据"等进行更改,如图 3.3.3-8所示。

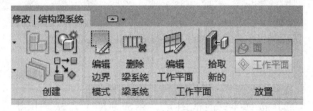

图 3.3.3-8　梁系统修改

(1)编辑边界:单击该选项,进入编辑截面,修改"边界线""梁方向"等设置。

(2)删除梁系统:删除梁系统,使梁保留在原来的位置上。

3.3.4　结构钢筋模型创建

1.钢筋保护层的设置

(1)单击"结构"选项卡→"钢筋"面板→下拉菜单中的"钢筋保护层设置",弹出

图 3.3.4-1 钢筋面板

"钢筋保护层设置"对话框,可以对面板内数据进行调整,也可以添加新的钢筋保护层,如图3.3.4-1、图 3.3.4-2 所示。

(2)修改图元上的钢筋保护层设置。设置完成后,在项目中创建的混凝土构件,程序会为其设置默认的保护层厚度。若需要设置保护层厚度,可以利用"保护层"工具修改整个钢筋主体的钢筋保护层设置。整个图元设置钢筋保护层的方法如下:

1)单击"结构"选项卡→钢筋面板中的"保护层",在选项栏单击拾取图元,如图 3.3.4-3 所示。

图 3.3.4-2 钢筋保护层设置面板

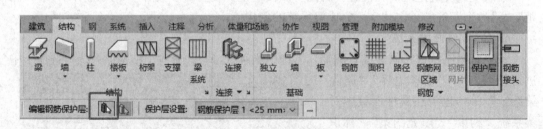

图 3.3.4-3 修改钢筋保护层路径

2)选择要修改的图元。在选项栏上,从"保护层设置"下拉列表中选择相应保护层设置,如图 3.3.4-4 所示。也可以通过"拾取面"修改当前图元一侧的保护层厚度,如图3.3.4-5 所示。

2. 钢筋的创建

(1)创建梁钢筋,用以下配筋方式进行建模练习。

配筋:该梁箍筋为 HPB300 钢筋、直径 8mm,加密区间距 100mm,加密范围为900mm,非加密区间距 200mm;侧面腰筋为 HRB400 钢筋;每侧各 2 跟。下排架立筋为4 根 18HRB400 钢筋,上排架立筋为 3 根 18HRB400 钢筋。

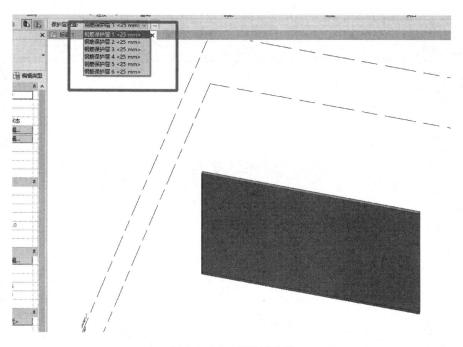

图 3.3.4-4　保护层选择

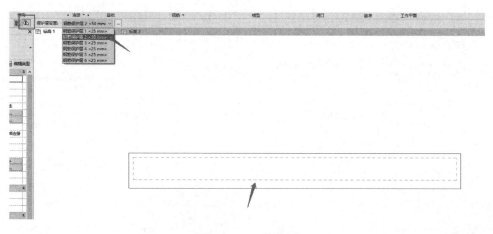

图 3.3.4-5　拾取面

① 创建箍筋

创建配筋视图：

进入 F2 结构平面视图。首先创建梁构件，单击结构选项卡"钢筋"工具，进入绘制钢筋模式。点击左侧图标，打开钢筋浏览器，可以浏览钢筋形状，如图 3.3.4-6 所示。

放置箍筋：拟创建的箍筋为双肢箍，加密区和非加密区均为直径 8mm HPB300 钢筋，加密区间距 100mm，非加密区间距 200mm，加密范围为 900mm。具体操作如下：

单击"结构"选项卡"钢筋"工具：在钢筋形状浏览器中选择"钢筋形状"，钢筋属性栏默认选择"8HPB300"钢筋，钢筋布局改为"最大间距"，将其设置为 100mm，如图 3.3.4-6 所示。

图 3.3.4-6 钢筋浏览器

在放置平面工具栏处，选择放置在近保护层或远保护层参照上，如图 3.3.4-7 所示。

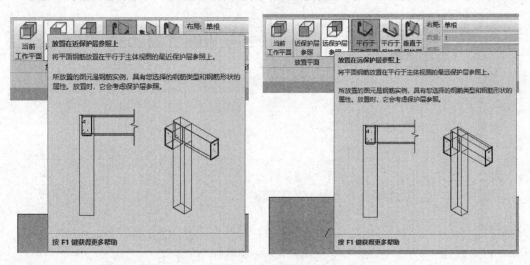

图 3.3.4-7 保护层参照

放置平面选择在近保护层参照上，放置方向选择垂直于保护层放置箍筋，鼠标移至梁构件，可以看到钢筋放置预览，单击左键进行放置。通过左上角布局，可以选择单根放置，固定间距放置，固定数量放置，如图 3.3.4-8 所示。

因需建立箍筋加密区 100mm，所以这里以固定间距为例展示。首先布置固定间距 100mm 箍筋，通过调整箍筋范围来设置加密区范围。单击箍筋，两端会出现拉伸三角箭头，拉到指定位置（900mm）。重复两次，布置两端箍筋加密区。重复操作，选择按固定间距 200mm 布置非加密区箍筋。这里不再演示，自行练习。完成效果如图 3.3.4-9 所示。

调整视图到三维模式，系统默认着色状态下无法看见钢筋。首先框选整个构件，通过

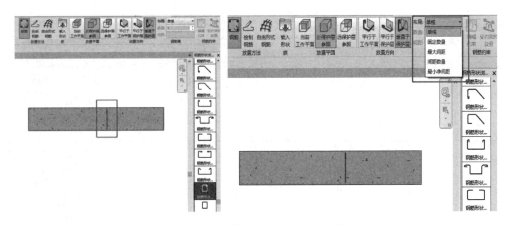

图 3.3.4-8 钢筋放置以及钢筋布局设置

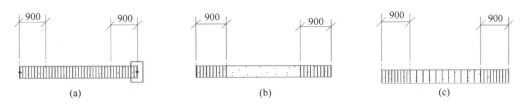

图 3.3.4-9 箍筋拉伸

（a）放置箍筋；（b）箍筋调整到两侧；（c）箍筋完成

过滤器选择钢筋构件，单击属性栏面板视图可见性，勾选三维视图可见。调整到精细模式就可以看到钢筋模型（**提示：只有选择钢筋类型图元才会出现视图可见性设置**），如图 3.3.4-10 所示。

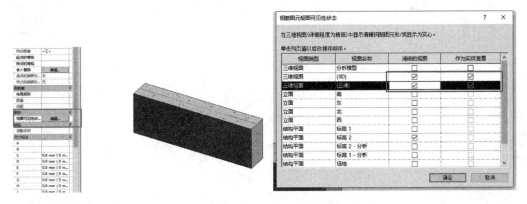

图 3.3.4-10 钢筋三维可见路径

② 架立筋和腰筋绘制

建议在剖面视图绘制架立筋或腰筋，可以清楚地表达钢筋分布。创建剖面，进入剖视图。同样方法，首先打开钢筋浏览器，找到钢筋 01 样式，如图 3.3.4-11 所示。

工作平面选择当前工作平面，放置方向选择垂直于保护层，钢筋选择 01 样式。在左侧属性栏，钢筋类型选择 18HRB400。鼠标移至梁剖面底部，系统会自动出现钢筋预览，

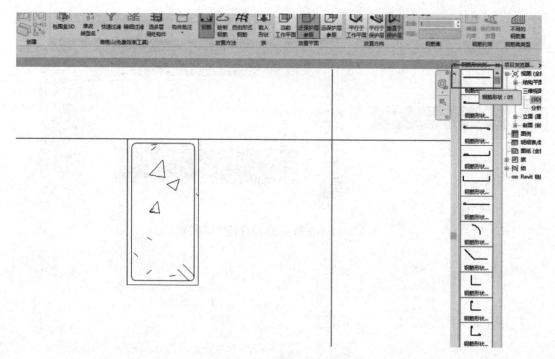

图 3.3.4-11 架立筋/腰筋绘制

如图 3.3.4-12 所示，单击放置即可。侧面腰筋与上部架立筋放置方式一致。这里不做演示，自行练习（**提示**：选中钢筋后可对钢筋进行移动）。

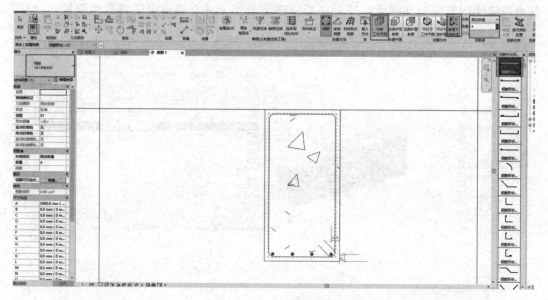

图 3.3.4-12 梁钢筋预览

完成效果如图 3.3.4-13 所示（**提示**：建议在平面图绘制箍筋，可方便调整箍筋加密区与非加密区。建议在剖面绘制架立筋，方便控制钢筋布局）。梁、墙、柱钢筋创建方法基本一致，这里不做演示，请自行练习。

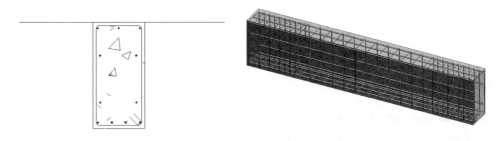

图 3.3.4-13　梁钢筋布置

（2）楼板钢筋绘制：单击结构楼板，工具栏右上角会出现"钢筋网区域"命令，单击"钢筋网"命令进入绘制模式，绘制钢筋区域。单击"√"生成钢筋，如图 3.3.4-14 所示。

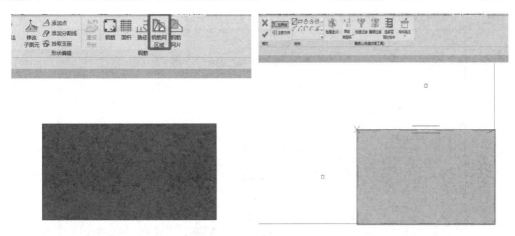

图 3.3.4-14　楼板钢筋绘制路径

对钢筋区域类型进行编辑，可以进行主筋间距调整，分布筋间距调整，如图 3.3.4-15 所示。

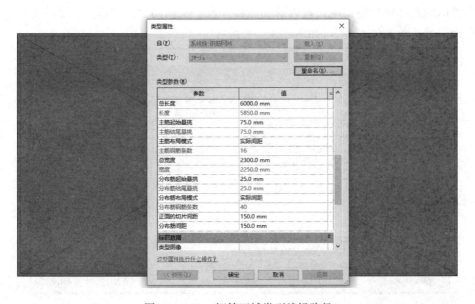

图 3.3.4-15　钢筋区域类型编辑路径

3.4 机电模型创建

3.4.1 项目样板创建

在项目开始前，需要先了解项目样板的分类和区别，还有一些规程的设置内容。Revit 2020 包含了机械样板、管道（给水排水）样板、电气样板和系统样板。前三个样板文件分别对应了机电项目中的"暖、水、电"，而系统样板则包括了这三个样板中的风管、管道和电缆桥架等族的类别。

打开 Revit 2020，在起始界面的项目下找到新建按钮，单击"新建"，在弹出的新建项目窗口下单击右侧的"浏览按钮"，如图 3.4.1-1 所示。

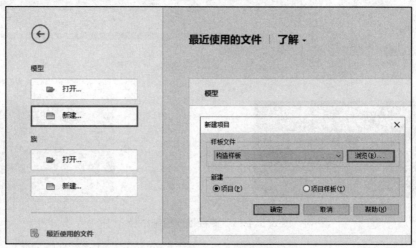

图 3.4.1-1 新建项目面板

在弹出的选择样板窗口中，可以看到四种样板，根据用户即将建立的系统类型选择相应的样板，然后单击"打开"，如图 3.4.1-2 所示。

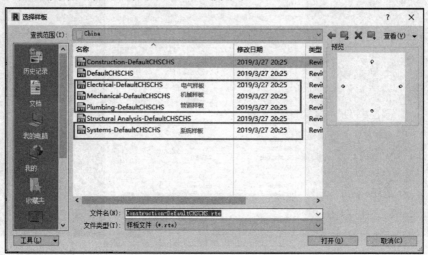

图 3.4.1-2 样板选择

106

在实际的项目中，新建材质的色彩参数需符合 BIM 的相应标准，如图 3.4.1-3 所示。

暖通		给水排水		电气	
管线名称	实施方案颜色（RGB）	管线名称	实施方案颜色（RGB）	管线名称	实施方案颜色（RGB）
空调冷热水供水	0, 255, 255	消火栓管道	255, 0, 0	10kV强电线槽/桥架	255,, 0, 255
空调冷热水回水	0, 160, 156	自动喷水灭火系统	255, 0, 255	普通动力桥架	255, 63, 0
空调热水给水	200, 0, 0	生活给水管(低区)	0, 255, 0	消防桥架	255, 0, 0
空调热水回水	100, 0, 0	生活给水管(高区)	0, 128, 128	照明桥架	255, 63, 0
冷却水供水	255, 127, 0	中水给水管(低区)	0, 64, 0	母线	255, 255, 255
冷却水回水	21, 255, 58	中水给水管(高区)	0, 0, 128	安防	255, 255, 0
冷冻水供水	0, 0, 255	生活热水管	128, 0, 0	消防弱电线	0, 255, 0
冷冻水回水	0, 255, 255	污水-重力	153, 153, 0		
冷凝水管	255, 0, 255	污水-压力	0, 128, 128		
冷媒管	102, 0, 255	废水-重力	153, 51,51		
排烟	128, 128, 0	废水-压力	102, 153, 255		
排风	255, 153, 0	雨水管-压力	0, 255, 255		
新风/补风	0, 255, 0	雨水管-重力	128,128,255		
空调回风	255,153,255	通气管道	128, 128, 0		
空调送风	102,153,255				

图 3.4.1-3　新建材质的色彩参数

3.4.2　暖通专业

本书介绍暖通专业在 Revit MEP 中建模的方法，并讲解设置风系统的各种属性的方法，了解暖通系统的概念和基础知识，学会在 Revit MEP 中建模的方法。本节将介绍 Revit MEP 的风管功能及其基本设置。

1. 风管参数设置

Revit MEP 具有强大的管路系统三维建模功能，可以直观地反映系统布局，实现所见即所得。如果在设计初期，根据设计要求对风管、管道等进行设置，可以提高设计准确性和效率。本节将介绍 Revit MEP 的风管功能及其基本设置。

（1）风管类型设置

单击"编辑类型"，打开"类型属性"，可以对风管类型进行配置。

单击"复制"按钮，可以在已有风管类型基础模板上添加新的风管类型。

单击"管件"→"布管系统配置"→"编辑"，配置各类型风管管件族，可以指定绘制风管时自动添加到风管管路中的管件，如图 3.4.2-1 所示。

（2）风管尺寸设置方法

在 Revit MEP 中，通过"机械设置"中的"尺寸"选项设置当前项目文件中的风管尺寸信息。打开"机械设置"对话框的方式有如下几种：

1）单击"管理"选项卡→"设置"→"MEP 设置"→"机械设置"，如图 3.4.2-2 所示。

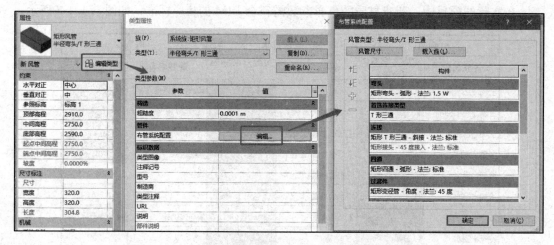

图 3.4.2-1　风管类型属性设置

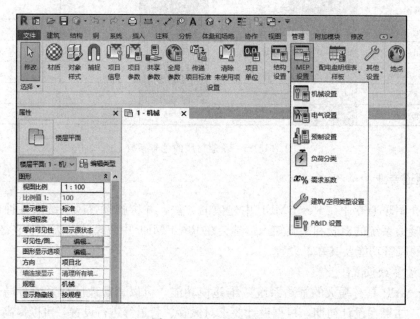

图 3.4.2-2　MEP 设置

单击"系统"选项卡→"机械",如图 3.4.2-3 所示。

图 3.4.2-3　系统设置

2）直接输入 MS（机械设置快捷键）。

（3）添加删除管道尺寸的具体操作如下：

打开"机械设置"对话框后，单击"矩形""椭圆形""圆形"可以分别定义对应形状的风管尺寸，如图 3.4.2-4 所示。单击"新建尺寸"或者"删除尺寸"按钮可以添加或删除风管尺寸。软件不允许重复添加列表中已有的风管尺寸。如果在绘图区域已经绘制了某尺寸的风管，该尺寸在"机械设置"尺寸列表中将不能删除，需要先删除项目中的风管，才能删除相应尺寸。

图 3.4.2-4 机械设置

2. 风管显示设置

（1）视图详细程度

Revit MEP 2020 的视图可以设置 3 种详细程度："粗略""中等"和"精细"，如图 3.4.2-5 所示。

图 3.4.2-5 视图详细程度

在"粗略"程度下，风管默认为单线显示；在"中等"和"精细"程度下，风管默认为双线显示，如图 3.4.2-6 所示。

（2）可见性/图形替换

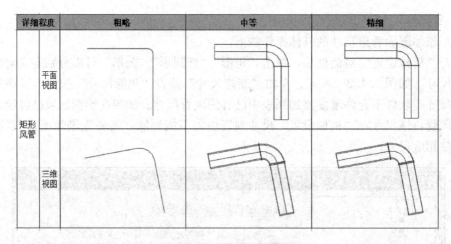

详细程度		粗略	中等	精细
矩形风管	平面视图			
	三维视图			

图 3.4.2-6　风管显示设置

单击"视图"选项卡→"图形"→"可见性/图形替换",或者通过 VG 或 VV 快捷键打开当前视图的"可见性/图形替换"对话框。

1)模型类别

在"模型类别"选项卡中可以设置风管可见性,既可以根据整个风管族类别来控制,也可以根据风管族的类别来控制。可通过勾选来控制它的可见性。如图 3.4.2-7 所示,该设置表示风管族中的隔热层子类别不可见,其他子类别都可见。

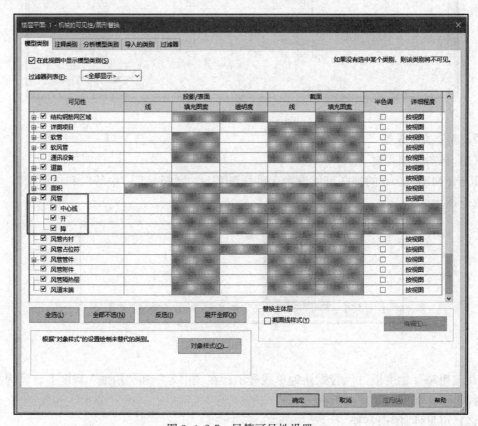

图 3.4.2-7　风管可见性设置

"模型类别"选项卡中的"详细程度"选项还可以控制风管族在当前视图显示的详细程度，默认情况下为"按视图"，遵守"粗略和中等风管单线显示，精细风管双线显示"的原则。也可以设置为"粗略""中等"或"精细"，这时风管的显示将不依据当前视图详细程度的变化而变化，而始终依据所选择的详细程度。

2）过滤器

在 MEP 的视图中，如需要对于当前视图中的风管、风管管件和风管附件等依据某些原则进行隐藏或区别显示，可以通过"过滤器"功能来完成，如图 3.4.2-8 所示。这一方法在分系统显示风管上用得较多。

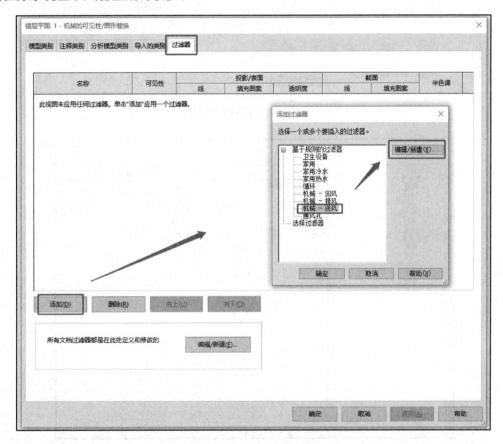

图 3.4.2-8　过滤器设置

单击"编辑/新建"按钮，打开"过滤器"对话框，如图 3.4.2-9 所示，"过滤器"的族类别可以选择一个或多个，同时可以勾选"隐藏未选中类别"复选框，"过滤条件"可以使用系统自带的参数，也可以使用创建的项目参数或者共享参数。

（3）隐藏线

打开"机械设置"对话框，如图 3.4.2-10 所示，左侧"隐藏线"是用于设置图元之间交叉、发生遮挡关系时的显示。图 3.4.2-11（a）所示为不勾选的效果，图 3.4.2-11（b）所示为勾选的效果。

3. 风管绘制

本节以绘制矩形风管为例介绍绘制风管的方法。

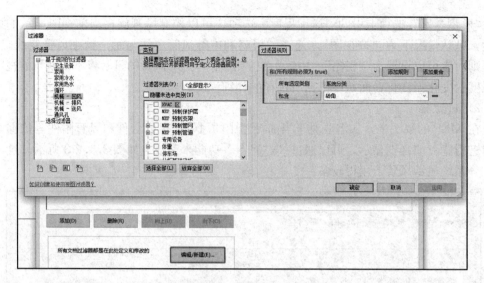

图 3.4.2-9　过滤器族类别编辑

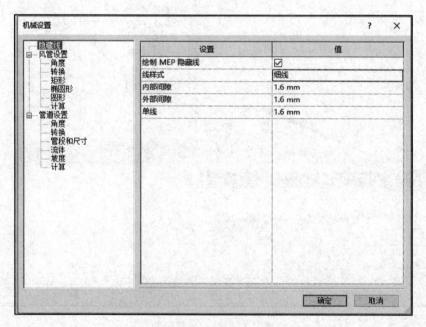

图 3.4.2-10　隐藏线设置

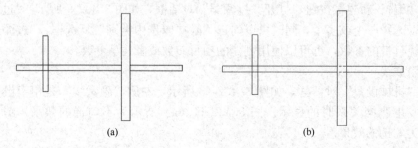

图 3.4.2-11　图元遮挡效果

112

（1）基本操作

在平、立、剖视图和三维视图中均可绘制风管。

单击功能区中的"系统"选项卡→"风管"（快捷键 DT），如图 3.4.2-12 所示。

图 3.4.2-12　风管选项卡

进入风管绘制模式后，"修改｜放置 风管"选项卡和"修改｜放置 风管"选项栏被同时激活，如图 3.4.2-13 所示。

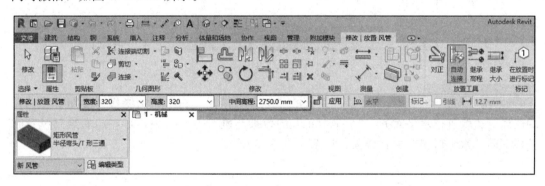

图 3.4.2-13　修改/放置风管

按照如下步骤绘制风管：

1）选择风管类型。在风管"属性"对话框中选择所需要绘制的风管类型。

2）选择风管尺寸。在风管"修改｜放置 风管"选项栏的"宽度"或"高度"下拉列表中选择风管尺寸。如果在下拉列表中没有需要的尺寸，可以直接在"宽度"和"高度"中输入需要绘制的尺寸。

3）指定风管高程。在风管"修改｜放置 风管"选项栏的"中间高程"下拉列表中可以选择项目中已经用到的风管高程，也可以直接输入自定义的高程，默认单位为毫米。

4）指定风管起点和终点。将鼠标指针移至绘图区域，单击指定风管起点，移动至终点位置再次单击，完成一段风管的绘制。可以继续移动鼠标绘制下一管段，风管将根据管路布局自动添加在"类型属性"对话框中预设好的风管管件。绘制完成后，按 Esc 键，或者单击鼠标右键，在弹出的快捷菜单中选择"取消"命令，退出风管绘制命令。

（2）风管对正

在平面视图和三维视图中绘制风管时，可以通过"修改｜放置 风管"选项卡中的

"对正"指定风管的对齐方式。单击"对正",打开"对正设置"对话框,如图 3.4.2-14 所示。

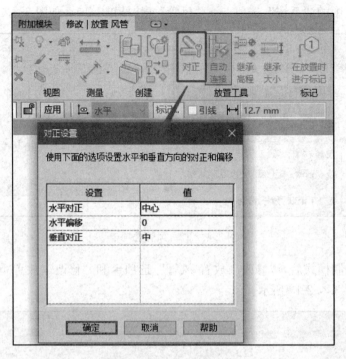

图 3.4.2-14 风管对正

1)水平对正:当前视图下,以风管的"中心""左""右"侧边缘作为参照,将相邻两段风管边缘进行水平对齐。"水平对正"的效果与画管方向有关,自左向右绘制风管时选择不同"水平对正"方式效果,如图 3.4.2-15 所示。

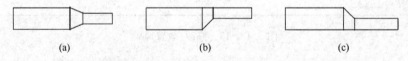

图 3.4.2-15 风管水平对正效果
(a) 中心对正;(b) 左对正;(c) 右对正

2)水平偏移:用于指定风管绘制起始点位置与实际风管和墙体等参考图元之间的水平偏移距离。"水平偏移"的距离和"水平对齐"设置与风管方向有关。设置"水平偏移"值为 100mm,自左向右绘制风管,不同"水平对正"方式下风管绘制效果如图 3.4.2-16 所示。

垂直对正:当前视图下,以风管的"中""底""顶"作为参照,将相邻两段风管边缘进行垂

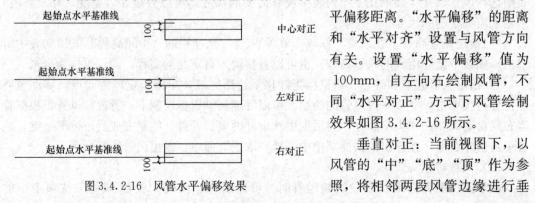

图 3.4.2-16 风管水平偏移效果

114

直对齐。"垂直对齐"的设置决定风管"偏移量"指定的距离。不同"垂直对正"方式下，偏移量为 2750mm 绘制风管的效果，如图 3.4.2-17 所示。

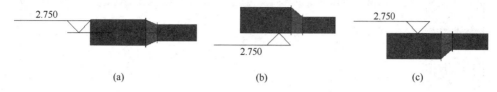

(a)　　　　　　　　　(b)　　　　　　　　　(c)

图 3.4.2-17　风管垂直对正效果
（a）中心对正；（b）底对正；（c）顶对正

风管绘制完成后，在任意视图中，可以使用"对正"命令修改风管的对齐方式。选中需要修改的管段，单击功能区中的"对正"按钮，如图 3.4.2-18 所示。进入"对正编辑器"，选择需要的对齐方式和对齐方向，单击"完成"按钮。

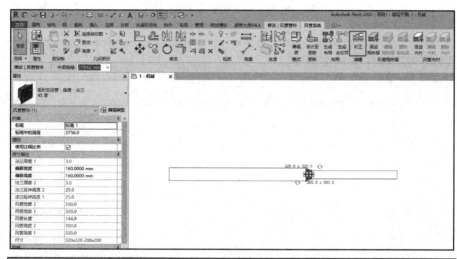

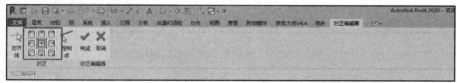

图 3.4.2-18　风管对正效果

（3）自动连接

激活"风管"命令后，"修改｜放置 风管"选项卡中的"自动连接"用于某一段风管管路开始或者结束时自动捕捉相交风管，并添加风管管件完成连接。默认情况下，这一选项是激活的。如绘制两段同一高程的正交风管，将自动添加风管管件完成连接，如图 3.4.2-19 所示。

如果取消激活"自动连接"，绘制两段同一高程的正交风管，则不会生成配件完成自动连接，如图 3.4.2-20 所示。

（4）风管管件的使用

风管管路中包含大量连接风管的管件。下面介绍绘制风管时管件的使用方法。

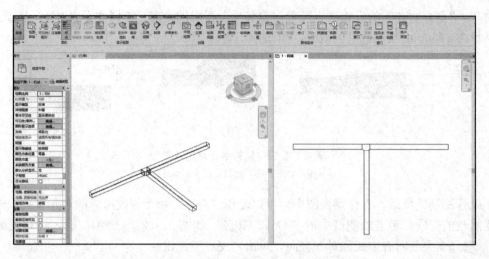

图 3.4.2-19 风管激活自动连接

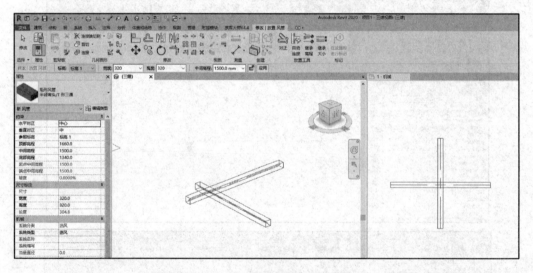

图 3.4.2-20 风管取消激活自动连接

1）放置风管管件

① 自动添加

绘制某一类型风管时，通过风管"类型属性"对话框中"管件"指定的风管管件，可以根据风管自动布局加载到风管管路中。目前一些类型的管件可以在"类型属性"对话框中指定弯头、T形三通、接头、四通、过渡件（变径）、多形状过渡件矩形到圆形（天圆地方）、活接头。

② 手动添加

在风管"类型属性"对话框中的"管件"列表中无法指定的管件类型，例如偏移、Y形三通、斜T形三通、斜四通，使用时需要手动插入风管中或者将管件放置到所需位置后手动绘制风管。

2）编辑管件

在绘图区域中单击某一管件，管件周围会显示一组管件控制柄，可用于修改管件尺寸、调整管件方向和进行管件升级或降级，如图 3.4.2-21 所示。

如果管件的所有连接件都连接风管，则可能出现"＋"，表示该管件可以升级，如图 3.4.2-21 (a) 所示。例如，弯头可以升级为 T 形三通、T 形三通可以升级为四通等。

如果管件有一个未使用连接风管的连接件，在该连接件的旁边可能出现"－"，表示该管件可以降级，如图 3.4.2-21 (b) 所示。

在所有连接件都没有连接风管时，可单击尺寸标注改变管件尺寸，如图 3.4.2-21 (b) 所示。

单击⇆符号可以实现管件水平或垂直翻转180°。

单击↻符号可以旋转管件。

注： 当管件连接了风管后，该符号不会再出现，如图 3.4.2-21 (c) 所示。

3）风管附件放置

单击"系统"选项卡→"风管附件"，在"属性"对话框中选择需要插入的风管附件，并插入风管中，如图 3.4.2-22 所示。

不同零件类型的风管管件，插入风管中，安装效果不同，零件类型为"插入"或"阻尼器"（对应阀门）的附件，插入风管中将自动捕捉风管中心线，单击放置风管附件，附件会打断风管直接插入风管中，如图 3.4.2-23 (a) 所示。零件类型为"附着到"的风管附件，插入风管中将自动捕捉风管中心线，单击放置风管附件，附件将连接到风管一端，如图 3.4.2-23 (b) 所示。

（5）绘制软风管

单击"系统"选项卡→"软风管"，如图 3.4.2-24 所示。

1）选择软风管类型

在软风管"属性"对话框中选择需要绘制的风管类型。目前

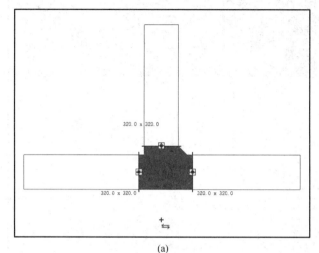

(a)

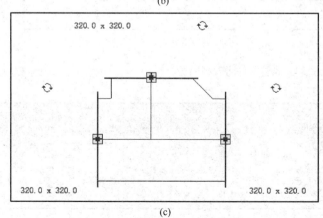

(b)

(c)

图 3.4.2-21　风管管件编辑

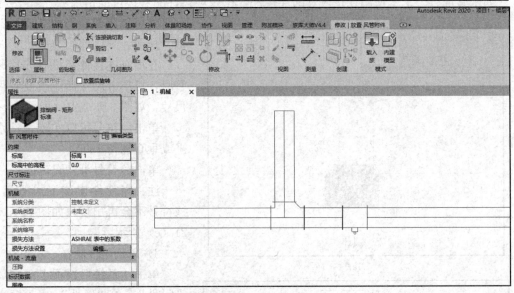

图 3.4.2-22　风管附件放置

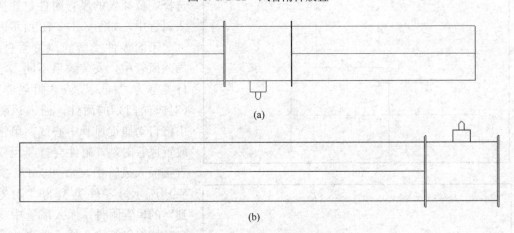

图 3.4.2-23　风管附件附着到/插入

图 3.4.2-24　软风管绘制

Revit MEP 2020 提供一种矩形软管和一种圆形软管，如图 3.4.2-25 所示。

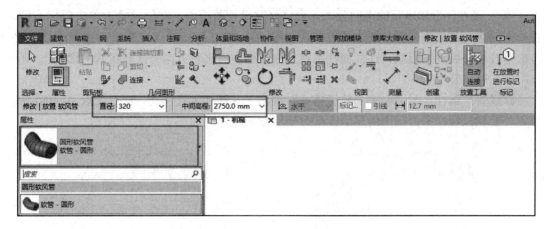

图 3.4.2-25　软风管属性

2）选择软风管尺寸

对于矩形风管，可在"修改｜放置 软风管"选项栏的"宽度"或"高度"下拉列表中选择在"机械设置"中设定的风管尺寸。对于圆形风管，可在"修改｜放置 软风管"选项卡的"直径"下拉列表中选择直径大小。如果在下拉列表中没有需要的尺寸，可以直接在"高度""宽度""直径"中输入需要绘制的尺寸。

3）指定软管中间高程

在软风管"修改｜放置 软风管"选项栏的"中间高程"下拉列表中可以选择项目中已经用到的风管高程，也可以直接输入自定义的高程，默认单位为毫米。

4）指定风管起点和终点

在绘图区域中，单击指定软风管的起点，沿着软风管的路径在每个拐点单击，最后在软管终点按"Esc"键，或者单击鼠标右键，在弹出的快捷菜单中选择"取消"命令。

5）修改软风管

在软管上拖拽两端连接件、顶点和切点，可以调整软风管路径，如图 3.4.2-26 所示。

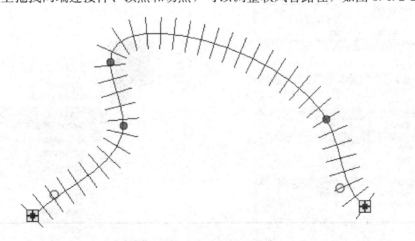

图 3.4.2-26　软风管路径调整

⊞：连接件，出现在软风管的两端，允许重新定位软管的端点。

☗：顶点，沿软风管的走向分布，允许修改风管的拐点。在软风管上单击鼠标右键，在弹出的快捷菜单中可以"插入顶点"或"删除顶点"。拖拽顶点可在平面视图中以水平方向修改软件风管的形状，在剖面视图或立面视图中以垂直方向修改软风管的形状。

（6）软风管样式

软风管"属性"对话框中"软管样式"提供了 8 种软风管样式，通过选取不同的样式可以改变软风管在平面视图的显示。部分矩形软风管样式如图 3.4.2-27 所示。

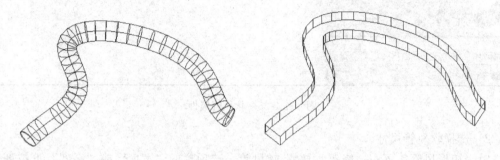

图 3.4.2-27　软风管样式

（7）设备接管

通风设备的风管连接件可以连接风管和软风管。连接风管和软风管的方法类似，下面将以连接风管为例进行介绍。

单击选中设备，用鼠标右键单击设备的风管连接件，在弹出的快捷菜单中选择"绘制风管"命令，如图 3.4.2-28 所示。

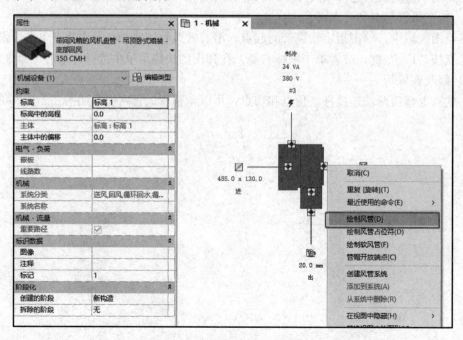

图 3.4.2-28　设备与风管连接

3.4.3　给水排水专业

水管系统包括空调水系统、生活给水排水系统及消防水系统等。空调水系统又分为冷冻水、冷却水和冷凝水等系统。生活给水排水分为给水系统、排水系统和雨水系统等。消防水系统分为消火栓系统和喷淋系统等。本节主要讲解水管系统在 Revit MEP 中的绘制方法。

Revit MEP 为我们提供了强大的管道设计功能。利用这些功能，给水排水工程师可以更加方便、迅速地布置管道，调整管道尺寸，控制管道显示，进行管道标注和统计等。

1. 管道设计参数设置

本节将着重介绍如何在 Revit MEP 中设置管道设计参数，做好绘制管道的准备工作。合理设置这些参数，可以有效减少后期管道的调整工作。

（1）管道类型设置

单击"系统"选项卡→"卫浴和管道"→"管道"，通过绘图区域左侧的"属性"对话框来选择和编辑管道的类型。Revit MEP 2020 提供的"机械样板"项目样板文件默认配置了两种管道类型："PVC-U"和"标准"。

选择管道类型为"标准"，在"属性"栏中单击"编辑类型"。在"类型属性"对话框中，单击"复制"，在"名称"对话框中输入"PP-R-给水"。单击"布管系统配置"的"编辑"按钮，可以对管段进行设置，如图 3.4.3-1 所示。

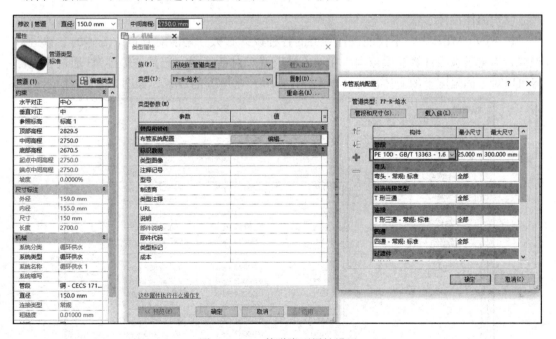

图 3.4.3-1　管道类型属性设置

同时，也可用相似方法来定义软管类型。

单击"系统"选项卡→"卫浴和管道"→"软管"，在"属性"对话框中单击"编辑类型"按钮，打开软管"类型属性"对话框，如图 3.4.3-2 所示。与管道设置不同的是，软管的类型属性中可编辑其"粗糙度"。

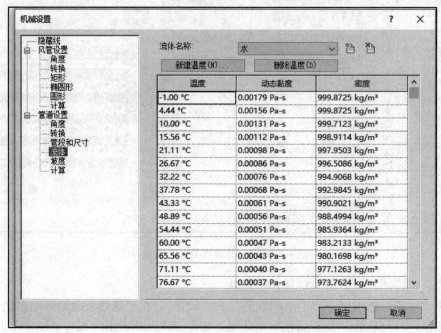

图 3.4.3-2　软管类型属性编辑

（2）流体设计参数

在 Revit MEP 中，不仅能设置管道的各种设计参数，还能对管道中流体的参数进行设置，为管道水力计算提供依据。在"机械设置"对话框中，选择"流体"，通过右侧面板可以对不同温度下的流体进行"动态黏度"和"密度"的设置，如图 3.4.3-3 所示。可

温度	动态黏度	密度
-1.00 ℃	0.00179 Pa-s	999.8725 kg/m³
4.44 ℃	0.00156 Pa-s	999.8725 kg/m³
10.00 ℃	0.00131 Pa-s	999.7123 kg/m³
15.56 ℃	0.00112 Pa-s	998.9114 kg/m³
21.11 ℃	0.00098 Pa-s	997.9503 kg/m³
26.67 ℃	0.00086 Pa-s	996.5086 kg/m³
32.22 ℃	0.00076 Pa-s	994.9068 kg/m³
37.78 ℃	0.00068 Pa-s	992.9845 kg/m³
43.33 ℃	0.00061 Pa-s	990.9021 kg/m³
48.89 ℃	0.00056 Pa-s	988.4994 kg/m³
54.44 ℃	0.00051 Pa-s	985.9364 kg/m³
60.00 ℃	0.00047 Pa-s	983.2133 kg/m³
65.56 ℃	0.00043 Pa-s	980.1698 kg/m³
71.11 ℃	0.00040 Pa-s	977.1263 kg/m³
76.67 ℃	0.00037 Pa-s	973.7624 kg/m³

图 3.4.3-3　流体设计参数

以输入的流体名称有"水""丙二醇"和"乙二醇"。可通过"新建温度"和"删除温度"对流体设计参数进行编辑。

（3）管道尺寸设置

管道尺寸设置和风管尺寸设置的方法基本相同，详见3.4.2节。

添加删除管道尺寸的具体操作如下：

打开"机械设置"对话框后，选择"管段和尺寸"，右侧面板会显示在当前项目中可以使用的管道尺寸的列表。

图3.4.3-4显示了热熔对接的PE63塑料管的管道的直径、ID（管道内径）和OD（管道外径）。

单击"新建尺寸"或"删除尺寸"按钮可以添加或删除管道的尺寸。新建管道的公称直径和现有列表中管道的公称直径不允许重复。如果在绘图区域已绘制了某尺寸的管道，则该尺寸在"机械设置"尺寸列表中将不能删除，需先删除项目中的管道，才能删除"机械设置"尺寸列表中的尺寸。

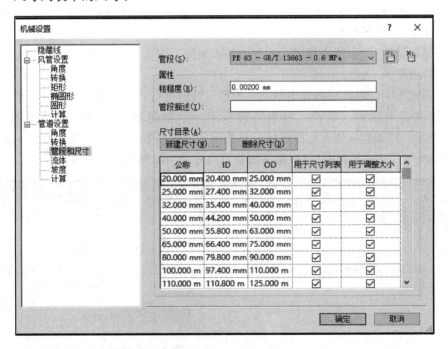

图3.4.3-4　管道尺寸设置

2. 管道显示设置

在Revit MEP中，可以通过一些方式来控制管道的显示，以满足不同设计和出图的需要。

（1）视图详细程度

Revit MEP有3种视图详细程度：粗略、中等和精细。

在粗略和中等详细程度下，管道默认为单线显示，在精细视图下，管道默认为双线显示，如表3.4.3-1所示。在创建管件和管路附件等相关族时，应注意配合管道显示特性，尽量使管件和管路附件在粗略和中等详细程度下单线显示，精细视图下双线显示，确保管路看起来协调一致。

视图详细程度 表 3.4.3-1

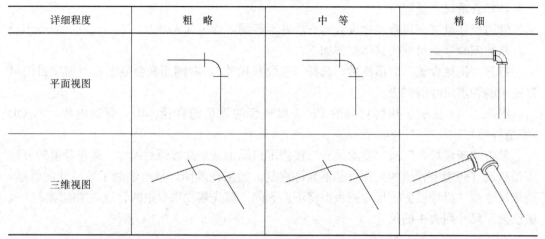

详细程度	粗 略	中 等	精 细
平面视图			
三维视图			

（2）可见性/图形替换

管道的可见性/图形替换与风管的方法基本相同，详见 3.4.2 节。

（3）管道图例

在平面视图中，可以根据管道的某一参数对管道进行着色，帮助用户分析系统。

1）创建管道图例。单击"分析"选项卡→"颜色填充"→"管道图例"，如图 3.4.3-5 所示，将图例拖拽至绘图区域，单击确定放置绘制后，选择颜色方案，如"管道颜色填充-尺寸"，Revit MEP 将根据不同管道尺寸给当前视图中的管道配色。

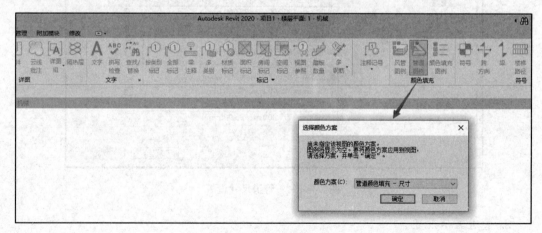

图 3.4.3-5 管道颜色方案

2）编辑管道图例。选中已添加的管道图例，单击"修改｜管道颜色填充图例"选项卡→"方案"→"编辑方案"，打开"编辑颜色方案"对话框，如图 3.4.3-6 所示。在"颜色"下拉列表中选择相应的参数，这些参数值都可以作为管道配色依据。

"编辑颜色方案"对话框右上角有"按值""按范围"和"编辑格式"选项，它们的意义分别如下：

按值：将所选参数的数值作为管道颜色方案条目。

按范围：对于所选参数设定一定的范围作为颜色方案条目。

编辑格式：可以定义范围数值的单位。

如图 3.4.3-7 所示为添加好的管道图例，可根据图例颜色区别各管道系统。

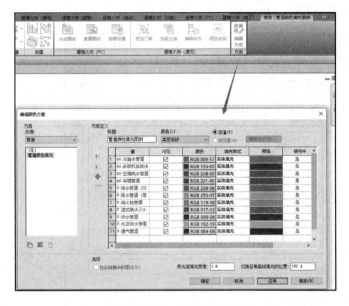

图 3.4.3-6 颜色方案编辑

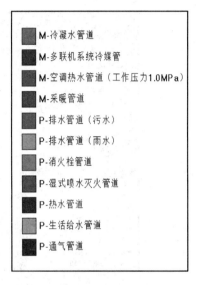

图 3.4.3-7 管道图例颜色

（4）隐藏线

本节内容同风管相应章节。

3. 管道绘制

本节将介绍在 Revit MEP 中管道绘制的方法和要点。

（1）管道绘制的基本操作

在平面视图、立面视图、剖面视图和三维视图中均可绘制管道。进入管道绘制模式的方式有如下几种：

单击"系统"选项卡→"卫浴和管道"→"管道"，如图 3.4.3-8 所示。

图 3.4.3-8 系统选项卡

选中绘图区已布置构件族的管道连接件，单击鼠标右键，在弹出的快捷菜单中选择"绘制管道"命令。

直接输入 PI（管道快捷键）。

进入管道绘制模式，"修改｜放置管道"选项卡和"修改｜放置管道"选项栏被同时激活。按照如下步骤手动绘制管道。

1）选择管道类型。在"属性"对话框中选择需要绘制的管道类型，如图 3.4.3-9 所示。

2）选择管道尺寸。在"修改｜放置管道"选项栏的"直径"下拉列表中，选择在"机械设置"中设定的管道尺寸，也可以直接输入要绘制的管道尺寸，如果在下拉列表中没有该尺寸，系统将从列表中自动选择和输入尺寸最接近的管道尺寸。

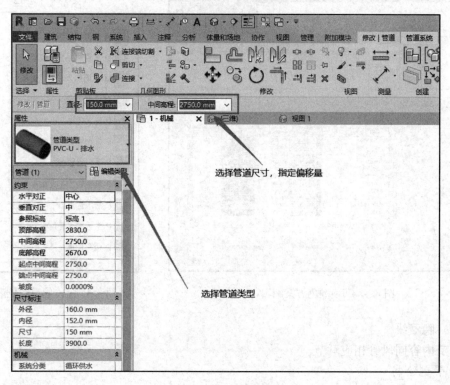

图 3.4.3-9　管道类型属性

3）指定管道偏移。默认"偏移量"是指管道中心线相对于当前平面标高的距离。重新定义管道"对正"方式后，"偏移量"指定的距离含义将发生变化。在"偏移量"下拉列表中可以选择项目中已经用到的管道偏移量，也可以直接输入自定义的偏移量数值，默认单位为毫米。

4）指定管道起点和终点。将鼠标指针移至绘图区域，单击一点即可指定管道起点，移动至终点位置再次单击，这样即可完成一段管道的绘制。可以继续移动鼠标指针绘制下一管段，管道将根据管路布局自动添加在"类型属性"对话框中预设好的管件。绘制完成后，按 Esc 键，或者单击鼠标右键，在弹出的快捷菜单中选择"取消"命令，退出管道绘制。

（2）管道对齐

1）绘制管道

在平面视图和三维视图中绘制管道，可以通过"修改｜放置管道"选项卡下"放置工具"中的"对正"按钮指定管道的对齐方式。打开"对正设置"对话框，如图 3.4.3-10 所示。

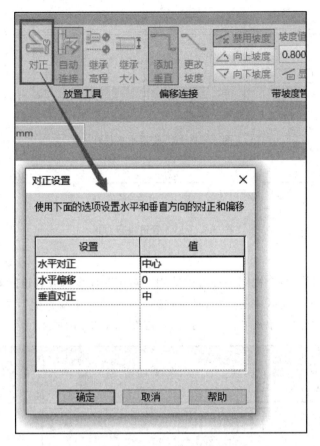

图 3.4.3-10 管道对齐设置

水平对正：用来指定当前视图下相邻两端管道之间的水平对齐方式。"水平对正"方式有"中心""左"和"右"3 种形式。"水平对正"后的效果还与画管方向有关，如果自左向右绘制管道，选择不同"水平对正"方式的绘制效果如图 3.4.3-11 所示。

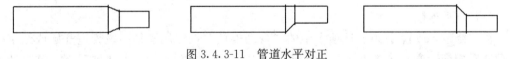

图 3.4.3-11 管道水平对正

水平偏移：用于指定管道绘制起始点位置与实际管道绘制位置之间的偏移距离。该功能多用于指定管道和墙体等参考图元之间的水平偏移距离。比如，设置"水平偏移"值为500mm 后，捕捉墙体中心线绘制宽度为 100mm 的管段，这样实际绘制位置是按照"水平偏移"值偏移墙体中心线的位置。同时，该距离还与"水平对齐"方式及画管方向有关，如果自左向右绘制管道，在 3 种不同的水平对正方式下管道中心线到墙中心线的距离标注如图 3.4.3-12 所示。

垂直对正：用来指定当前视图下相邻两段管道之间的垂直对齐方式。"垂直对正"方式有"中""底""顶"3 种形式。"垂直对正"的设置会影响"偏移量"，如图 3.4.3-13所示。当默认偏移量为 100mm 时，公称管径为 100m 的管道，设置不同的"垂直对正"方式，绘制完成后的管道偏移量（管中心标高）会发生变化。

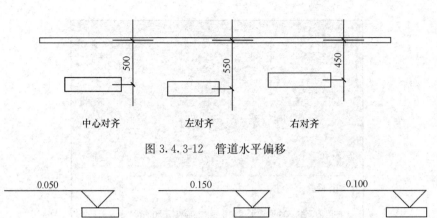

中心对齐   左对齐   右对齐

图 3.4.3-12 管道水平偏移

图 3.4.3-13 管道垂直对正

2) 编辑管道

管道绘制完成后，每个视图中都可以使用"对正"命令修改管道的对齐方式。选中需要修改的管段，单击功能区中的"对正"按钮，进入"对正编辑器"，根据需要选择相应的对齐方式和对齐方向，单击"完成"按钮，如图 3.4.3-14 所示。

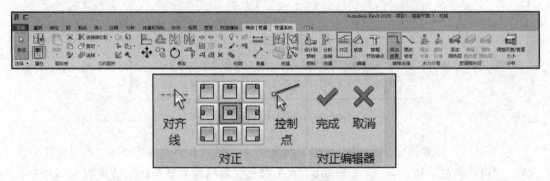

图 3.4.3-14 管道编辑

(3) 自动连接

在"修改|放置 管道"选项卡中的"自动连接"按钮用于某一段管道开始或结束时自动捕捉相交管道，并添加管件完成连接，如图 3.4.3-15 所示。默认情况下，这一选项是激活的。

图 3.4.3-15 管件自动连接

当激活"自动连接"时，在两管段相交位置自动生成四通，如图 3.4.3-16 所示；如果不激活，则不生成管件，如图 3.4.3-17 所示。

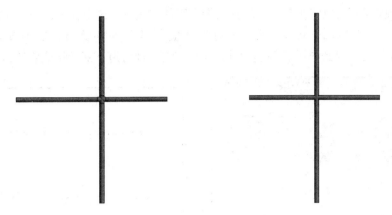

图 3.4.3-16　自动生成四通　　　　　图 3.4.3-17　不自动连接生成管件

（4）绘制管道占位符

管道占位符是用于绘制不带弯头和管件的占位符管道，是一种管线的示意性表达。可在早期设计阶段不确定管道的具体位置时，用于指示管线的大概方位，帮助管线系统的前期设计。占位符管道始终显示为不带管件的单线几何图形，且具有和管道一样的参数值。

单击"系统"选项卡→"卫浴和管道"→"管道占位符"绘制管道占位符，如图3.4.3-18 和图 3.4.3-19 所示。

图 3.4.3-18　管道占位符命令

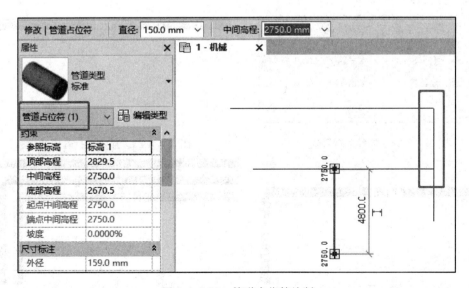

图 3.4.3-19　管道占位符绘制

在设计确定后，可以将占位管道转换为带有管件的管道。选中管道，单击功能区"修改|管道占位符"→"转换占位符"命令，可生成实际带管件的管线，如图 3.4.3-20 和图 3.4.3-21 所示（**注**：管道占位符转换为管道是单向的，即管道不能转换成管道占位符）。

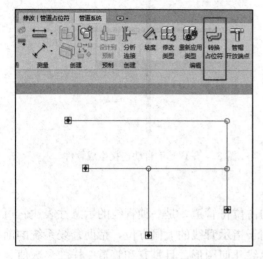

图 3.4.3-20　转换占位符

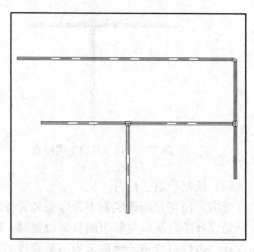

图 3.4.3-21　转换为带管件的管线

（5）绘制平行管道

在管道系统中，有时候会出现多根相互平行的管道，为了便于此项操作，可以通过"系统"→"卫浴和管道"→"平行管道"实现，点击"平行管道"后，在"修改|放置平行管道"→"平行管道"栏中，输入"水平数""水平偏移""垂直数""垂直偏移"相对应的参数，如图 3.4.3-22 所示。

在绘图区域中，将光标移动到现有管道以高亮显示的任一侧时，将显示平行管道的轮廓，如图 3.4.3-23 所示，按"Tab"键以选择整个管道管路，如图 3.4.3-24 所示，单击以放置平行管道，如图 3.4.3-25 所示。

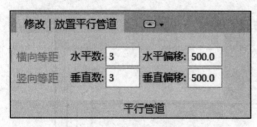

图 3.4.3-22　放置平行管道

图 3.4.3-23　显示平行管道的轮廓

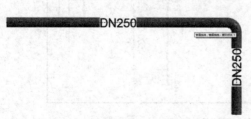

图 3.4.3-24　选择整个管道管路

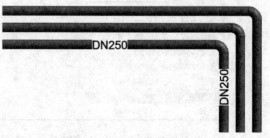

图 3.4.3-25　平行管道绘制

（6）坡度设置

Revit 中，可以在绘制管道的同时指定坡度，也可以在管道绘制结束后再对坡度进行编辑。

1）直接绘制坡度

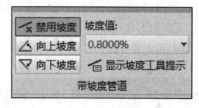

在"修改｜放置管道"选项卡→"带坡度管道"面板上可以直接指定管道度，如图 3.4.3-26 所示。通过单击 △向上坡度 按钮修改向上坡度数值，或单击 ▽向下坡度 按钮修改向下坡度数值。

2）编辑管道坡度。这里介绍两种编辑管道坡度的方法：

图 3.4.3-26　绘制管道坡度

① 选中某管段，单击并修改其起点和终点标高来获得管道坡度，如图 3.4.3-27 所示，当管段上出现坡度符号时，也可以单击该符号修改坡度值。

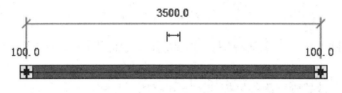

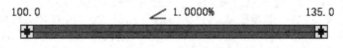

图 3.4.3-27　编辑管道坡度

② 选中某管段，单击功能区中的"修改｜管道"选项卡中的"坡度"，激活"坡度编辑器"选项卡，如图 3.4.3-28 所示。在"坡度编辑器"选项栏中输入相应的坡度值，单击 按钮可调整坡度方向。

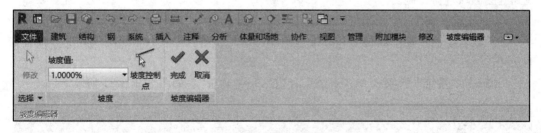

图 3.4.3-28　坡度编辑器

（7）管路管件的使用方法。每个管路中都会包含大量连接管道的管件。下面介绍绘制管道时管件的使用方法和注意事项。管件在每个视图中都可以放置使用，放置管件有两种方法：

1）自动添加管件：在绘制管道过程中自动加载的管件需在管道"类型属性"对话框

中指定。部件类型是弯头、T形三通、四通、过渡件、活头或法兰的管件才能被自动加载。

2）手动添加管件：进入"修改 | 放置管件"模式的方式有如下几种：

单击"系统"选项卡→"卫浴和管道"→"管件"，如图3.4.3-29所示。

在项目浏览器中，展开"族"→"管件"，将"管件"中所需要的族直接拖拽到绘图区域中进行绘制。

直接输入PF（管件快捷键）。

图3.4.3-29　管件绘制

（8）管路附件设置。在平面视图、立面视图、剖面视图和三维视图中均可放置管路附件。

进入"修改 | 放置管路附件"模式的方式有如下几种：

1）单击"系统"选项卡→"卫浴和管道"→"管路附件"，如图3.4.3-30所示。

图3.4.3-30　管路附件绘制

2）在项目浏览器中，展开"族"→"管路附件"，将"管路附件"下所需的族直接拖拽到绘图区域进行绘制。

3）直接输入PA（管路附件快捷键）。

（9）软管绘制。在平面视图和三维视图中可绘制软管。进入软管绘制模式的方式有如下几种：

1）单击"系统"选项卡→"卫浴和管道"→"软管"，如图3.4.3-31所示。

图3.4.3-31　软管绘制

2）选中绘图区已布置构件族的管道连接件，单击鼠标右键，在弹出的快捷菜单中选择"绘制软管"命令。

3）直接输入FP（软管快捷键）。绘制软管的步骤如下：

① 选择软管类型。在软管"属性"对话框中选择需要绘制的软管类型，如图3.4.3-32所示。

图3.4.3-32　软管绘制

② 选择软管管径。在"修改│放置软管"选项栏的"直径"下拉列表中选择软管尺寸，或者直接输入需要的软管尺寸，如果在下拉列表中没有该尺寸，系统将输入与该尺寸最接近的软管尺寸。

③ 指定软管偏移。默认"偏移量"是指软管中心线相对于当前平面标高的距离。在"偏移量"下拉列表中可以选择项目中已经用到的软管偏移量，也可以直接输入自定义的偏移量数值，默认单位为"mm"。

④ 指定软管起点和终点。在绘图区域中，单击指定软管的起点，沿着软管的路径在每个拐点单击，最后在软管终点按Esc键，或者单击鼠标右键，在弹出的快捷菜单中选择"取消"命令。如果软管的终点是连接到某一管道或某一设备的管道连接件，可以直接单击所要连接的连接件，以结束软管绘制。

（10）修改软管

在软管上拖拽两端连接件、顶点和切点，可以调整软管路径，如图3.4.3-33所示。

图3.4.3-33　软管修改

：连接件，允许重新定位软管的端点。通过连接件可以将软管与另一构件的管道连接件连接起来，也可以断开与该管道连接件的连接。

：顶点，允许修改软管的拐点。在软管上单击鼠标右键，在弹出的快捷菜单中选择"插入顶点"或"删除顶点"命令可插入或删除顶点。拖拽顶点可在平面视图中以水平方向修改软管的形状，在剖面视图或立面视图中以垂直方向修改软管的形状。

：切点，允许调整软管首个和末个拐点处的连接方向。

（11）设备接管

设备的管道连接件可以连接管道和软管。连接管道和软管的方法类似，本节将以手盆管道连接件连接管道为例，介绍设备接管的3种方法。

1）单击浴盆，用鼠标右键单击其冷水管道连接件，在弹出的快捷菜单中选择"绘制管道"命令。在连接件上绘制管道时，按空格键，可自动根据连接件的尺寸和高程调整绘制管道的尺寸和高程，如图 3.4.3-34 所示。

2）直接拖动已绘制的管道到相应的手盆管道连接件上，管道将自动捕捉手盆上的管道连接件，完成连接，如图 3.4.3-35 所示。

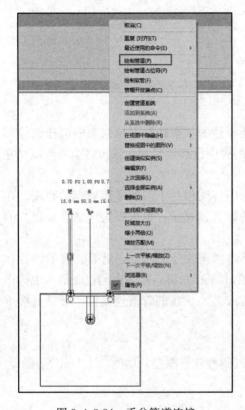

图 3.4.3-34 手盆管道连接

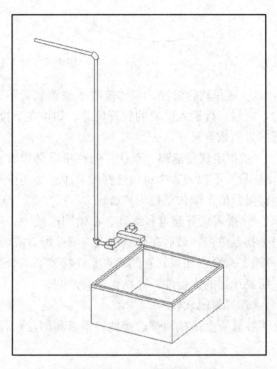

图 3.4.3-35 手盆管道示意

3）单击"布局"选项卡→"连接到"，为手盆连接管道，可以便捷地完成设备连管，如图 3.4.3-36 所示。

将手盆放置到视图中指定的位置，并绘制要连接的冷水管。选中手盆，并单击"布局"选项卡→"连接到"。选择冷水连接件，单击已绘制的管道。至此，完成连管。

图 3.4.3-36 连接到命令

（12）管道的隔热层

Revit MEP 可以为管道管路添加相应的隔热层。进入绘制管道模式后，单击"修改｜管道"选项卡→"管道隔热层"→"添加隔热层"，输入隔热层的类型和所需要的厚度，

134

将视觉样式设置为"线框"时，则可清晰地看到隔热层，如图 3.4.3-37 所示。

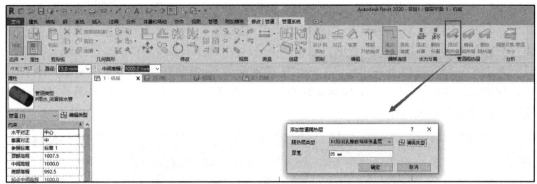

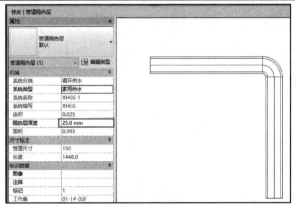

图 3.4.3-37　管道隔热层布置及属性

4. 管道标注

管道的标注在设计过程中不可或缺。本节将介绍在 Revit MEP 中如何进行管道的各种标注，包括尺寸标注、编号标注、标高标注和坡度标注 4 类。

管道尺寸和管道编号是通过注释符号族来标注的，在平、立、剖视图中均可使用。而管道标高和坡度则是通过尺寸标注系统族来标注的，在平、立、剖和三维视图中均可使用。

（1）尺寸标注

1）基本操作

Revit MEP 中自带的管道注释符号族"M_管道尺寸标记"可以用来进行管道尺寸标注，下面介绍如下两种方式。

在管道绘制的同时进行标注。进入绘制管道模式后，单击"修改｜放置管道"选项卡→"标记"→"在放置时进行标记"，如图 3.4.3-38 所示。绘制出的管道将会自动完成管径标注，如图 3.4.3-39 所示。

图 3.4.3-38　在放置时进行标记

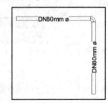

图 3.4.3-39　管径标注

管道绘制后再进行管径标注，单击"注释"选项卡→"标记"面板下拉列表→"载入的标记"，就能查看到当前项目文件中加载的所有的标记族。某个族类别下排在第一位的标记族为默认的标记族。当单击"按类别标记"按钮后，Revit MEP 将默认使用"M _ 管道尺寸标记"，如图 3.4.3-40 所示。

单击"注释"选项卡→"标记"→"按类别标记"，将鼠标指针移至视图窗口的管道上，如图 3.4.3-41 所示。上下移动鼠标指针可以选择标注出现在管道上方还是下方，确定注释位置单击完成标注。

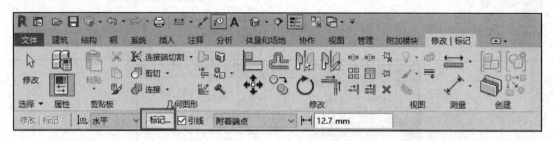

图 3.4.3-40　管道尺寸标记

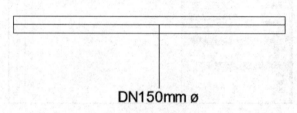

DN150mm ø

图 3.4.3-41　管道注释标注

2）标记修改

在 Revit MEP 中，为用户提供了如下功能方便修改标记，如图 3.4.3-42 所示。

通过"水平""竖直"选项可以控制标记放置的方式。可以通过勾选"引线"复选框，确认引线是否可见。

勾选"引线"复选框即引线，可选择引线为"附着端点"或"自由端点"。"附着端点"表示引线的一个端点固定在被标记图元上，"自由端点"表示引线两个端点都不固定，可进行调整。

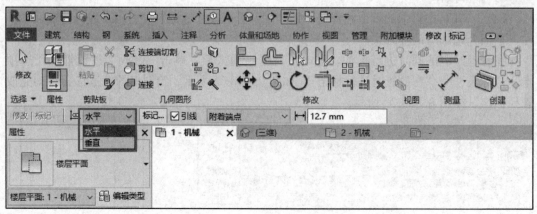

图 3.4.3-42　标记引线修改

3）尺寸注释符号族修改

因为 Revit MEP 中自带的管道注释符号族"M_管道尺寸标记"和国内常用的管道标注有些许不同，可以按照如下步骤进行修改。

① 在族编辑器中打开"M_管道尺寸标记.rfa"。

② 选中已设置的标签"尺寸"，在"修改标签"选项卡中单击"编辑标签"。

③ 删除已选标签参数"尺寸"。

④ 添加新的标签参数"直径"，并在"前缀"列中输入"DN"，如图 3.4.3-43 所示。

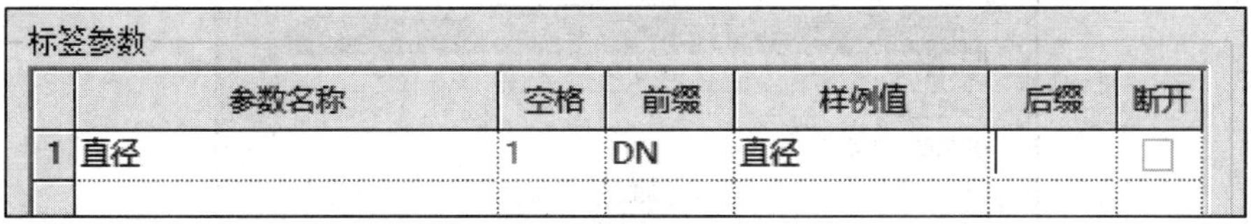

标签参数						
	参数名称	空格	前缀	样例值	后缀	断开
1	直径	1	DN	直径		☐

图 3.4.3-43　直径前缀"DN"标签

⑤ 将修改后的族重新加载到项目中。

⑥ 单击"管理"选项卡→"设置"→"项目单位"，选择"管道"下的"管道尺寸"，将"单位符号"设置为"无"。

⑦ 按照前面介绍的方法，进行管道尺寸标注，如图 3.4.3-44 所示。

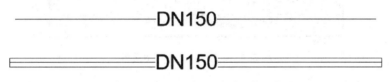

图 3.4.3-44　管道尺寸标注

（2）标高标注

单击"注释"选项卡→"尺寸标注"→"高程点"来标注管道标高，如图 3.4.3-45 所示。

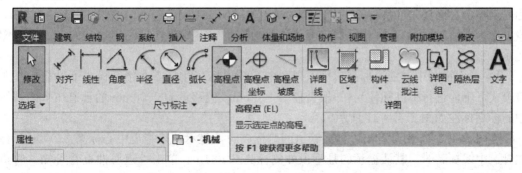

图 3.4.3-45　高程点标注

打开高程点族的"类型属性"对话框，在"类型"下拉列表中可以选择相应的高程点符号族，如图 3.4.3-46 所示。

引线箭头：可根据需要选择各种引线端点样式。

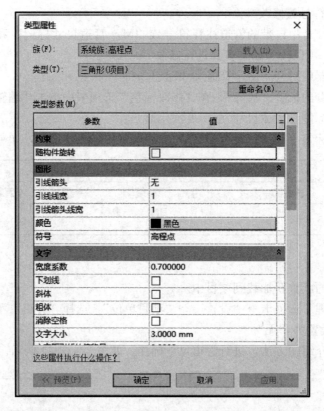

图 3.4.3-46　高程点类型属性

符号：这里将出现所有高程点符号族，选择刚载入的新建族即可。

文字与符号的偏移量：为默认情况下文字和"符号"左端点之间的距离，正值表明文字在"符号"左端点的左侧；负值则表明文字在"符号"左端点的右侧。

文字位置：控制文字和引线的相对位置。

高程指示器/顶部指示器/底部指示器：允许添加一些文字、字母等，用来提示出现的标高是顶部标高还是底部标高。

作为前缀/后缀的高程指示器：确认添加的文集、字母等在标高中出现的形式是前缀还是后缀。

1) 平面视图中的管道标高。平面视图中的管道标高注释需在精细模式下进行（在单线模式下不能进行标高标注）。一根直径为 100mm、偏移量为 2000mm 的管道在平面视图中的标高标注如图 3.4.3-47 所示。

从图 3.4.3-47 中可看出，标注管道两侧标高时，显示的是管道中心标高 2.000m。标注管道中线标高时，默认显示的是管顶外侧标高 2.054m。单击管道属性查看可知，管道

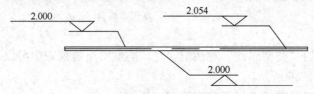

图 3.4.3-47　平面视图中的管道标高

外径为 108mm，于是管顶外侧标高为 2.000＋0.108/2＝2.054m。

2）立面视图中的管道标高。与平面视图不同，立面视图中在管道单线即粗略、中等的视图情况下也可以进行标高标注，但此时仅能标注管道中心标高。而对于倾斜管道的管道标高，斜管上的标高值将随着鼠标指针在管道中心线上的移动而实时变化。如果在立面视图中标注管顶或者管底标高，则需要将鼠标指针移动到管道端部，捕捉端点，才能标注，如图 3.4.3-48 所示。

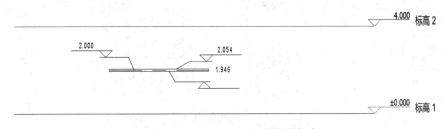

图 3.4.3-48　立面视图中的管道标高

在立面视图中也能够对管道截面进行管道中心、管顶和管底标注，如图 3.4.3-49 所示。

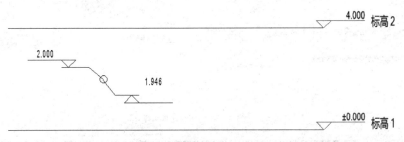

图 3.4.3-49　立面视图中的管道中心、管顶和管底标注

当对管道截面进行管道标注时，为了方便捕捉，建议关闭"可见性/图形替换"对话框中管道的两个子类别"升""降"，如图 3.4.3-50 所示。

3）剖面视图中的管道标高

剖面视图中的管道标高与立面视图中的管道标高原则一致。

4）三维视图中的管道标高

在三维视图中，管道单线显示下，标注的为管道中心标高；双线显示下，标注的则为所捕捉的管道位置的实际标高。

（3）坡度标注

在 Revit MEP 中，单击"注释"选项卡→"尺寸标注"→"高程点坡度"来标注管道坡度，如图 3.4.3-51 所示。

进入"系统族：高程点坡度"可以看到控制坡度标注的一系列参数。高程点坡度标注与之前介绍的高程标注类似，这里不再赘述。需要修改的是"单位格式"，设置成管道标注时习惯的百分比格式，如图 3.4.3-52 所示。

选中任一坡度标注，会出现"修改｜高程点坡度"选项栏，如图 3.4.3-53 所示。

其中，"相对参照的偏移"表示坡度标注线和管道外侧的偏移距离。"坡度表示"选

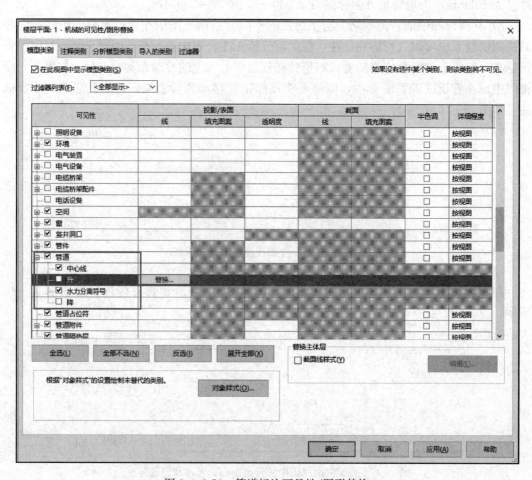

图 3.4.3-50 管道标注可见性/图形替换

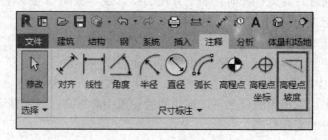

图 3.4.3-51 高程点坡度

项仅在立面视图中可选,有"箭头"和"三角形"两种坡度表示方式,如图 3.4.3-54 所示。

3.4.4 电气专业

Revit MEP 为我们提供了强大的桥架设计功能。利用这些功能,桥架工程师可以更加方便、迅速地布置桥架,调整桥架尺寸,进行桥架标注等。

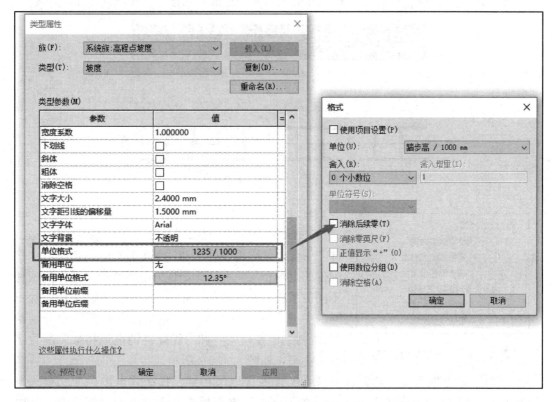

图 3.4.3-52　高程点坡度类型属性

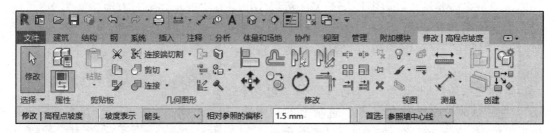

图 3.4.3-53　高程点坡度修改

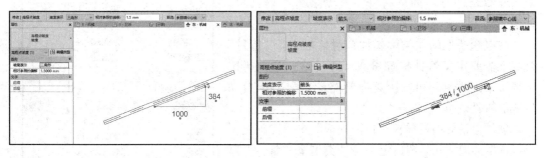

图 3.4.3-54　坡度表示

利用 Revit MEP 2020 的电缆桥架功能可以绘制电缆桥架模型，如图 3.4.4-1 所示。

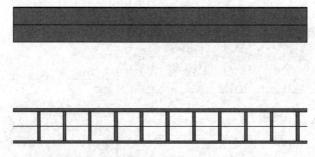

图 3.4.4-1　电缆桥架模型

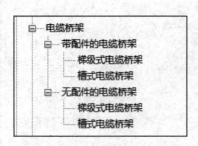

图 3.4.4-2　电缆桥架类型

1. 电缆桥架形式

Revit MEP 2020 提供了两种不同的电缆桥架形式：即"带配件的电缆桥架"和"无配件的电缆桥架"。"带配件的电缆桥架"和"无配件的电缆桥架"是作为两种不同的系统族来实现的，并在这两个系统族下面添加不同的类型。Revit MEP 2020 提供的"样板"中分别给"带配件的电缆桥架"和"无配件的电缆桥架"配置了默认类型，如图 3.4.4-2 所示。

"带配件的电缆桥架"的默认类型有实体底部电缆桥架、梯级式电缆桥架和槽式电缆桥架。"无配件的电缆桥架"的默认类型有单轨电缆桥架和金属丝网电缆桥架。其中"梯级式电缆桥架"的形状为"梯形"，其他类型的截面形状为"槽形"。与风管、管道一样，项目之前要设置好电缆桥架类型。可以用以下方法查看并编辑电缆桥架类型。

单击"系统"选项卡→"电气"→"电缆桥架"，在"属性"对话框中单击"编辑类型"按钮，如图 3.4.4-3 所示。

单击"系统"选项卡→"电气"→"电缆桥架"，在"修改｜放置 电缆桥架"选项卡的"属性"面板中单击"属性类型"，如图 3.4.4-4 所示。

在项目浏览器中，点击"族"→"电缆桥架"，双击要编辑的类型即可打开"类型属性"对话框，如图 3.4.4-5 所示。

在电缆桥架的"类型属性"对话框中，"管件"列表下需要定义管件配置参数。通过这些参数指定电缆桥架配件族，可以配置在管路绘制过程中自动生成的管件。

软件自带的项目样板"机械样板"中预先配置了电缆桥架类型，并分别指定了各种类型下"管件"默认使用的电缆桥架配件族。这样在绘制桥架时，所指定的桥架配件就可以自动放置到绘图区与桥架连接。

属性	
带配件的电缆桥架 槽式电缆桥架	
电缆桥架 (1)	编辑类型
约束	
水平对正	中心
垂直对正	中
参照标高	标高 1
顶部高程	2050.0
中间高程	2000.0
底部高程	1950.0
起点中间高程	2000.0
端点中间高程	2000.0
尺寸标注	
尺寸	300 mmx100 mmø
宽度	300.0 mm
高度	100.0 mm
长度	5300.0

图 3.4.4-3　电缆桥架属性

图 3.4.4-4　电缆桥架放置

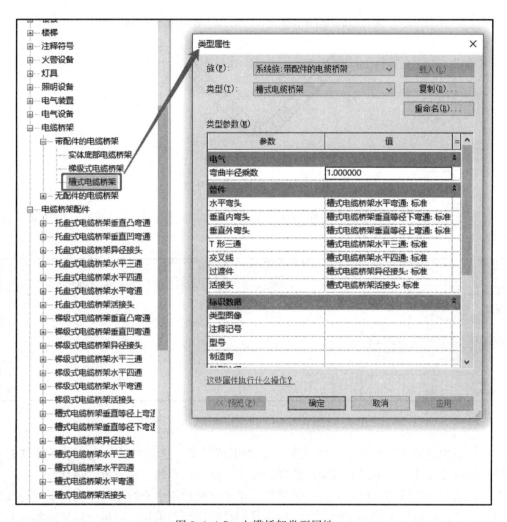

图 3.4.4-5　电缆桥架类型属性

2. 电缆桥架配件族

Revit MEP 2020 自带的族库中,提供了电缆桥架配件族。下面以水平弯头为例,介绍比族库中提供的几种配件族。如图 3.4.4-6 所示,配件族有"托盘式电缆桥架水平弯通""梯级式电缆桥架水平弯通"和"槽式电缆桥架水平弯通"。

3. 绘制电缆桥架

在平、立、剖视图和三维视图中均可绘制水平、垂直和倾斜的电缆桥架。

绘制电缆桥架步骤如下:

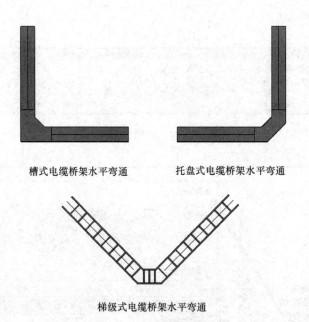

槽式电缆桥架水平弯通　　　　托盘式电缆桥架水平弯通

梯级式电缆桥架水平弯通

图 3.4.4-6　电缆桥架配件族

（1）选中电缆桥架类型。在电缆桥架"属性"对话框选中需要绘制的电缆桥架类型，如图 3.4.4-7 所示。

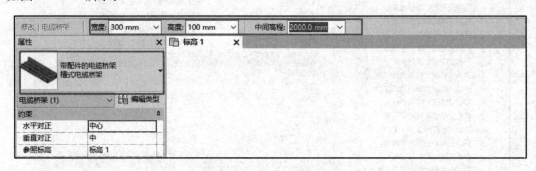

图 3.4.4-7　电缆桥架绘制

（2）选中电缆桥架尺寸。在"修改｜放置 电缆桥架"选项栏的"宽度"下拉列表中选择电缆桥架尺寸，也可以直接输入绘制的尺寸。使用同样的方法设置"高度"。

（3）指定电缆桥架偏移。默认"偏移量"是指电缆桥架中心线相对于当前平面标高的距离。在"偏移量"下拉列表中，可以选项目中已经用到的偏移量，也可以直接输入自定义的偏移量数值，默认单位为"mm"。

（4）指定电缆桥架起点和终点。在绘图区域中单击即可指定电缆桥架起点，移动至终点位置再次单击，完成一段电缆桥架的绘制。可继续移动鼠标绘制下一段。在绘制过程中，根据绘制路线，在"类型属性"对话框中预设好的电缆桥架管件将自动添加到电缆桥架中，绘制完成后，按 Esc 键，或者右击鼠标，在弹出的快捷菜单中选择"取消"命令退出电缆桥架绘制。垂直电缆桥架可在立面视图或剖面视图中直接绘制，也可以在平面视图中绘制，在选项栏中改变将要绘制的下一段水平桥架的"偏移量"，就能自动连接出一段垂直桥架。

第4章 建筑信息模型（BIM）成果输出

4.1 视图生成

在施工图设计中需要创建大量平面、立面、剖面、详图索引、图例、明细表等各种视图，以满足施工图设计要求，如房间面积填充平面视图、室内立面视图、斜立面视图、防火分区平面视图、建筑剖面和墙身剖面视图、楼梯间索引详图、墙身屋顶节点详图、门窗图例视图、门窗等构件统计表、房间面积统计表、混凝土用量统计表等。本章将详细讲解Revit 2020的各种视图设计方法和技巧。

4.1.1 平面视图

平面视图是Revit 2020中最重要的设计视图，绝大部分的设计内容都是在平面视图中操作完成的。除常用的楼层平面、天花板平面、场地平面外，设计中常用的房间分析平面、可出租和总建筑面积平面、防火分区平面等平面视图都是从楼层平面视图演化而来，并和楼层平面视图保持一定的关联关系。本章将讲解上述各种平面视图的创建、编辑与设置方法。

1. 楼层平面视图

（1）创建楼层平面视图

创建楼层平面视图有以下3种方法，其中前两种方法在前几章创建标高的绘制标高、阵列和复制标高中有详细讲解，本节简要描述。

1）绘制标高创建

在立面视图中，功能区单击"建筑"选项卡的"标高"工具，选项栏勾选"创建平面视图"选项，单击"平面视图类型"按钮选择"楼层平面"，单击"确定"后绘制一层标高，即可在项目浏览器中创建一层楼层平面视图，如图4.1.1-1所示。

2）"楼层平面"命令

先使用阵列、复制命令创建黑色标头的参照标高，然后在功能区单击"视图"选项卡"创建"面板的"平面视图"工具，选择"楼

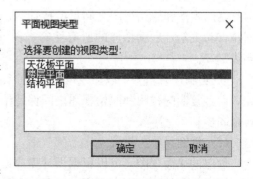

图4.1.1-1 平面视图类型

层平面"命令，在"新建平面"对话框中选择复制、阵列的标高名称，单击"确定"即可将参照标高转换为楼层平面视图，如图4.1.1-2所示。

3）"复制视图"工具

本功能适用于所有的平面、立面、剖面、详图、明细表视图、三维视图等视图，是基于现有的平面、立面、剖面等视图快速创建同类视图的方法。

单击"视图"选项卡创建面板的"复制视图"工具，选择"复制视图""带细节复制""复制作为相关"等命令，即可在项目浏览器中创建并打开新建视图。并且可以在项目浏览器中重新命名新建视图，如图4.1.1-3所示。

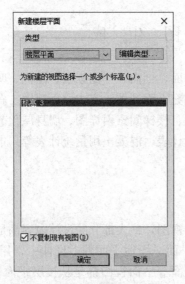

图4.1.1-2　新建楼层平面　　　　　图4.1.1-3　复制视图

① 复制视图：该命令只复制图中的轴网、标高和模型图元，其他如门窗标记、尺寸标注、详图线等注释类图元都不复制。而且复制的视图和原始视图之间仅保持轴网、标高、现有及新建模型图元的同步自动更新，后续添加的所有注释类图元都只显示在创建的视图中，复制的视图中不同步。

② 带细节复制：该命令可以复制当前视图所有的轴网、标高、模型图元和注释图元。但复制的视图和原始视图之间仅保持轴网、标高、现有及新建模型图元、现有注释图元的同步自动更新，后续添加的所有注释类图元都只显示在创建的视图中，复制的视图中不同步。

③ 复制作为相关：该命令可以复制当前视图所有的轴网、标高、模型图元和注释图元，而且复制的视图和原始视图之间保持绝对关联，所有现有图元和后续添加的图元始终自动同步。

（2）视图编辑与设置

创建的平面视图，可以根据设计需要设置视图比例、图元可见性、详细程度、显示样式、视图裁剪等，也可在视图的"属性"选项板中设置更多的视图参数。

1）视图比例设置。在平面视图中，可按以下两种方法设置视图比例。

① 视图控制栏

单击绘图区域左下角的视图控制栏中的"1∶100"，打开比例列表从中选择需要的视图比例即可（软件默认选择1∶100），如图4.1.1-4所示。

在比例列表中选择"自定义",然后在"自定义比例"对话框中输入需要的比例值 100,可勾选"显示名称",在后面栏中输入该比例在比例列表中的显示名称(例如:"1:100"),单击"确定"后即可改变当前视图的比例。

② 视图"属性"选项板

也可以在左侧的视图"属性"选项板中的参数"图形"→"视图比例"的下拉列表中选择需要的视图比例"1:100",如图 4.1.1-5 所示。

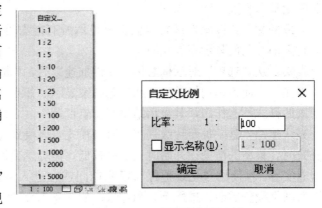

图 4.1.1-4　视图控制栏比例

如从下拉列表中选择"自定义",则在下面的参数"比例值 1:"中输入所需比例数值,可自定义比例。

2)视图详细程度设置。Revit 2020 在创建平面、立面、剖面等视图时,会根据视图的比例自动按照样板文件预先设置中不同比例对应的详细程度来显示视图中的图元。视图的详细程度分为粗略、中等和精细 3 种。同一个图元,在不同的详细程度设置下会显示不同的内容。此功能可用于以下图形显示控制,如图 4.1.1-6 所示。

图 4.1.1-5　视图控制栏属性

图 4.1.1-6　视图详细程度设置

3)视觉样式设置。单击绘图区域左下角的视图控制栏中的"视觉样式"选项,打开"视觉样式"列表从中选择需要的视觉样式即可,如图 4.1.1-7 所示。

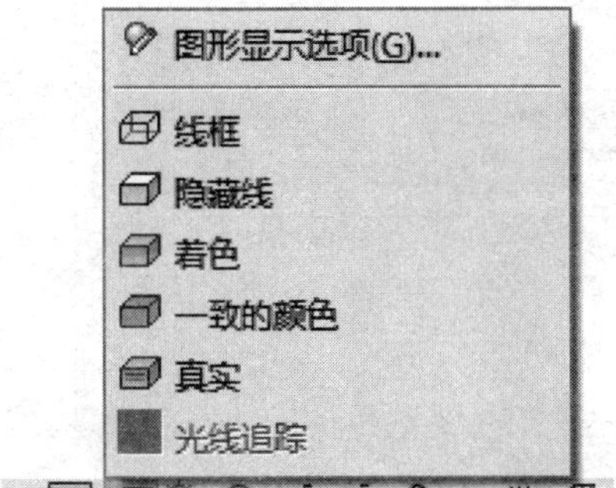

无论是平面视图,还是立面、剖面、三维视图,视觉显示样式有以下 6 种:

线框:以透明线框模式显示所有能看见和看不见的图元边线及表面填充图案。

隐藏线:以黑白两色显示所有能看见的图元边线及表面填充图案,且阳面和阴面显示亮度相同。

着色:以图元材质颜色彩色显示所有能看见的图元表面及表面填充图案,图元边线不显示,且阳

图 4.1.1-7　视觉样式设置

面和阴面显示亮度不同。

一致的颜色：以图元材质颜色彩色显示所有能看见的图元表面、边线及表面填充图案，且阳面和阴面显示亮度相同。

真实：从"选项"对话框启用"硬件加速"后，"真实"样式将以图元真实的渲染材质外观显示，而不是用材质颜色和填充图案显示。如果计算机显卡不支持"硬件加速"功能，则此样式不起作用，其显示结果同"着色"。

光线追踪：是一种照片级真实感渲染模式，该模式允许平移和缩放模型。在使用该视觉样式时，模型的渲染在开始时分辨率较低，但会迅速增加保真度，从而看起来更具有照片级真实感。在使用"光线追踪"模式期间或在进入该模式之前，可以在"图形显示选项"对话框设置照明、摄影曝光和背景，如图 4.1.1-8 所示。

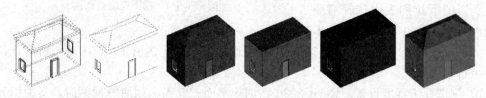

图 4.1.1-8　从左至右，依次为三维视图的 6 种图形显示样式

4）视图可见性设置。在平面、立面、剖面、三维视图中，可以随时根据设计的需要、出图的需要，隐藏或恢复某些图元的显示。Revit 2020 中提供了 3 种可见性设置方法："可见性/图形"工具、隐藏与显示、临时隐藏或隔离。

5）过滤器设置与应用。在"视图"选项卡"可见性/图形替换"对话框中，可以看到 Revit 2020 能够通过"过滤器"来设置视图的图元可见性。下面简要描述其使用方法，如图 4.1.1-9 所示。

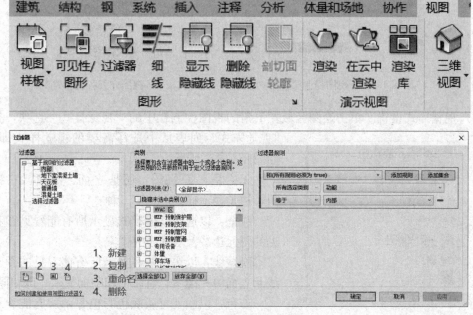

图 4.1.1-9　过滤器设置

① 在任意平面视图中，功能区单击"视图"选项卡"图形"面板中的"过滤器"工具，打开"过滤器"定义对话框。单击左下角的第一个图标"新建"，输入所添加功率器的名称，单击"确定"创建了一个空的过滤器，如图 4.1.1-10 所示。

② 可以通过"过滤器列表"来显示所设过滤器的种类，在中间的"类别"栏中勾选如"专用设备""卫浴装置"等类别，单击"确定"完成过滤器设置，如图 4.1.1-11 所示。

图 4.1.1-10　过滤器创建

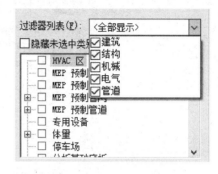

图 4.1.1-11　过滤器列表

在"过滤器"对话框中，可以进一步设置"过滤器规则"的"过滤条件"，从而将类别中具有某些共同特性的图元过滤出来，而不是该类别的所有图元，如图 4.1.1-12 所示。

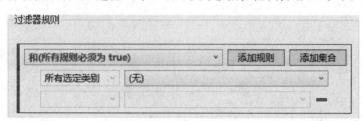

图 4.1.1-12　过滤器规则

③ 单击"可见性/图形"工具，打开"可见性/图形替换"对话框，在"过滤器"选项卡中单击"添加"按钮，从"添加过滤器"对话框中选择刚创建的过滤器，单击"确定"，然后取消勾选其"可见性"选项，单击"确定"后即可自动隐藏所有的室内设备，如图 4.1.1-13 所示。

在"可见性/图形"对话框中，除可以关闭过滤图元的显示外，也可以设置这些图元的投影和截面显示线样式和填充图案样式的替换样式，或设置其为半色调、透明显示，以实现特殊的显示效果。

6）视图"属性"选项板

在视图"属性"选项板中可设置更多平面视图相关参数。

① 图形类参数

视图比例、比例值：可设置视图比例或自定义比例。

显示模型：选择"标准"则正常显示模型图元，选择视图比例"半色调"则灰色调显示模型图元，选择"不显示"则隐藏所有模型图元。设置该参数，所有注释类及详图图元不受影响。此功能可在某些特殊平面详图视图中需要突出显示注释类及详图图元，淡化或

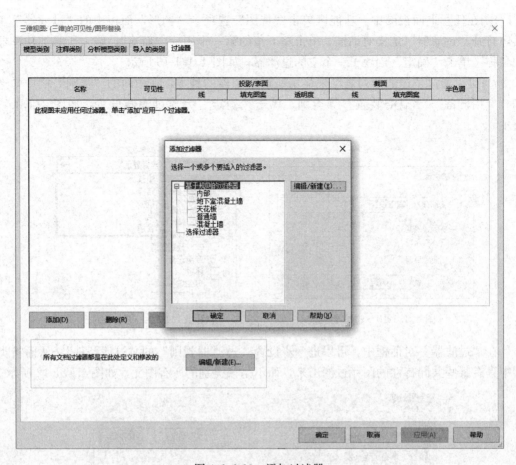

图 4.1.1-13　添加过滤器

不显示模型图元时使用。

　　详细程度：可设置图形显示为粗略、中等、精细，控制图元的显示细节。"可见性/图形替换"：单击后面的"编辑"按钮打开"可见性/图形替换"对话框，设置图元可见性。

　　图形显示选项：使用"图形显示选项"对话框中的设置来增强模型视图的视觉效果。单击后面的"编辑"按钮打开"图形显示选项"对话框，设置模型的阴影和日光位置。"方向"：可以选择"项目北"和"正北"方向。

　　墙连接显示：设置平面图中墙交点位置的自动处理方式为"清理所有墙连接"或"清理相同类型的墙连接"。当"详细程度"为中等和精细时，该参数自动选择"清理墙连接显示所有墙连接"方式，且不能更改，如图 4.1.1-14 所示。

　　规程：指定规程专有图元在视图中的显示方式，也可以使用此参数来组织项目浏览器中的视图，如图 4.1.1-15 所示。

　　显示隐藏线：根据类别控制视图中的隐藏线的显示。"全部"：根据适用于"可见性/图形"对话框中大部分模型类别的隐藏线子类别显示所有隐藏线。"按规程"：根据"规程"设置显示隐藏线。"无"：在该视图中不显示隐藏线。

　　颜色方案位置和颜色方案：用于设置面积分析和房间分析平面颜色填充方案。

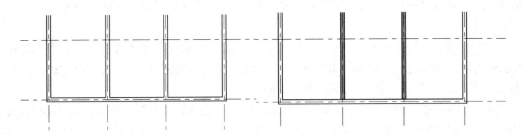

图 4.1.1-14　墙连接显示

规程	建筑	∨
显示隐藏线	建筑	∧
颜色方案位置	结构	
颜色方案	机械	
系统颜色方案	电气	
	卫浴	
默认分析显示样式	协调	∨

图 4.1.1-15　规程视图

系统颜色方案：将颜色方案应用到管道和风管系统。

默认分析显示样式：选择视图的默认分析显示样式。可用样式由"分析显示样式"对话框中创建样式确定，如图 4.1.1-16 所示。

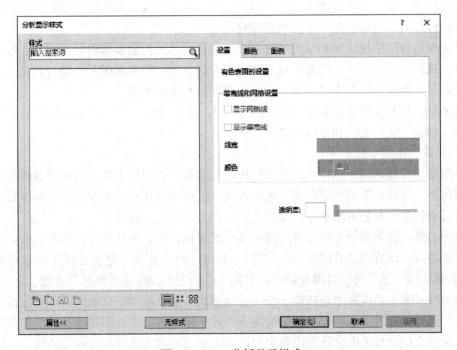

图 4.1.1-16　分析显示样式

日光路径：为项目中指定的地理位置打开或关闭日光投射显示。日光路径可用于所有三维视图，但不包括使用"线框"或"一致的颜色"视觉样式的视图。为在研究建筑和场地的灯光/阴影效果时获得最佳结果，需在三维视图中打开日光路径和阴影显示。

② 底图

"范围：底部/顶部标高"：在当前平面视图中显示一系列模型。通过点击"底部标高"指定标高设置基线范围。此标高和紧邻的上一标高之间的模型范围或"顶部标高"会自动显示。"基线方向"设置基线范围的视图方向。

基线方向：基线即底图。Revit 2020 默认下面一层的平面图灰色显示作为当前平面图的底图，以方便捕捉绘制，出图前设置"基线"参数为"无"。Revit 2020 可把任意一层设置为基线底图，不受楼层上下限制。

③ 范围

剪裁视图：使用该功能，超出剪裁区域的模型图元（或图元的一部分）不会在视图中显示。

剪裁区域可见：显示剪裁区域的边间。选择剪裁区域，并使用夹点调整其大小，或使用"修改"选项卡上的工具编辑、重置或确定剪裁区域的大小。

注释剪裁：注释剪裁区域会在接触到注释图元的任何部分时完全剪裁注释图元，从而确保不会给绘制部分注释。

视图范围：视图范围是一组水平面，控制了对象在平面视图中的可见性。定义了视图范围的水平平面包括：顶部、剖切平面和底部。顶部和底部平面定义了视图范围的顶部边缘高度和底部边缘高度。剖切平面通过剖切标识的方式确定了图元与平面相交时显示的高度。这三个平面标识了主视图范围。

相关标高：显示当前视图所关联的标高。若要添加标高，必须处于剖切视图或立面视图。添加标高时，可以创建一个关联平面视图。

范围框：将范围框应用到视图以定义视图剪裁，从而控制基准图元（轴网、标高和参照线）在视图中的显示。在模型中创建范围框并将其指定给基准图元，随后将范围框应用到一个或多个视图。视图中仅显示与指定的范围框相交的基准。

截剪裁：控制模型边在视图剪裁平面中或上方位置的显示方式，系统给出三种选项：不剪裁、剪裁时无截面线和带线剪裁。

④ 标识数据类参数

视图样板：显示用于创建当前视图的样本的名称。视图样板是一组视图属性集合，例如视图比例、规程、详细程度以及可见性设置。使用视图样板可为视图应用标准设置。视图样板可确保遵守办公室标准并保证施工图文档集之间的一致性。

视图名称：设置视图在项目浏览器中显示的名称。对平面图来说，该名称和标高名称保持一致。可以设置为"首层平面图"等，"确定"时会提示"是否希望重命名标高和视图?"如果选择"是"则项目浏览器中的名称和立面图中的标高名称都会改变。

相关性：表示当前视图是依赖于另一个视图或是独立视图，只能读取不能修改。复制视图时，可以创建多个依赖于主视图的副本。这些副本与会主视图和所有其他相关图保持同步，这样在某个视图中进行视图特定更改时，更改内容会在所有视图中体现。

图纸上的标题：指定在图纸上显示为视图标题的文字。可以为图纸上的各个视图标题定义属性，还可以定义并使用视图标题类型将标准设置应用到视图标题。当视图放到图纸上时，此处还会显示"图纸编号"和"图纸名称"只读参数，并自动提取视图所在图纸的编号和名称。

参照图纸：指定包含当前视图的图纸。

参照详图：如果当前视图在图纸中被参照，则该值会指定放置在参照图纸上的参照视图。例如在平面视图中创建剖面，将该平面视图作为首个详图放置在编号为 A101 的图纸上。剖面视图的参照详图编号为 1。

⑤ 阶段化

阶段化过滤器：指定当前视图的阶段过滤器。阶段过滤器会根据图元的阶段状态（例如新建、现有、已拆除或临时）来控制图元的显示。有多种默认阶段过滤器可用于项目，例如"完全显示""显示拆除＋新建""显示新建"等。

阶段：指定当前视图的阶段。可以定义项目阶段（如"现有""扩展 1""扩展 2"等）并将阶段过滤器应用到视图和明细表，以显示不同工作阶段的项目情况。

（3）视图样板

在前文中，设置好了平面视图的比例、详细程度、模型图形样式、可见性以及视图属性参数。这些设置以及后文中的视图裁剪参数等设置，都可以保存为一个视图设置样板，然后将其设置快速自动应用到其他楼层平面视图中，提高设置效率，如图 4.1.1-17 所示。

图 4.1.1-17　视图样板管理

1）从当前视图创建视图样板

① 在平面视图中，功能区单击"视图"选项卡"视图样板"工具，从下拉菜单中选择"从当前视图创建样板"命令。

② 在"新视图样板"对话框中输入"首层平面显示"，单击"确定"打开"视图样板"对话框，如图 4.1.1-18 对话框右侧的"视图属性"栏中各项参数自动提取了当前平面视图的参数值，可在此重新编辑各项参数。

③ 单击"确定"即可基于平面视图的视图属性设置创建了"楼层、结构、面积平面"类型视图样板。

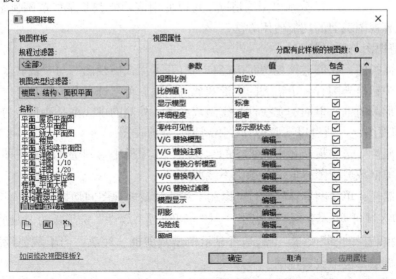

图 4.1.1-18　视图样板属性

2）将样板属性应用到当前视图：将储存在视图样板中的特性应用到当前视图。使用视图样板可以应用规程特定的设置和自定义视图外观。之后对视图样板的更改不会自动应用到该视图。要链接视图样板到某一视图，使该视图自动反应视图样板的更新，需使用视图"特性"选项板中的"视图样板"特性。

3）管理视图样板：用于显示项目中的视图样板的参数。可以添加、删除和编辑现有的视图样板，还可以复制现有的视图样板，以便作为创建新视图样板的起点。如果修改现有样板的参数，则所做的修改不会影响该样板以前应用到的视图。

① 在"规程过滤器"下拉列表中可以选择所需规程，如图4.1.1-19所示。

② 从"视图类型过滤器"下拉列表中可以选择所需视图类型，如图4.1.1-20所示。

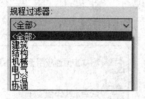
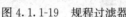
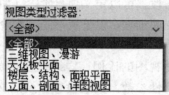
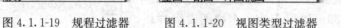

图4.1.1-19 规程过滤器　　图4.1.1-20 视图类型过滤器　　图4.1.1-21 视图名称

③ 在"名称"栏中选择某一个样板名称，在右侧"视图属性"栏中可设置其各项参数，如图4.1.1-21所示。

④ 应用左下角的3个图标，可以复制、重命名和删除选择的视图样板，如图4.1.1-22所示。

图4.1.1-22 视图样板编辑

建议在自己的样板文件中设置好各种常用的不同比例的平面、立面、剖面、详图、三维等视图样板，方便后续项目设计中直接选择，批量设置视图，提高设计效率。

（4）视图裁剪

视图裁剪功能在视图设计中非常重要，在大项目分区显示、分幅出图等情况下可以使用该功能调整裁剪范围显示视图局部。本节详细讲解视图裁剪的功能使用方法。

1）裁剪视图与注释裁剪

打开平面视图，在创建该视图时已经自动打开了"裁剪视图"与"裁剪区域可见"开关，因此图中建筑外围有一个很大的矩形裁剪范围框。单击选择裁剪框，可以看到一个回形嵌套的矩形裁剪框，里面的实线框是模型裁剪框，外侧的虚线框是注释裁剪框。

① 裁剪视图：可通过以下两种方式控制是否裁剪视图。

视图"属性"选项板：在平面视图的"属性"选项板中，勾选"裁剪视图"参数则可以用模型裁剪框裁剪视图。取消勾选则不裁剪。

视图控制栏：单击图标 ，可以在不裁剪和裁剪视图间切换。

② 裁剪区域可见：与"裁剪视图"一样，可通过"属性"选项板的"裁剪区域可见"参数和视图控制栏的 或 控制是否显示模型裁剪框。注意：当不裁剪视图时，即使打开裁剪框显示，也不裁剪视图。

③ 注释裁剪：必须通过视图"属性"选项板的"注释裁剪"参数控制是否显示虚线

注释裁剪框。注释裁剪框专用于裁剪尺寸标注、文字注释等注释类图元，凡与注释裁剪框相交的注释图元将会被全部隐藏。

如果不打开"注释裁剪"，仅用模型裁剪框裁剪视图，可能会出现如图 4.1.1-23 所示的情况：没有被完全裁剪掉的双开门，其门标记依然在裁剪框外正常显示。

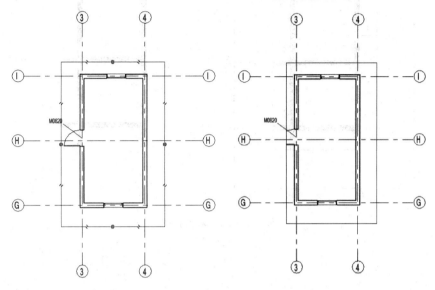

图 4.1.1-23　注释裁剪

2）裁剪视图

打开上述 3 个开关后，即可使用以下两种方法来调整裁剪框边界。

① 拖拽裁剪框

在平面视图中，单击选择模型裁剪框，拖拽实线边线中间的蓝色实心双三角控制柄，到指定位置松开鼠标，虚线注释裁剪框跟随移动裁剪视图。拖拽虚线注释裁剪框和指定位置的标记相交，裁剪隐藏标记。

拖拽东、西、南裁剪边界到轴网标号外侧位置。

在视图控制栏单击图标，隐藏裁剪边界显示，裁剪后的平面图如图 4.1.1-24 所示。

② 尺寸精确裁剪

打开平面视图，单击选择模型裁剪框，在功能区单击"修改｜楼层平面"子选项卡的"尺寸裁剪"工具，打开"裁剪区域尺寸"对话框。

设置裁剪框的"宽度""高度"参数和"注释裁剪偏移"的"左、右、顶、底"四边距离模型裁剪框的边距尺寸，单击"确定"。

在视图控制栏单击图标，隐藏裁剪边界显示，裁剪后的平面图如图 4.1.1-25 所示。

3）裁剪视图功能的其他应用

轴网标头与裁剪框：

选择任意一根垂直轴线，会发现裁剪边界外的所有上标头全部变成了"2D"标头，且标头会随着裁剪边界自动调整位置。打开其他视图，可以看到其他视图中的轴线上标头位置没有变化。

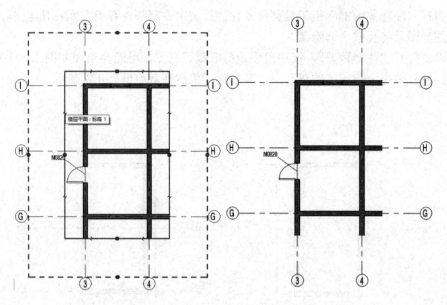

图 4.1.1-24　裁剪视图

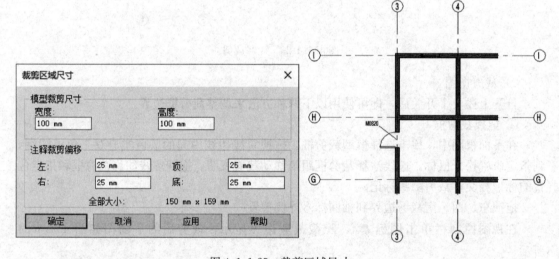

图 4.1.1-25　裁剪区域尺寸

如果拖拽裁剪框边界到标头之外，则所有上标头又会恢复为"3D"标头，与其他平面视图中的轴网标头同步联动。

在平面图设计中如需单独调整某层轴网标头位置，可使用此功能。

（5）视图范围、平面区域与截剪裁

Revit 2020 平面视图模型图元的显示，由视图范围、平面区域与截剪裁的参数控制。

1）视图范围

建筑设计中平面视图模型图元的显示，默认为在楼层标高以上 1200mm 位置水平剖切模型后向下俯视而得，不同剖切位置、向下不同的视图深度决定了平面视图中模型的显示。

① 打开平面视图，在视图"属性"选项板中单击"视图范围"参数后面的"编辑"按钮，打开"视图范围"对话框，如图 4.1.1-26 所示。

② "主要范围"设置

顶与偏移量：这两个参数结合设置了视图"主要范围"的顶部位置，默认为相对当前标高1向上偏移 2300mm 的位置。

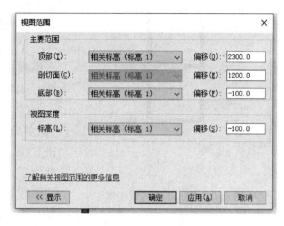

图 4.1.1-26　视图范围

底与偏移量：这两个参数结合设置了视图"主要范围"的底部位置，默认为当前标高1位置。

剖切面与偏移量：这两个参数结合设置了横切模型的高度位置，默认为相对当前标高1向上偏移 1200mm 的位置（注：剖切面的高度位置必须位于顶和底之间）。

③ "视图深度"设置

标高与偏移量：这两个参数结合决定了从剖切面向下俯视能看多深，由此也就决定了平面视图中模型的显示。默认的视图深度为到当前标高为止。在需要时可以设置相对当前标高的偏移量。

④ 单击"确定"关闭对话框：平面视图的显示即由上述"剖切面"到视图深度"偏移量"之间范围内的图元。

2）平面区域

在平面视图中，功能区单击"视图"选项卡"创建"面板"平面视图"工具，从下拉菜单中选择"平面区域"命令，显示"修改 | 创建平面区域边界"子选项卡，如图 4.1.1-27 所示。

图 4.1.1-27　平面区域边界创建

① 在平面内绘制闭合的区域并指定不同的视图范围，一侧显示剖切面上下的附属件。视图汇总的多个平面区域不能彼此重叠，但它们可以具有重合边。

② 如图 4.1.1-28 所示，单击选择平面区域，拖拽边线上的蓝色实心双三角控制柄可调整边界范围。

③ 单击"修改 | 平面区域"子选项卡的"编辑边界"工具，返回绘制边界状态，可重新编辑平面区域边界位置和形状，完成平面区域后刷新平面显示。

④ 单击"修改 | 平面区域"子选项卡的"视图范围"工具或设置"属性"选项板的"视图范围"参数，可以重新设置平面区域范围内的"剖切面"等参数。

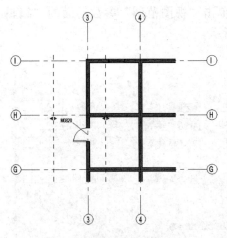

图 4.1.1-28　平面区域编辑

⑤ 出图前可用"可见性/图形"工具，在"注释类别"选项卡中取消勾选"平面区域"类别，隐藏其显示内容。

3）截剪裁

① "截剪裁"参数默认的设置为"不剪裁"，平面视图显示被剪裁构件在 F1 标高的底部投影边线，如图 4.1.1-29 所示。

② 点击"截剪裁"参数后面的按钮，打开"截剪裁"对话框，选择"剪裁时无截面线"，单击"确定"。被剪裁构件在 F2 "视图深度"位置截断了，墙的下部不显示，且在截断位置不显示截面线，如图 4.1.1-30 所示。

③ 同理，如选择"剪裁时有截面线"，则被剪裁构件在 F2 "视图深度"位置截断了，墙的下部不显示，且在截断位置显示截面线，如图 4.1.1-31 所示。

图 4.1.1-29　截剪裁
底部投影

图 4.1.1-30　剪裁时
无截面线

图 4.1.1-31　剪裁时
有截面线

2. 天花板平面视图

天花板平面视图的创建、编辑与设置、视图样板、视图裁剪、视图范围等功能与楼层平面视图完全一样，不再详述。下面仅简要介绍创建天花板平面视图的不同之处。

与创建楼层平面视图一样，创建天花板平面视图同样有以下 3 种方法：绘制标高创建、"天花板投影平面"命令、复制视图。下面简要描述前两种方法的不同之处。

（1）绘制标高创建

在立面视图中，功能区单击"建筑"选项卡的"标高"工具，选项栏勾选"创建平面视图"选项，单击"平面视图类型"按钮，选择"天花板平面"，确定后绘制一层标高，即可在项目浏览器中创建一层天花板平面视图，如图 4.1.1-32 所示。

（2）"天花板投影平面"命令

先使用阵列、复制命令创建黑色标头的参照标高，然后在功能区单击"视图"选项卡"创建"面板的"平面视图"工具，选择

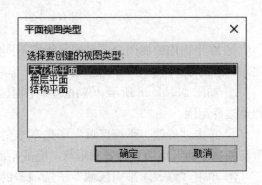

图 4.1.1-32　平面视图类型选择

"天花板投影平面"命令,在"新建天花板平面"对话框中选择复制、阵列的标高名称,单击"确定"即可将参照标高转换为天花板平面视图。

3.房间分析平面视图

除前面各章讲到的各种建筑构件之外,Revit 2020 还提供了专用的"房间"构件,可以对建筑空间进行细分,并自动标记房间的编号、面积等参数,还可以自动创建房间颜色填充平面图和图例。

(1)房间与房间标记

特别说明:与门窗和门窗标记一样,房间也分房间构件和房间标记两个对象。

1)房间边界

在创建房间前,需要先创建房间边界。Revit 2020 可以自动识别墙、幕墙、幕墙系统、楼板、屋顶、天花板、柱子(建筑柱、材质为混凝土的结构柱)、建筑地坪、房间分隔线等构件为房间边界。前面的几种房间边界在前述各章中都有了详细讲解,本节仅讲解"房间分隔线"的使用方法。

房间分隔线用于在开放的、没有隔墙等房间边界的建筑空间内,用线将一个大的房间细分为几个小房间。例如:在起居室内划分一个就餐区等。房间分隔线在平面视图和三维视图中可见。

① 单击功能区"建筑"选项卡,在"房间和面积"面板里选择"房间分隔线"命令,显示"修改│放置 房间分隔"子选项卡,如图 4.1.1-33 所示。

② 利用绘制工具对房间进行分隔,如图 4.1.1-34 所示。

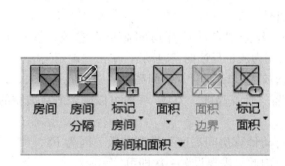

图 4.1.1-33 房间和面积

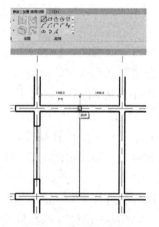

图 4.1.1-34 房间分隔

房间分隔线是模型线,因此可以自动同步到所有从 F1 平面视图复制的视图中。

2)房间面积与体积计算设置

Revit 2020 可以自动计算房间的面积和体积,但默认情况下,只计算房间面积。计算房间面积时墙的房间边界位置可以根据需要设定为墙面或墙中心线等。另外,房间面积和体积的计算结果和测量高度有关系,默认是从楼层标高 1200mm 位置计算。在有斜墙的房间中,从 1200mm 虚线位置测量的面积和体积比从楼板上方虚线位置测量的值要小。

① 单击功能区"建筑"选项卡,在"房间和面积"面板下拉菜单中选择"面积和体

积计算"命令，打开"面积和体积计算"对话框，如图 4.1.1-35 所示。

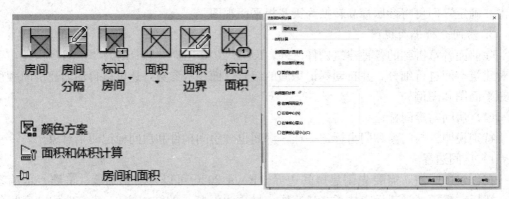

图 4.1.1-35　房间面积和体积计算

② 启用"体积计算"：本例默认选择"仅按面积（更快）"仅计算面积。

仅按面积（更快）：默认选择本项，只计算房间面积，不计算体积，计算速度快。

面积和体积：选择本项则可以同时计算面积和体积。

启用该功能将影响 Revit 2020 的性能，强烈建议只在需要计算房间体积时启用该功能，在创建了房间体积统计表后，立刻禁用该功能。

③ 房间面积计算：可根据需要选择"在墙中心""在墙核心层""在墙核心层中心"为房间边界位置。单击"确定"完成设置。

④ 计算高度设置："计算高度"参数由标高族的类型属性定义，因此需要在立面图中设置。

打开南立面视图，选择 F1 标高，单击"属性"选项板的"编辑类型"按钮。F1 标高的族"类型"名称为"C 标高 00＋层标"。

自动计算房间高度与计算高度：勾选"自动计算房间高度"参数，按标高以上 1200mm 高度计算，"计算高度"参数变为灰色只读的"自动"，单击"确定"。

如需定义不同的计算高度，可取消勾选"自动计算房间高度"参数，并输入"计算高度"参数值（有斜墙房间时，可以设置"计算高度"为 0，一般可以确保所有面积的正确计算）。

同样方法选择 F2 标高，勾选"自动计算房间高度"类型参数。因为 F2、F3、F4 都是"C＿上标高＋层标"标高族类型，因此只需要设置一次即可。

如需给不同的层定义不同的计算高度，可以在标高的类型属性对话框中"复制"一个新的标高类型，然后设置"计算高度"参数，确定后替换当前标高的族类型。

3）创建房间和房间标记

分隔好了房间，设置好了计算规则，下面可以创建房间构件和房间标记。

① 打开平面视图。在功能区单击"建筑"选项卡"房间和面积"面板的"房间"工具，显示"修改｜放置　房间"子选项卡，其中的"在放置时进行标记"为创建房间构件时自动创建房间标记，如图 4.1.1-36 所示。

② 单击"高亮显示边界"工具，系统可以自动查找墙、柱、楼板、房间分隔线等图中所有的房间边界，图元橙色亮显，并显示"警告"提示栏，单击"关闭"恢复正常

图 4.1.1-36 房间标记

显示。

③ 从类型选择器中选择 "C_房间标记" 的 "房间标记_名称＋面积" 类型。在选项栏设置以下参数：

上限和偏移：这两个参数共同决定了房间构件的上边界高度。

标记方向：默认选择 "水平" 则房间标记水平显示。可以选择 "垂直" 显示或 "模型" 显示（标记与建筑模型中的墙和边界线对齐，或旋转到指定角度）。

引线：默认不勾选。当房间空间小，需要在房间外面标记时勾选该选项。

房间：默认选择 "新建" 房间。

④ 移动光标，在房间外时出现面积为 "未闭合" 的房间和标记预览图形，如图 4.1.1-37 所示，移动光标到房间内，房间边界亮显并显示房间面积值，如图 4.1.1-37 所示。单击即可放置房间和房间标记。继续移动光标依次创建 F1 层其他房间和房间标记。

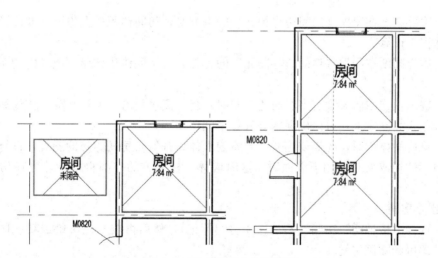

图 4.1.1-37 房间和标记预览

4）编辑房间

① 编辑房间标记

移动光标到楼梯间房间标记文字上，文字亮显，单击选择标记，房间边界亮显，房间名称 "房间" 蓝色显示，如图 4.1.1-38 所示。

单击房间名称 "房间"，输入需要填入的房间名称后回车。

选择房间标记，选项栏勾选 "引线" 则自动创建引线。拖拽房间标记的十字移动符号，可将标记移动到房间外。

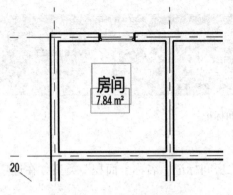

图 4.1.1-38　房间标记编辑

② 房间"属性"编辑

移动光标到房间标记文字左上角，带斜十字叉的房间边界高亮显示，单击即可选择房间，"修改｜房间"子选项卡如图 4.1.1-39 所示。

房间的"属性"选项板，房间的面积、周长等参数为只读状态。可设置房间的"上限""高度偏移"（上边界）和"底部偏移"（下边界），以及房间"名称"（可从下拉列表中选择现有名称）。

创建房间时设置的或房间属性设置的参数"上限""高度偏移"（上边界）和"底部偏移"（下边界）值，决定了房间体积的计算法则，如图 4.1.1-40 所示。

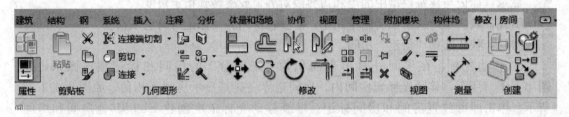

图 4.1.1-39　房间修改

当上边界高度在屋顶（房间边界图元）的下方时，房间体积按上边界高度计算，边界上方的体积不计算。

当上边界高度在屋顶（房间边界图元）的上方时，房间体积按屋顶边界内的实际体积计算。

在有坡屋顶或酒店大堂有多层通透空间时，将"高度偏移"（上边界）设置到屋顶或楼板、天花板高度之上，可以确保精确计算房间体积。

在计算房间体积时，还需要注意：当室内墙体、柱等是房间边界的图元，计算时没有达到屋顶、楼板或天花板的下表面时，这时墙体、柱上方的空间也不会计算在房间体积之内。

③ 删除房间

单击选择"楼梯间"房间（不是选择房间标记），然后再按 Delete 键或功能区的"删除"工具即可删除该房间。

删除房间时系统在右下角弹出"警告"提示："已从所有模型视图中删除某个房间，但该房间仍保留在此项目中。可从任何明细表中删除房间或使用'房间'命令将其放回模型中。"此时尽管视图中没有了该房间，但在房间统计表中依然存在，但标记为"未放置"。如果在房间统计表中删除了该房间，才是彻底地从项目中删除。

单击功能区"房间"工具，和前述创建房间一样，但在选项栏中从"房间"参数的下拉列表中选择，移动光标在房间内单击即可重新放置房间。

单击选择房间的房间标记，按 Delete 键删除。房间依然在视图中存在，单击"标记"工具选择"标记房间"命令，在房间内单击即可重新标记房间。

④ 移动、复制等编辑命令：选择房间，然后将其移动或复制到其他房间边界内，则房间边界和面积等参数自动更新。

（2）房间填充与图例

创建了房间，即可根据房间名称或面积等自动创建颜色填充平面图，并放置颜色图例。

1）创建颜色填充平面图与颜色图例

① 在"房间面积分析"平面视图中，单击功能区"视图"选项卡"可见性/图形"工具，在"注释类别"中取消勾选"轴网"和"参照平面"，单击"确定"隐藏其显示。

② 在视图"属性"选项板中，单击"颜色方案"后面的"＜无＞"按钮，打开"编辑颜色方案"对话框。在左侧"方案"栏中选择"按房间名称"，在右侧列表中自动给每一个房间匹配了一种"实体填充"颜色，如图 4.1.1-41 所示。

③ 编辑颜色方案：本例采用默认设置。

单击左下角的 3 个按钮，可以复制、重命名、删除颜色方案。

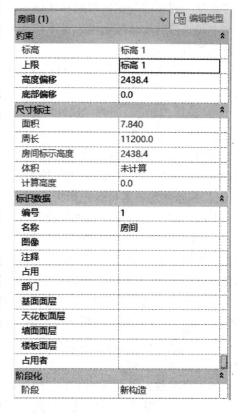

图 4.1.1-40　房间属性编辑

标题：设置颜色图例的标题名称。

在"颜色"下列列表可以选择"名称""部门"等填色依据。

单击"填充样式"列可从下拉列表中选择颜色"实体填充"或某种填充图案样式。单

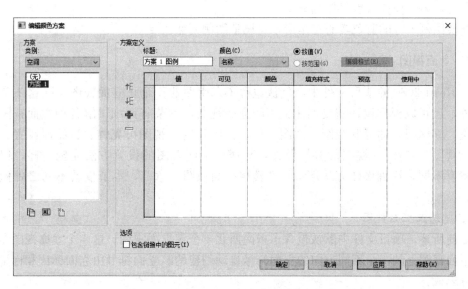

图 4.1.1-41　颜色方案编辑

击"颜色"列下的按钮可以选择实体填充或填充图案的颜色。

中间竖排的 4 个按钮可以上下移动右侧列表中某一条的上下位置，可以新建一行或删除新建的行。

包含链接文件中的图元：勾选该选项，可以给链接的 RVT 文件中的房间创建颜色填充。

④ 单击"确定"回到"属性"选项板，设置"颜色方案位置"参数为"背景"，自动创建颜色填充平面图。

"颜色方案位置"参数为"背景"时，家具、楼梯等室内构件可遮挡住平面填充颜色，如设置为"前景"，则填充颜色将覆盖家具、楼梯等所有室内构件。

2）编辑颜色方案与颜色图例

平面房间颜色填充方案可以随时根据需要编辑修改。

① 编辑方案：单击选择颜色图例，在功能区单击"修改 | 颜色填充图例"子选项卡，单击"编辑方案"回到"编辑颜色方案"对话框中重新设置填充图案、颜色，或创建新的颜色方案，"确定"后平面图自动更新。

也可单击"常用"选项卡"房间和面积"面板的下拉三角箭头，从下拉菜单中选择"颜色方案"命令回到"编辑颜色方案"对话框中重新设置。

② "属性"选项板：单击选择颜色图例，在"属性"选项板中单击"编辑类型"按钮，可设置以下参数：

图形类参数：可设置图例的"样例宽度""样例高度""颜色""背景"等；勾选"显示标题"可显示颜色方案标题；设置"显示的值"为"全部"则图例显示项目中所有房间的图例，如设置为"按视图"则只显示当前平面图房间的图例。

文字类参数：设置图例字体、大小、下划线等。

标题文字类参数：设置图例标题的字体、大小、下划线等。

③ 控制柄调整：单击选择颜色图例，向上拖拽图例下方的蓝色实心圆点，可将图例分列布置，向下拖拽可恢复单列显示。

拖拽图例上方的蓝色实心三角形，可调整图例列宽。

4.1.2　立面视图

在 Revit 2020 的项目文件中，默认包含了东南西北 4 个正立面视图。除这 4 个立面视图外，还可以根据设计需要创建更多的立面视图，本节将详细讲解各种立面视图的创建方法。立面视图的复制视图、视图比例、详细程度、视图可见性、过滤器设置、视觉样式、视图"属性"、视图裁剪等设置，与楼层平面视图的设置方法完全一样，仅个别参数略有不同，详细操作方法请参见"楼层平面视图"章节，本节仅就不同之处做详细讲解。

1. 建筑正立面视图

如前所述，项目文件中默认包含了东南西北 4 个正立面视图。这 4 个立面视图是根据楼层平面视图上的 4 个不同方向的立面符号自动创建的。立面符号由立面标记和标记箭头两部分组成：

（1）单击选择圆，完整的立面标记如图 4.1.2-1 所示。

① 符号四面有 4 个正方形复选框，勾选即可自动创建一个立面视图。此功能在创建多个室内立面时非常有用。

② 单击并拖拽符号左下角的旋转符号，可以旋转立面符号，创建斜立面。此功能无法精确控制旋转角度，不建议使用。

（2）单击圆外的黑色三角标记箭头，在立面符号中心位置出现一条蓝色的线，代表立面剪裁平面，如图 4.1.2-2 所示，在默认样板中，正立面关闭了视图裁剪边界和远裁剪，因此 4 个正立面能看到无限宽、无限远。

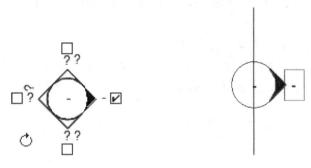

图 4.1.2-1　立面视图标记　　　　图 4.1.2-2　立面剪裁平面

特别提醒： 在设计开始时，如果建筑的范围超出了默认 4 个立面符号的范围，一定要分别创建整个立面符号，然后拖拽或用"移动"工具将其移动到建筑范围之外，以创建完整的建筑立面视图。如果立面符号位于建筑范围之内，其创建的实际上是一个剖面视图。

如果删除默认的 4 个正立面视图符号，其对应的立面视图也将被删除。虽然可以用"立面"命令重新创建立面视图，但在原来视图中已经创建的尺寸标注、文字注释等注释类图元将不能恢复，因此务必谨慎操作。

2. 创建立面视图

无论是建筑正立面、斜立面视图还是室内立面视图，都可以使用"立面"命令创建。

（1）打开平面视图，单击功能区"视图"选项卡"创建"面板的"立面"工具下拉三角箭头，选择"立面"命令，显示"修改|立面"子选项卡，如图 4.1.2-3 所示。

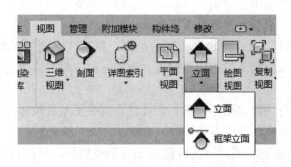

图 4.1.2-3　立面视图创建

（2）移动光标到指定位置，可以发现立面标记箭头在随着光标自动调整其对齐方向，始终与其附近的墙保持正交方向。在指定位置单击放置立面符号，在项目浏览器中自动创建"立面1-a"立面视图。按Esc键或单击"修改"结束"立面"命令。

（3）在项目浏览器中选择"立面1-a"，从右键菜单中选择"重命名"，输入"X立面"，单击"确定"。

（4）打开立面视图：可用以下4种方法打开刚创建的立面视图。

① 双击黑色三角立面标记箭头。

② 单击黑色三角立面标记箭头，从右键菜单中选择"进入立面视图"命令，如图4.1.2-4所示。

③ 在项目浏览器中双击视图名称"X立面"。

④ 在项目浏览器中单击选择视图名称"X立面"，从右键菜单中选择"打开"命令。

（5）在立面视图中，选择视图裁剪边界，可直观地调整立面视图裁剪范围，如图4.1.2-5所示。

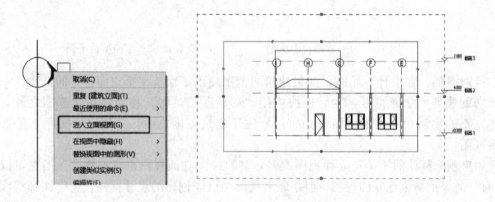

图4.1.2-4　进入立面视图　　　　　　　图4.1.2-5　立面视图裁剪

如果要精确创建某角度的斜立面视图，可以先放置立面符号，然后选择立面符号，用"旋转"工具旋转到需要的方向，然后再调整视图裁剪边界宽度和深度。

3. 创建室内立面视图

室内立面视图依然适用"立面"工具，其创建、裁剪范围设置、重命名、打开方法同前所述完全一样，本小节着重介绍其不同之处。

（1）打开平面视图，缩放到北立面厨房位置。单击"立面"工具，移动光标在房间内，使黑色三角立面标记箭头指向所要设置立面的方向，单击放置立面符号可以进行"重命名"。

（2）单击选择黑色三角立面标记箭头，可以看到视图左右裁剪边界自动调整到了上下墙面上。可以拖拽调整视图深度裁剪边界，如图4.1.2-6所示。

① 单击选择立面标记的圆，勾选南侧的正方形复选框，可以自动创建第2个室内立面，如图4.1.2-7所示。

② 完成后的室内立面视图如图4.1.2-8所示。

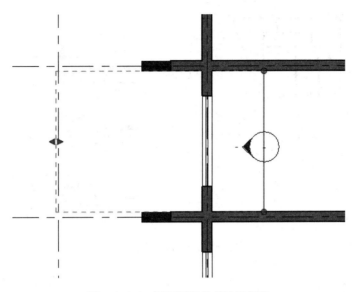

图 4.1.2-6　视图深度裁剪边界调整

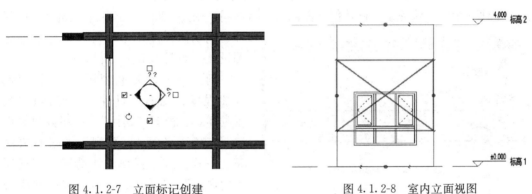

图 4.1.2-7　立面标记创建　　　　　　图 4.1.2-8　室内立面视图

　　室内立面创建时，其左右裁剪边界自动定位到左右内墙面，下裁剪边界自动定位到楼板的下表面，上裁剪边界自动定位到上面楼板或天花板的下表面。可以选择立面视图裁剪边界，根据需要调整裁剪边界位置。

　　4. 远剪裁设置

　　立面视图的复制视图、视图比例、详细程度、视图可见性、过滤器设置、视觉样式、视图"属性"、视图裁剪等设置，与楼层平面视图完全一样，详细操作方法参见"楼层平面视图"章节。本节补充讲解平面视图没有的"远剪裁"功能。

　　在平面视图的视图"属性"中有一个"截剪裁"参数，在立面视图中与之对应的功能是"远剪裁"，其功能和设置方法完全一样，如图 4.1.2-9 所示。

　　（1）在立面视图的视图"属性"选项板中，参数"远剪裁偏移"即为在平面图中调整的立面符号的视图深度距离。

　　（2）单击"远剪裁"参数后面的按钮，可选择"①剪裁时无截面线""②剪裁时有截面线""③不剪裁"。3 种视图处理方式视图显示结果不同。

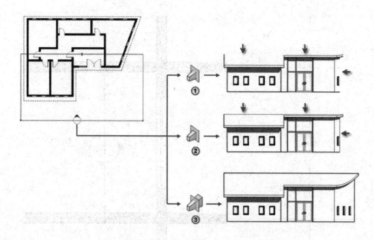

图 4.1.2-9　远剪裁视图

4.1.3　剖面视图

Revit 2020 中系统样板默认提供了两种剖面视图类型：建筑剖面和详图。两种剖面视图的创建和编辑方法完全一样，但剖面标头显示不同、用途不同。建筑用于建筑整体或局部的剖切，详图用于墙身大样等剖切详图设计，如图 4.1.3-1 所示。

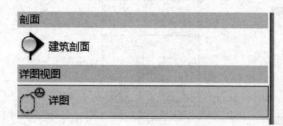

图 4.1.3-1　建筑剖面

剖面视图的复制视图、视图比例、详细程度、视图可见性、过滤器设置、视觉样式、视图"属性"、视图裁剪等设置，与楼层平面、立面视图的设置方法完全一样，详细操作方法请参见"楼层平面视图"和"建筑立面与室内立面视图"内容，本章仅就不同之处做详述。

1. 创建建筑剖面视图

（1）在平面视图中，在功能区单击"视图"选项卡"创建"面板的"剖面"工具，显示"修改｜剖面"子选项卡，从类型选择器中选择"建筑剖面"类型，如图 4.1.3-2 所示。

（2）选项栏设置

① 参照其他视图：用于创建参照剖面。

② 偏移量：可以设置偏移值，然后相对于两个捕捉点的连线偏移一个距离绘制剖面线。该设置用于精确捕捉绘制剖面线。本例设置为 0。

（3）移动光标到指定位置，在参照平面上单击捕捉一点作为剖面线起点，垂直或水平移动光标到另一位置再次单击捕捉一点作为剖面线终点，绘制一条剖面线，如图 4.1.3-3 所示。

（4）如图 4.1.3-3 所示，拖拽上下左侧的蓝色双三角箭头调整剖面视图的裁剪宽度和深度。在项目浏览器中"剖面（建筑剖面）"节点先创建了"剖面 1"视图。

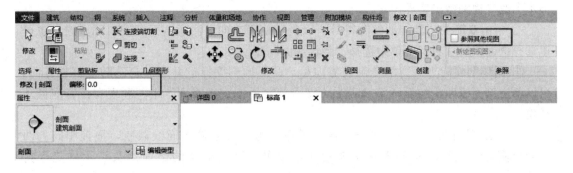

图 4.1.3-2　建筑剖面视图创建

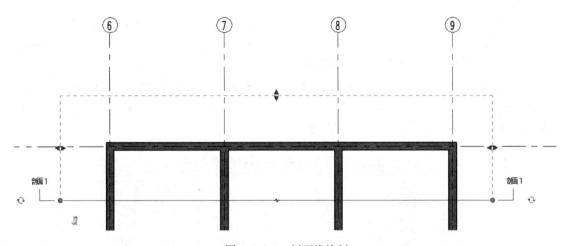

图 4.1.3-3　剖面线绘制

（5）选择剖面视图名称，从右键菜单中选择"重命名"，输入名称，单击"确定"。

（6）打开剖面视图：可用以下 4 种方法打开刚创建的剖面视图。

① 双击剖面线起点的蓝色剖面标头。

② 单击选择剖面线，从右键菜单中选择"转到视图"命令。

③ 在项目浏览器中双击视图名称。

④ 在项目浏览器中单击选择视图名称，从右键菜单中选择"打开"命令。

（7）在剖面视图中，选择视图裁剪边界，可直观地调整剖面视图裁剪范围。拖拽其左右边界等同于在平面图中拖拽左右视图裁剪边线的蓝色实心三角控制柄。

2. 编辑建筑剖面视图

剖面视图的复制视图、视图比例、详细程度、视图可见性、过滤器设置、视觉样式、视图"属性"、视图裁剪等设置，与楼层平面、立面视图的设置方法完全一样，详细操作方法请参见"楼层平面视图"和"建筑立面与室内立面视图"内容。本节补充讲解剖面线的几个编辑方法。

（1）剖面标头位置调整

选择剖面线后，在剖面线的两端和视图方向一侧会出现裁剪边界、端点控制柄等。视图裁剪已经介绍，补充以下 4 点：

① 标头位置：拖拽剖面线两个端点的蓝色实心圆点控制柄，可以移动剖面标头位置，

但不会改变视图裁剪边界位置。

② 单击双箭头"翻转剖面"符号可以翻转剖面方向，注意剖面视图自动更新（也可以选择剖面线后从右键菜单中选择"翻转剖面"命令）。

③ 循环剖面标头：当翻转剖面方向后，两侧的剖面标记并不会自动随之调整方向。可以单击剖面线两头的循环箭头符号，即可使剖面标记在对面、中间和现有位置间循环切换。

④ 单击剖面线中间的"线段间隙"折断符号：可以将剖面线截断，拖拽中间的两个蓝色实心圆点控制柄到两端标头位置，即可与制图标准的剖面标头显示样式保持一致。

（2）折线剖面视图

Revit 2020 可以将一段剖面线拆分为几段，从而创建折线剖面视图，方法如下：

① 在平面视图中用"剖面"工具，在指定位置或轴线间，从右向左绘制一条水平剖面线，并"重命名"（其他方向剖面线同理）。

② 单击选择剖面线，在功能区单击"修改｜视图"子选项卡的"拆分线段"工具，移动光标在水平剖面线上一点单击，将剖面线截断。同时上/下移动光标，被截断位置剖面线随光标动态移动，如图 4.1.3-4 所示。

图 4.1.3-4　剖面视图修改

③ 移动光标到指定位置单击放置剖面线，即可创建折线剖面视图，可连续拆分剖面线。

④ 回到平面视图中，单击选择折线剖面线，拖拽每段剖面线上的蓝色双三角箭头可调整剖切位置和折线位置。其他剖面标头位置、翻转剖面、循环剖面标头、剖面线截断等功能同前文。

4.1.4　三维视图

Revit 2020 的三维视图有两种：透视三维视图和正交三维视图。项目浏览器的"三维视图"节点下的（3D）就是默认的正交三维视图。

三维视图的复制视图、视图比例、详细程度、视图可见性、过滤器设置、视觉样式、视图"属性"、视图裁剪等设置，与楼层平面、立面视图的设置方法完全一样。

1. 透视三维视图

Revit 2020 可以在平面、立面、剖面视图中创建透视三维视图，但为了精确定位相机位置，建议在平面图中创建。

（1）创建透视三维视图

1）在功能区单击"视图"选项卡"创建"面板的"三维视图"工具的下拉三角箭头，选择"相机"命令。移动光标出现相机预览，图形随光标移动，如图 4.1.4-1 所示。

2）选项栏设置

① 透视图：勾选该选项，将创建透视三维视图；取消勾选，将创建正交三维视图。

② 相机位置设置：设置"偏移"参数，"自"参数为标高"某一层"。这两个参数决定了放置相机的高度位置，如图 4.1.4-2 所示。

图 4.1.4-1　三维视图面板

3）在指定位置单击放置相机，并指向视觉方向，即可在项目浏览器中"三维视图"节点下，自动创建透视三维视图"三维视图 1"，并自动打开显示，如图 4.1.4-3 所示。

图 4.1.4-2　相机位置设置

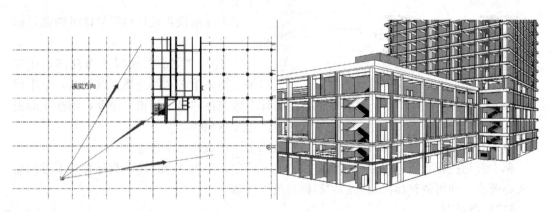

图 4.1.4-3　透视三维视图创建

4）在项目浏览器中单击选择"三维视图 1"，单击鼠标右键选择"重命名"命令，输入新名称，单击"确定"。

（2）编辑透视三维视图

刚创建的透视三维视图需要精确设置相机的高度和位置、相机目标点的高度和位置、相机远裁剪、视图裁剪框等，才能得到预期的透视图效果，设置方法如下。

1）"属性"选项板

在透视三维视图中，左侧的透视图"属性"选项板如图 4.1.4-4 所示，通过以下参数设置相机和视图。

① 远裁剪激活：取消勾选该选项，则可以看到相机目标点处远裁剪平面之外的所有图元（默认勾选该选项，只能看到远裁剪平面之内的图元）。

② 视点高度：此值为创建相机时的相机高度"偏移量"参数值。

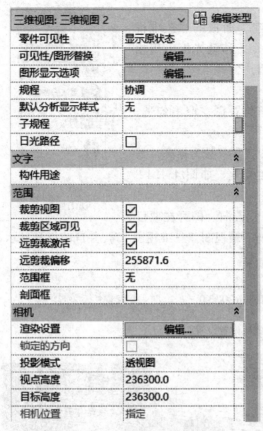

三维视图: 三维视图 2		∨	編輯类型
零件可见性	显示原状态		
可见性/图形替换	编辑...		
图形显示选项	编辑...		
规程	协调		
默认分析显示样式	无		
子规程			
日光路径	☐		
文字			
构件用途			
范围			
裁剪视图	☑		
裁剪区域可见	☑		
远剪裁激活	☑		
远剪裁偏移	255871.6		
范围框	无		
剖面框	☐		
相机			
渲染设置	编辑...		
锁定的方向	☐		
投影模式	透视图		
视点高度	236300.0		
目标高度	236300.0		
相机位置	指定		

图 4.1.4-4　透视三维视图属性

③ 目标高度：此参数和"视点高度"决定了透视三维视图的相机由 12000mm 高度鸟瞰 3000mm 高度位置。

④ 其他参数选择默认。

2）在平面、立面视图中显示相机并编辑

前面在透视图"属性"选项板设置了相机的"视点高度""目标高度"等高度位置，除此之外，还可以在立面视图中拖拽相机视点和目标的高度位置；相机平面位置也必须在平面视图中拖拽调整。

① 打开楼层平面视图，观察视图中没有显示相机。在项目浏览器中单击选择透视三维视图，单击鼠标右键选择"显示相机"命令，则在平面视图中显示相机。

单击并拖拽相机符号即可调整相机视点水平位置。

单击并拖拽相机目标符号即可调整目标水平位置。

② 打开"立面"楼层平面视图，在项目浏览器中单击选择透视三维视图，单击鼠标右键选择"显示相机"命令，则在立面视图中显示相机。

单击并拖拽相机符号即可调整相机"视点高度"参数和水平位置。

单击并拖拽相机目标符号即可调整目标水平位置；单击并拖拽相机目标符号下方的蓝色实心圆点，即可调整相机目标的"目标高度"参数。

3）裁剪视图

打开"西南鸟瞰"透视三维视图，单击选择视图裁剪框，用以下方法调整裁剪范围。

① 拖拽裁剪框：单击并拖拽视图裁剪框四边的蓝色实心圆点，即可调整透视图裁剪范围。

② 尺寸裁剪：单击功能区"尺寸裁剪"工具，设置"宽度""高度"参数，单击"确定"，即可完成对视图裁剪框的更改。

2. 正交三维视图

创建正交三维视图有两种方法：相机和复制定向。

（1）在功能区单击"视图"选项卡"创建"面板的"三维视图"工具的下拉三角箭头，选择"相机"命令。

（2）选项栏取消勾选"透视图"，设置"偏移量""自"参数。

（3）单击放置相机目标，自动创建并打开正交三维视图"三维视图 1"，并"重命名"。

（4）在"属性"选项板中设置"视觉样式""远裁剪激活""目标高度""阶段过滤器"。拖拽视图裁剪框裁剪视图，完成正交三维视图。

3. 剖面框与背景设置

除上述各种视图编辑方法和工具外，三维视图还有两个非常重要的编辑工具：剖面框和背景设置。

（1）剖面框

利用剖面框功能可以在建筑外围打开一个立方体线框，拖拽立方体 6 个面的控制柄，可以在三维视图中水平剖切模型查看建筑各层内部布局，或垂直剖切模型，查看建筑纵向结构。

1）在三维视图中，在"属性"选项板中勾选参数"剖面框"，在建筑外围显示立方体剖面框。单击选择剖面框，立方体 6 个面上显示 6 个蓝色双三角控制柄和 1 个旋转控制柄，如图 4.1.4-5 所示。

2）向下拖拽顶面的蓝色双三角控制柄到指定楼层标高上方位置，即可从水平剖切模型看到二层内部布局，如图 4.1.4-6 所示。

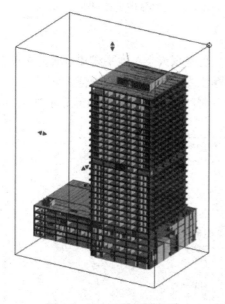

图 4.1.4-5　三维视图查看

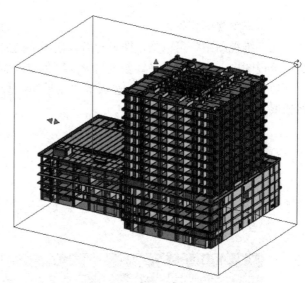

图 4.1.4-6　三维视图水平剖切

3）向右拖拽立面的蓝色双三角控制柄到弧墙中间位置，即可从垂直剖切模型看到建筑纵向空间结构，如图 4.1.4-7 所示。

4）拖拽旋转控制柄使剖面框旋转一个角度，拖拽侧面的蓝色双三角控制柄即可从垂直斜切模型看到建筑纵向空间结构，如图 4.1.4-8 所示。

5）剖切模型后，如取消勾选"剖面框"参数，则模型自动复原。如果需要保留剖切视图，请先复制视图然后再打开剖面框剖切视图。出图时可以在"可见性/图形"中"注释类别"中取消勾选"剖面框"隐藏其显示。

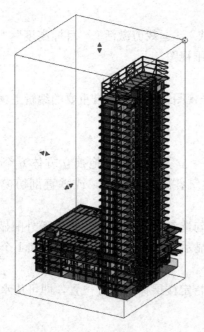
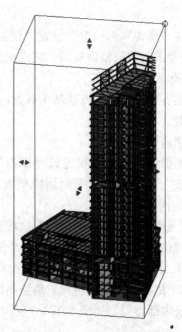

图 4.1.4-7　三维视图垂直剖切　　　　图 4.1.4-8　三维视图旋转剖切

（2）三维视图背景设置

在三维视图中，可以指定图形背景，使用不同的颜色呈现天空、地平线和地面。在正交三维视图中，渐变是地平线颜色与天空颜色或地面颜色之间的双色渐变融合。

1）在功能区单击"视图"选项卡"图形"面板右侧的箭头，打开"图形显示选项"对话框，如图 4.1.4-9 所示。

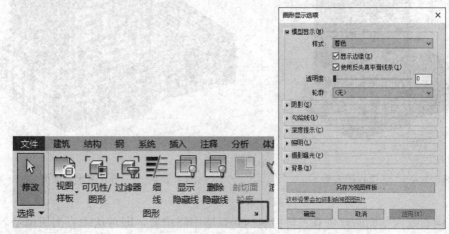

图 4.1.4-9　图形显示选项

2）可以选择不同的显示背景，如"无""天空""渐变""图像"，单击"确定"，如图 4.1.4-10 所示。

3）例如选择"渐变"选项，设置地平线颜色与地面颜色、地平线颜色与天空颜色之间的双色渐变，如图 4.1.4-11 所示。

174

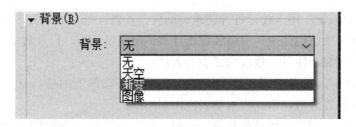

图 4.1.4-10 背景显示设置

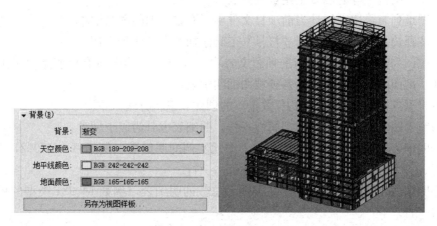

图 4.1.4-11 背景渐变设置

4.1.5 明细表视图

Revit 2020可以自动提取各种建筑构件、房间和面积构件、材质、注释、修订、视图、图纸等图元的属性参数，并以表格的形式显示图元信息，从而自动创建门窗等构件统计表、材质明细表等表格。可以在设计过程中的任何时候创建明细表，明细表将自动更新以反映对项目的修改。

在功能区单击"视图"选项卡"明细表"工具，下拉菜单中有6个明细表工具，如图 4.1.5-1所示。

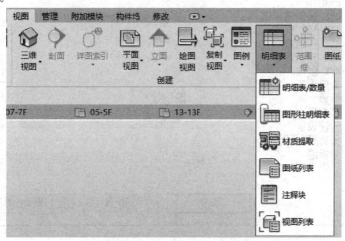

图 4.1.5-1 视图明细表工具

（1）明细表/数量：用于统计各种建筑、结构、设备、场地、房间和面积等构件明细表。例如门窗表、梁柱构件表、卫浴装置统计表、房间统计表，以及规划建设用地面积统计表、土方量明细表、体量、楼层明细表等表格。

（2）图形柱明细表：通过图形柱明细表（包括不在轴网上的柱），过滤要查看的特定柱，将相似的柱位置分组，以及将明细表应用到图纸。

（3）材质提取：用于统计各种建筑、结构、室内外设备、场地等构件的材质用量明细表。例如墙、结构柱等的混凝土用量统计表。

（4）图纸列表：用于统计当前项目文件中所有施工图的图纸清单。

（5）注释块：用于统计使用"符号"工具添加的全部注释实例。

（6）视图列表：用于统计当前项目文件中的项目浏览器中所有楼层平面、天花板平面、立面、剖面、三维、详图等各种视图的明细表。

本章将重点讲解构件"明细表/数量"的创建和编辑方法。

与门窗等图元有实例属性和型属性一样，明细表也分为以下两种：

实例明细表：按个数逐行统计每一个图元实例的明细表。例如每个 M0921 的单开门都占一行、每个房间的名称和面积等参数都占一行。

类型明细表：按类型逐行统计某类图元总数的明细表，例如 M0921 类型的单开门及其总数占一行。

（1）创建构件明细表

1）新建明细表

① 在功能区单击"视图"选项卡"明细表"工具，在下拉菜单中选择"明细表/数量"工具，如图 4.1.5-2 所示。

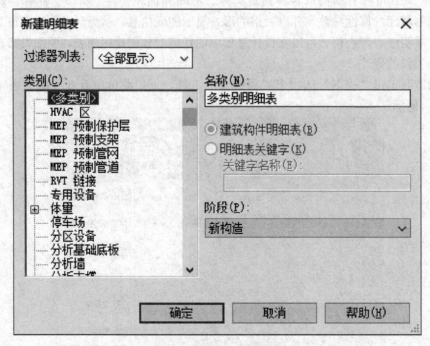

图 4.1.5-2　明细表过滤器列表

② 通过在"新建明细表"对话框左上角"过滤器列表"中勾选来进行快速筛选，如图 4.1.5-3 所示。

③ 在"新建明细表"对话框左侧的"类别"列表中选择所要创建的类别。

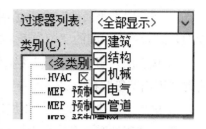

图 4.1.5-3　过滤器列表设置

④ 在"名称"下单击选择"建筑构件明细表"，"阶段"选择默认的"新构造"。单击"确定"打开"明细表属性"对话框，如图 4.1.5-4 所示。

2）设置"字段"属性：选择要统计的构件参数并设置其顺序，如图 4.1.5-5 所示。

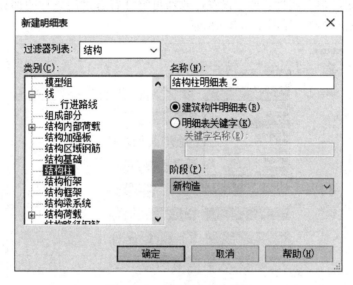

图 4.1.5-4　明细表构造设置

图 4.1.5-5　明细表属性

① 在"明细表属性"对话框左侧的构件的"可用字段"列表中单击选择想要添加的参数，然后单击中间的"添加"按钮将其加入到右侧"明细表字段"栏中。

② 从右侧"明细表字段"栏中选择多余的字段，单击"删除"按钮可将其复原到左侧"可用字段"栏中。

③ 单击"新建参数""添加计算参数""合并参数"创建新的字段。

④ 在"明细表字段"栏中单击"下移"按钮将其移动到最下方。同样方法选择其他字段，单击"上移"按钮调整字段顺序。

3）设置"过滤器"属性：通过设置过滤器可统计符合过滤条件的部分构件，不设置过滤器则统计全部构件，如图 4.1.5-6 所示。

图 4.1.5-6　明细表过滤器设置

① 单击"过滤器"选项卡，从"过滤条件"后面的下拉列表中选择条件，以此条件统计相关信息。

② 同样方法可从"与"后面的下拉列表中设置第 2、3、4 层过滤条件，统计同时满足所有条件的构件。

4）设置"排序/成组"属性：设置表格列的排序方式及总计，如图 4.1.5-7 所示。

① 单击"排序/成组"选项卡，从"排序方式"下拉列表中选择相关信息，并单击选择"升序"，设置了第一排序规则。

② 从"否则按"下拉列表中选择"类型"，并单击选择相关信息，设置了第二排序规则。可根据需要设置 4 层排序方式。

③ 勾选"总计"，并选择相关信息，将在表格最后进行总计，如图 4.1.5-8 所示。

5）设置"格式"属性：设置构件属性参数字段在表格中的列标题、单元格对齐方式等，如图 4.1.5-9 所示。

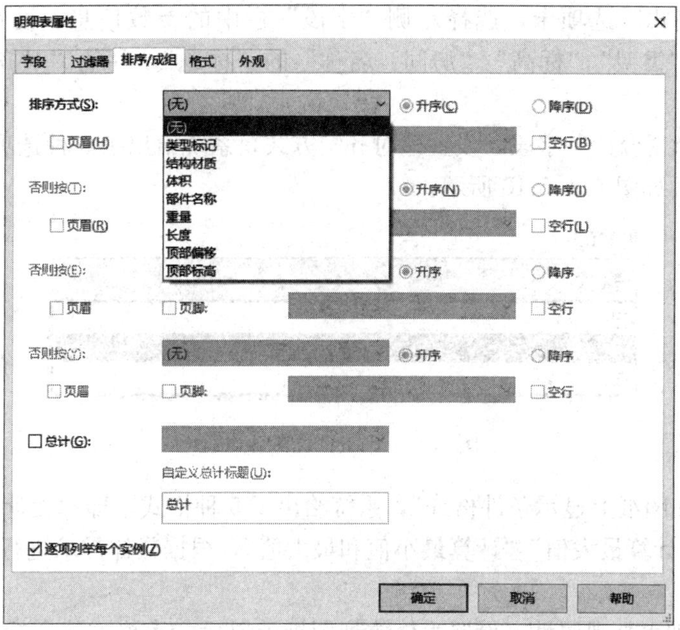

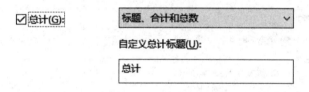

图 4.1.5-7　明细表排序/成组设置

图 4.1.5-8　总计设置

图 4.1.5-9　明细表格式设置

① 单击"格式"选项卡，选择左侧"字段"栏中的参数信息，设置其右侧的"标题"。同理设置"类型""标高""房间：名称"的"标题"；其他"对齐"等的"标题"默认。

② 单击选择"合计"字段，设置"对齐"方式，系统给出了3种选项，分别为"左""中心线""右"，如图4.1.5-10所示。

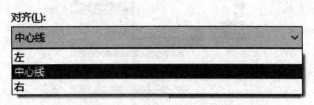

图 4.1.5-10　合计对齐设置

③ 勾选"在图纸上显示条件格式"，系统给出了5种格式，即"无计算""计算总数""计算最小值""计算最大值""计算最小值和最大值"，根据具体需求进行选择，系统默认为"无计算"。

6）设置明细表外观属性：设置表格放到图纸上以后，表格边线、标题和正文的字体等，如图4.1.5-11所示。

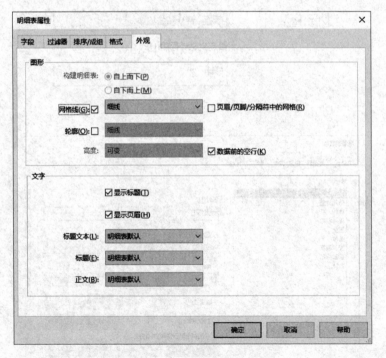

图 4.1.5-11　明细表外观设置

① 单击"外观"选项卡，勾选"网格线"，设置表格的内部表格线样式；勾选"轮廓"，设置表格的外轮廓线样式。

② 勾选"显示标题"显示开始设置的表格的名称（大标题），勾选"显示页眉"显示"格式"中设置的字段"标题"（列标题）。

③"标题文字""标题""正文"都为系统默认设置,可根据需求进行设置。

此处的"外观"属性设置在明细表视图中不会直观地显示,必须将明细表放到图纸上以后,表格线宽、标题和正文文字的字体和大小等样式才能被显示并打印出来。

7)设置完成后,单击"确定"即可在项目浏览器"明细表/数量"下创建"明细表"视图。

(2)编辑明细表

创建好的表格可以随时重新编辑其字段、过滤器、排序方式、格式和外观,或编辑表格样式等。另外在明细表视图中同样可以编辑图元的族、类型、宽度等尺寸,也可以自动定位构件在图形中的位置等。

1)"属性"选项板。从项目浏览器中双击打开"窗明细表",可以看到此表为实例明细表,明细表

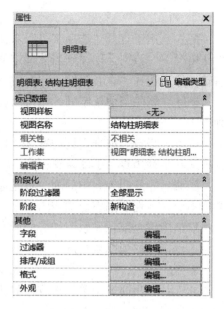

图 4.1.5-12 明细表编辑

的"属性"选项板如图 4.1.5-12 所示。出图时的窗明细表应该为类型明细表,下面通过编辑属性参数的方法重新设置明细表,如图 4.1.5-12 所示。

2)编辑表格。除"属性"选项板外,还有以下专用的明细表视图编辑工具,可编辑表格样式或自动定位构件在图形中的位置。

明细表视图中功能区"修改明细表/数量"的子选项卡如图 4.1.5-13 所示。

图 4.1.5-13 修改明细表/数量

① 参数

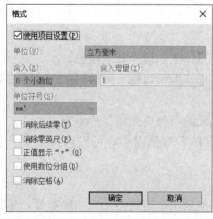

图 4.1.5-14 单位格式设置

设置单位格式:用于指定度量单位的显示格式。选择相应的单位、舍入参数、单位符号和任何数值组成规则,如图 4.1.5-14 所示。

计算:将计算公式添加到明细表单元格中,指定要使用的公式或计算式。计算值不会指定给某个类别,因此不能重用。如果要将计算值移入其他单元格中,就必须重新输入。

合并参数:创建合并参数,或允许在明细表当前选定列中编辑合并参数。合并参数在明细表的单个单元格中显示两个或更多参数的值。参数值将以斜线或指定的其他字符分隔。合并参数值在明细表中为只读。

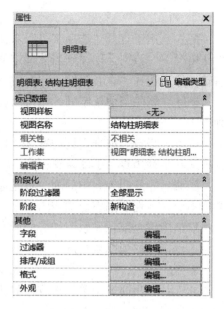

181

② 列

插入：用于打开"选择字段"对话框以添加列到明细表中。指定新列的参数和位置，默认情况下，该列会创建到当前选定单元格的右侧。也可以在选定列或单元格中单击鼠标右键，然后选择"在右侧插入列"或"在左侧插入列"。

删除：删除当前选定列。也可以在选定列或单元格中单击鼠标右键，然后选择"删除列"。

调整：指定当前选定列的宽度。在"调整列宽"对话框中输入列的宽度。也可以单击并拖拽水平列边界，手动调整列宽。

隐藏：隐藏明细表中的列。将光标放置在要隐藏的列上，然后单击"隐藏列"。隐藏的列不会显示在明细表视图或图纸中，但可以用于过滤、排序和明细表数据分组。

取消隐藏全部：显示明细表中所有隐藏的列。无需将光标放置到特定位置，明细表打开时，点击"取消隐藏全部"即可。

③ 行

插入：在当前选定单元格或行的正上方或正下方插入一行。也可以在选定行或单元格中单击鼠标右键，然后选择行插入位置。

插入数据行：用于在明细表中插入行，以便可以添加新的值或图元。该工具只能用于某些明细表，如关键字明细表。

删除：与"列"的删除一致，不再赘述。

调整：指定当前选定行的高度。在"调整行高"对话框中输入行的高度。也可以单击并拖拽垂直行边界，来手动调整行高。

④ 标题和页眉

合并：将多个单元格合并为一个，或者将合并的单元格拆分为其原始状态。也可以单击鼠标右键并选择"合并/取消合并"，来合并单元格或拆分合并的单元格。

插入图像：从文件插入图像。定位到所需图像并将其选定，有效的文件格式包括bmp、jpg、png、tif。

组成：要选择列标题，需确保光标显示为箭头，而不是文字插入光标。已成组的列标题上方将显示一个新标题行。然后，可以在这个新的标题行中输入文字。

解组：删除在将两个或更多列标题组成一个组时所添加的列标题。成组列的列标题将从明细表中删除。

⑤ 外观

着色：指定选定单元格的背景颜色。在"颜色"对话框中选择背景颜色。

边界：为选定的单元格范围指定线样式和边框。在"编辑边框"对话框中，选择线宽和单元格边框。

重置：用于删除与选定单元关联的所有格式。单元的条件格式将保持不变。

字体：修改选定单元格的字体属性。在"编辑字体"对话框中，可以选择字型、字号、样式和颜色。

⑥ 图元

在模型中高亮显示，用于在一个或多个项目视图中显示选定的图元。如果需要，显示选定图元的视图将自动打开。

（3）导出明细表

Revit 2020 中所有明细表都可以导出为外部的带分隔符的 txt 文件，可以用 Microsoft Excel 或记事本打开编辑。

1）在"明细表"视图中，单击左上角的"文件"选项卡，从应用程序菜单中选择"导出"→"报告"→"明细表"命令。系统默认设置导出文件名为"＊＊＊明细表 .txt"，如图 4.1.5-15 所示。

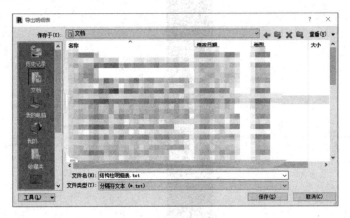

图 4.1.5-15　明细表导出

2）设置导出文件保存路径，单击"保存"打开"导出明细表"对话框，如图 4.1.5-16 所示。

图 4.1.5-16　明细表保存

3）根据需要设置导出明细表外观和输出选项，单击"确定"即可导出明细表。

4.2　施工图设计

4.2.1　尺寸标注与限制条件

1. 临时尺寸标注

（1）图元查询与定位

临时尺寸标注的图元查询与定位功能主要体现在以下几个方面：

1）当用"墙""门""窗""模型线""结构柱"等工具创建图元时，会出现关联左右相邻图元的蓝色临时尺寸，可以预捕捉某尺寸位置单击创建图元。绘制墙和线等，捕捉第2点时，还会出现蓝色临时尺寸，直接输入长度值即可创建图元。

2）选择一个图元：如图 4.2.1-1 所示，单击选择轴线左侧的结构柱，会出现关联相邻图元的蓝色临时尺寸，单击编辑尺寸，输入新的尺寸值或一个公式自动计算尺寸值后按"回车"键，即可移动到新的位置。

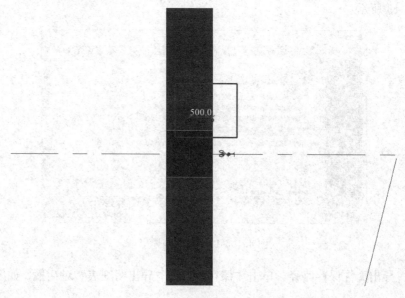

图 4.2.1-1　结构柱临时尺寸标注

3）选择多个图元：在平面视图中，按住 Ctrl 键单击选择结构柱和墙，单击功能区"激活尺寸标注"按钮，如图 4.2.1-2 所示，即可出现蓝色临时尺寸。单击编辑尺寸，输入新的尺寸值或一个公式自动计算尺寸值后按"回车"键，即可移动图元到新的位置。

4）临时尺寸标注参考墙时，循环单击尺寸界线上的蓝色实心正方形控制柄，可以

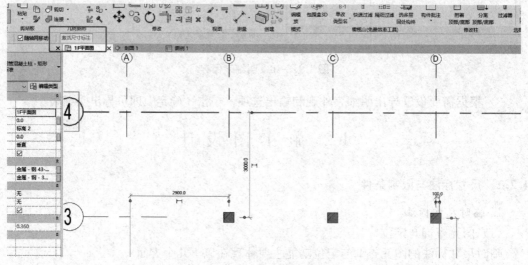

图 4.2.1-2　尺寸标注设置

184

在内外墙面和墙中心线之间切换临时尺寸界线参考位置，也可以在实心正方形控制柄上单击按住鼠标左键不放，并拖拽光标到轴线等其他位置上松开，捕捉新的尺寸界线参考位置。

（2）转换为永久尺寸标注

1）单击临时尺寸标注下面的尺寸标注符号⊢⊣，即可将临时尺寸标注转换为永久尺寸标注。

2）单击选择转换后的永久尺寸标注，即可编辑其尺寸界线位置、文字替换等（**提示：**由临时尺寸标注转换来的永久尺寸标注都是单个尺寸标注，后期编辑效率较低。虽然可以编辑其尺寸界线位置创建连续尺寸标注，但在某些情况下标注效率不高。因此建议使用永久尺寸标注来标注图元）。

2. 永久尺寸标注创建与编辑

（1）创建永久尺寸标注

在 Revit 功能区"注释"选项卡中共有 9 个永久尺寸标注工具，如图 4.2.1-3 所示。

图 4.2.1-3　尺寸标注选项卡

1）对齐尺寸标注

对齐尺寸标注工具可以标注两个或两个平行图元之间的距离，或者标注两个或两个以上点之间的距离尺寸。建筑设计中尺寸线、墙厚、图元位置等大部分尺寸标注都可以使用该工具快速完成。对齐尺寸标注有两种捕捉标注图元的方式：单个参照点和整个墙。

单个参照点：逐点捕捉标注。

在平面视图中，单击功能区"注释"选项卡的"对齐"工具，"放置尺寸标注"子选项卡如图 4.2.1-4 所示。选项栏默认的"拾取"方式为"单个参照点"。

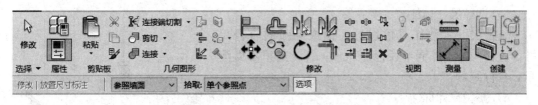

图 4.2.1-4　尺寸标注放置

第 1 道总尺寸：从"拾取"前面的下拉列表中选择"参照墙面"，移动光标到轴线外墙面上，单击捕捉墙面，再移动光标到另一侧轴线外墙面上，单击捕捉墙面，向上移动光标，出现总尺寸标注预览图形，在顶部轴网标头下方附近位置单击放置总尺寸标注。第 2 道开间尺寸：移动光标在顶部轴网标头下方依次单击捕捉所有轴线，然后移动光标到总尺寸下方附近位置时，系统自动捕捉到两道尺寸间距位置，单击放置第 2 道开间尺寸即可（**注意：**用"单个参照点"捕捉标注时，一定要充分应用 Tab 键来快速切换捕捉位置，以提高标注捕捉效率。例如标注墙厚度时，如选项栏设置"拾取"墙位置为"参照墙中心线"。当移动光标到墙面上时，系统可以自动捕捉到墙中心线，但捕捉不到墙面，此时按 Tab 键切换到墙面亮显时单击左键即可捕捉墙面，同理捕捉另一侧墙面及其他构造层面等，完成后单击左键放置尺寸标注即可)。

提示： 当放置尺寸标注后，每个尺寸值下方都会出现一把打开的锁形 🔓 标记符号。单击可锁定尺寸不变，此为限制条件。

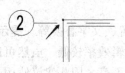

图 4.2.1-5　捕捉墙角点

2）线性尺寸标注

线性尺寸标注工具可以标注两个点之间（如墙或线的角点或端点）的水平或垂直距离，标注方法简要说明如下：移动光标到墙的左上角点上，按 Tab 键亮显该点时单击捕捉第二点，单击左键放置尺寸标注，如图 4.2.1-5 所示。

3）角度尺寸标注

角度尺寸标注工具可以标注两个或多个图元之间的角度值。单击功能区"注释"选项卡的"角度"工具，移动光标到拐角墙左侧墙中线位置，当墙中线亮显时，单击捕捉第一点。

移动光标到另一侧位置，单击即可放置角度尺寸标注，如图 4.2.1-6 所示。

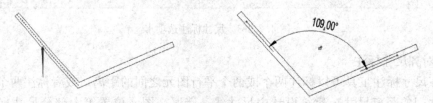

图 4.2.1-6　角度尺寸标注

4）半径尺寸标注

半径尺寸标注工具可以标注圆或圆弧的半径值。在平面视图中，建立弧形墙体。单击功能区"注释"选项卡的"径向"工具，移动光标到圆弧线亮显时，单击捕捉圆弧线。移动光标会出现半径尺寸标注预览图形，单击左键放置半径尺寸标注，如图 4.2.1-7 所示。

5）直径尺寸标注

直径尺寸标注工具可以标注圆或圆弧的直径尺寸。直径尺寸标注同半径标注原理一样，这里不做演示，自行练习。

6）弧长尺寸标注

弧长尺寸标注工具可以标注圆弧长度值。在平面视图中，单击功能区"注释"选项卡的"弧长"工具，移动光标到弧墙，当弧墙外边弧线亮显时，单击捕捉圆弧线。弧线捕捉完成后移动光标至弧墙一端，

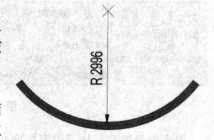

图 4.2.1-7　半径尺寸标注

系统会自动亮显边界，单击鼠标左键拾取。移动光标至另一侧，单击鼠标左键拾取边界。单击左键放置弧长尺寸标注，如图 4.2.1-8 所示。

7）高程点尺寸标注

高程点尺寸标注工具可以标注选定点的实际高程值。其可放置在平面、立面和三维视

图中。高程点通常用于获取坡道、公路、地形表面、楼梯平台、屋脊、室内楼板、室外地坪等的高程值。下面以墙为例标注高程点。单击功能区"注释"选项卡的"高程点"工具，从类型选择器中选择三角形（项目）高程点类型，选项栏取消勾选"引线"和"水平段"选项（勾选该选项标注时将先创建引线和水平段，然后才放置标注）。移动光标到墙顶部，单击捕捉墙顶，即可放置尺寸标注，如图 4.2.1-9 所示。

图 4.2.1-8　弧长尺寸标注

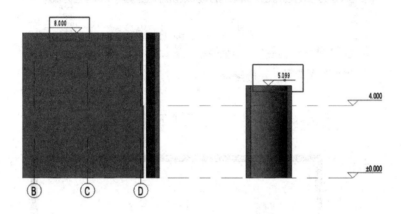

图 4.2.1-9　高程点尺寸标注

8）高程点坐标尺寸标注

高程点坐标尺寸标注工具可以标注选定点相对于"项目基点"的相对 X、Y 坐标值（可包含高程值）。高程点坐标尺寸标注通常用于获取建筑施工放线时关键点相对于项目基点的相对坐标。打开平面视图，单击"视图"选项卡"可见性/图形"工具，在"模型类别"中的"场地"节点下勾选"项目基点"，单击选择该符号，显示项目基点坐标，如图 4.2.1-10 所示。

开始项目设计前要事先设定项目基点的位置，例如选择①和Ⓐ轴线交点和此基点位置重合。取消勾选"项目基点"关闭项目基点。

① 单击功能区"注释"选项卡的"高程点坐标"工具，选项栏勾选"引线"和"水平段"选项。

② 移动光标到右上角外墙面交点处，显示该点的坐标预览图形后单击捕捉交点，向右上方移动光标出现引线时单击捕捉引线折点，再向右水平移动光标到合适位置单击放置高程点坐标，如图 4.2.1-11 所示。

9）高程点坡度尺寸标注

高程点坡度尺寸标注工具可以标注模型图元的面或边上的特定点处的坡度。可以在立面视图和剖面视图中放置高程点坡度。高程点坡度标注有箭头百分比和三角形两种显示方式。

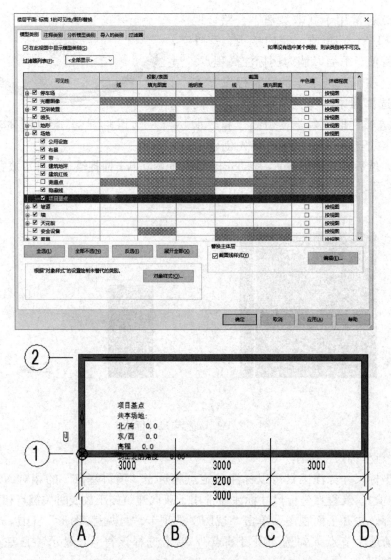

图 4.2.1-10　高程点坐标尺寸标注

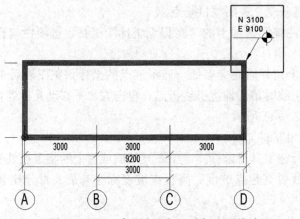

图 4.2.1-11　高程点坐标尺寸标注引线放置

① 箭头百分比：打开立面视图，缩放到右侧散水位置。单击功能区"注释"选项卡的"高程点坡度"工具，选择"箭头百分比"高程点坡度类型，选项栏设置"相对参照的偏移"为1.5mm。移动光标至坡道即可预览标注，单击放置即可，如图4.2.1-12所示。

② 三角形：打开南立面视图，单击功能区"注释"选项卡的"高程点坡度"工具。选择"三角形"高程点坡度类型，在选项栏设置"坡度表示"为"三角形"，"相对参照的偏移"为1.5mm。移动光标至坡道即可预览标注，单击放置即可，如图4.2.1-13所示。

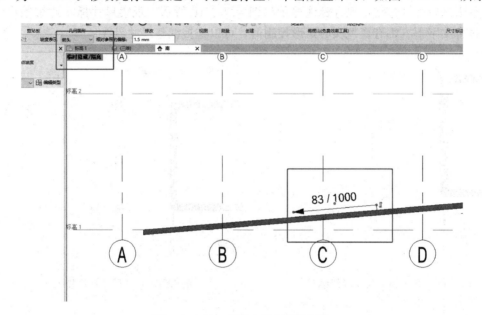

图4.2.1-12 高程点坡度箭头标注

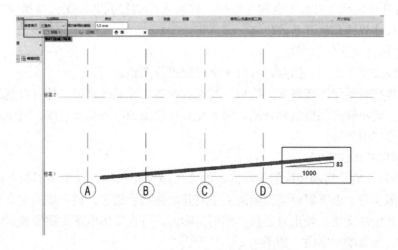

图4.2.1-13 高程点坡度三角形标注

（2）编辑永久尺寸标注

尺寸标注的编辑方法有5种，即编辑尺寸界线、鼠标控制、图元尺寸关联更新、编辑尺寸标注文字、尺寸标注文字位置调整。

1）编辑尺寸界线

该编辑方法仅适用于"对齐"和"线性"尺寸标注类型。

单击尺寸标注，在功能区右上方会出现编辑尺寸界线 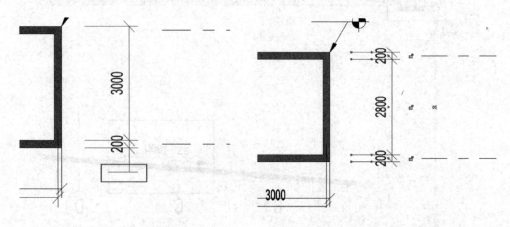，单击功能区"编辑尺寸界线"工具，会自动出现标注线跟随鼠标，如图 4.2.1-14 所示可对尺寸标注进行增加或删减。单击未标注处，可进行增加标注，单击已标注边界进行删减尺寸标注。

2）鼠标控制

单击选择尺寸标注，尺寸标注显示如图 4.2.1-15 所示。观察尺寸标注的每条尺寸界线、每个文字下方都有蓝色实心矩形控制柄，可以拖拽调整尺寸界线。

图 4.2.1-14　尺寸界线编辑　　　　　　　图 4.2.1-15　尺寸标注显示

① 单击并拖拽尺寸界线端点的控制柄，可以调整尺寸界线长度到合适位置。

② 单击并拖拽尺寸界线中点的控制柄，移动光标捕捉到其他图元参照位置后松开鼠标，即可将尺寸界线移动到新的位置。

3）尺寸标注文字位置调整

单击标注文字下方实心圆点，可对文字位置进行调整。

提示： 拖拽时尽量不要将文字拖拽出其左右两条尺寸界线范围之外，以达到图纸美观的要求。如空间不够必须拖拽到外侧，则系统会自动添加一条弧形引线，可根据需要在选项栏取消勾选"引线"。

4）编辑尺寸标注文字

Revit 的尺寸值是自动提取的实际值，单独选择尺寸标注，其文字不能直接编辑。但有时在尺寸值前后、上下需要增加辅助文字或其他前缀后缀等，或直接用文本替换。

单击尺寸标注文字，弹出对话框。使用实际值，可在实际值增加前缀或后缀，也可以在文字上方、下方增加字段，如图 4.2.1-16 所示。

选择"以文字替换"，可对尺寸标注进行替换，如图 4.2.1-17 所示。

5）图元尺寸关联更新

与临时尺寸一样，Revit 的永久尺寸标注和其标注的图元之间始终保持关联更新，可通过"先选择图元，然后编辑尺寸值"的方式精确定位。

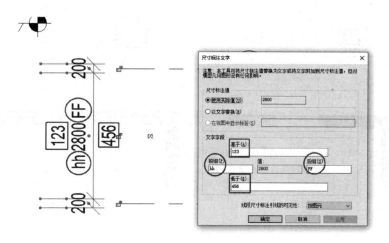

图 4.2.1-16　尺寸标注文字编辑

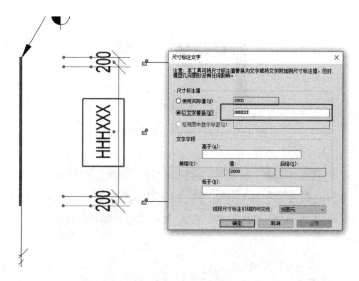

图 4.2.1-17　尺寸标注文字替换

　　打开平面视图，在墙体上放置门构件并进行标注，单击门构件，尺寸标注会变小，单击数值，可对数值进行更改，门构件同时跟随移动，如图 4.2.1-18 所示。

　　3. 尺寸标注样式

　　在创建尺寸标注时，所有尺寸标注的文字字体、字体大小、高宽比、文字背景、尺寸记号、尺寸界线样式、尺寸界线长度、尺寸界线延伸长度、尺寸线延伸长度、中心线符号及样式、尺寸标注颜色等设置可以在各种尺寸标注样式对话框中事先设置或随时设置，设置完成后，所有的尺寸标注将自动更新。

　　（1）与尺寸标注工具相对应，Revit 的尺寸标注样式有 7 种，如图 4.2.1-19 所示，其设置方法完全一样，下面以线性尺寸标注样式为例进行介绍。

　　在功能区单击"注释"选项卡"尺寸标注"面板的下拉三角箭头，选择"线性尺寸标注类型"命令，打开线性尺寸标注类型的"类型属性"对话框，如图 4.2.1-20 所示。

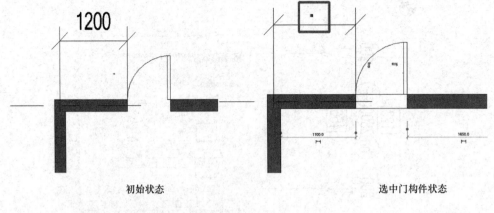

初始状态   选中门构件状态

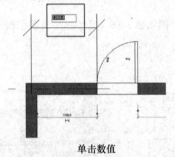

单击数值

图 4.2.1-18　图元尺寸关联更新

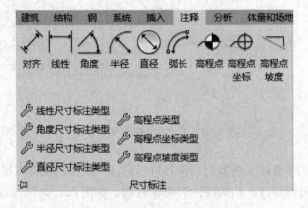

图 4.2.1-19　尺寸标注样式

（2）图形类参数设置

1）标注字符串类型：选择"连续"：如前面的第 2 道开间尺寸线，连续捕捉多个图元参照点后，单击放置多个端点到端点的连续尺寸标注。这是建筑设计默认的标注样式，剩余两种不适用于建筑设计，这里不再介绍（本书样板文件也采用该默认样式），如图 4.2.1-21 所示。

2）记号标记：选择尺寸标注两端尺寸界线和尺寸线交点位置的记号样式。默认选择常用的"建筑 2mm"标记样式（加粗显示 2mm 长的斜线记号）。

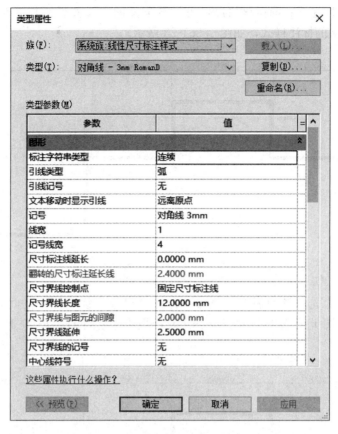

图 4.2.1-20　线性尺寸标注类型属性

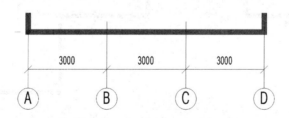

图 4.2.1-21　连续尺寸标注

3）线宽、记号线宽：设置尺寸标注线的线宽为 1 号线、记号标记的线宽为 5 号线。

4）尺寸标注线延长：设置尺寸标注两端尺寸线延伸超出尺寸界线的长度。建筑设计默认为 0mm。

5）翻转的尺寸标注延长线：仅当将"记号标记"类型参数设置为"箭头"类型时，才启用此参数。当标注空间不够，需要将箭头翻出尺寸界线之外时，用到此类型参数，如图 4.2.1-22 所示。

6）尺寸界线控制点：可从下拉列表中选择以下两种尺寸线样式。

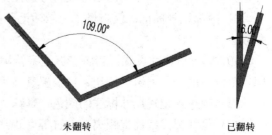

图 4.2.1-22　翻转的尺寸标注延长线

① 固定尺寸标注线：选择该值后，可设置下面的"尺寸界线长度"参数为固定值。这是建筑设计默认的标注样式，如图 4.2.1-23 所示。

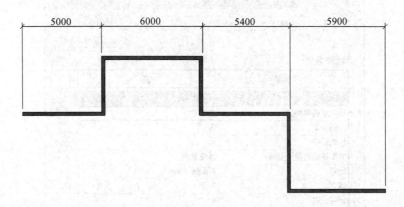

图 4.2.1-23　尺寸界线长度

② 图元间隙：选择该值后，可设置下面的"尺寸界线与图元的间隙"参数为固定值，无论标注的图元有多远，尺寸界线端点到图元之间的距离不变，如图 4.2.1-24 所示。

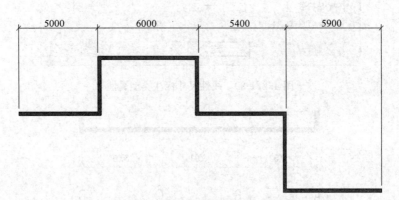

图 4.2.1-24　尺寸界线与图元的间隙

7) 尺寸界线延伸：设置尺寸界线延伸超出尺寸线的长度，默认为 2mm。

8) 中心线符号、中心线样式、中心线记号：设置尺寸界线参照族实例和墙的中心线时，在尺寸界线上方显示的中心线符号的图案、线型图案和末端记号。

9) 内部记号标记：仅当将"记号标记"类型参数设置为"箭头"类型时，才启用此参数。

10) 同基准尺寸设置：当将"标注字符串类型"参数设置为"纵坐标"时，该参数可用，单击后面的"编辑"按钮，可设置其文字、原点、尺寸线等样式。

11) 颜色：设置尺寸标注的颜色，默认为黑色。

12) 尺寸标注线捕捉距离：设置等间距线性尺寸标注之间的自动捕捉距离，如前面的尺寸线之间的自动捕捉距离。

（3）文字类参数设置

1）宽度系数：设置文字的高宽比。

2）下划线、斜体、粗体：勾选或取消该选项，设置字体样式。

3）文字大小、文字偏移、读取规则：设置标注文字的大小、文字相对尺寸线的偏移距离和读取规则。

4）文字字体、文字背景、单位格式：设置标注文字的字体、背景是否透明（是否能遮盖文字下方的线等图元）和单位格式（默认选择项目设置单位格式）。

5）其他标识数据类参数默认：设置完成后单击"确定"，则已有的同类型尺寸标注自动更新，后面新建的尺寸标注按新的样式显示。

6）创建新的尺寸标注类型：在"类型属性"对话框中单击"复制"，输入新的类型名称后"确定"。设置上述各项参数，单击"确定"后即可创建新的尺寸标注类型。单击"对齐"标注工具，从类型选择器中选择需要的尺寸标注类型，即可捕捉图元参照创建不同类型的尺寸标注。

（4）其他尺寸标注样式

对齐、线性、弧长度标注工具都使用"线性尺寸标注样式"。角度、半径、直径、高程点、高程点坐标、高程点坡度尺寸标注样式的设置方法完全一样，仅个别参数不同。

提示： 除特殊项目特殊要求外，建议在样板文件中事先设置上述尺寸标注样式参数，以便在所有项目中共享使用。本书提供的样板文件中已经设置好了所有的尺寸标注样式，可以直接打开该文件，根据需要重新设置并保存。

4. 限制条件的应用

如前所述，在创建尺寸标注时，每个尺寸值下都会出现锁形符号和不相等符号，此为限制条件。

（1）应用尺寸标注的限制条件

在放置永久性尺寸标注后，单击尺寸的锁形符号锁定尺寸标注，即可创建限制条件。

提示： 在视图中用"可见性图形"工具，在"注释类别"中取消勾选"限制条件"，单击"确定"后可以隐藏限制条件（蓝色虚线和锁形符号）。

（2）相等限制条件

相等限制条件可用于快速等间距定位图元，例如定位参照平面、门窗间距、内墙间距等。

1）单击选择上方的尺寸标注，单击尺寸标注上方的"不相等"符号，则中间的两面垂直墙自动调整位置，使其左右间距相等，如图 4.2.1-25 所示。所有相等的尺寸值变为文字"EQ"。

2）在"属性"选项板中设置"等分显示"参数为"值"，则所有相等的尺寸值变为文字 5750，如图 4.2.1-26 所示。

（3）删除限制条件

可使用以下三种方法取消、删除限制条件。

1）单击锁形符号解除锁定。

2）单击 EQ 符号变为"不相等"，单击符号 EQ，解除相等限制条件。

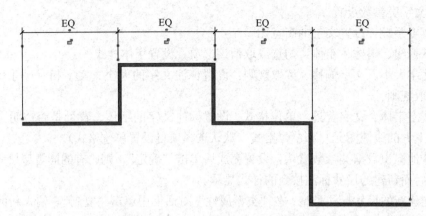

图 4.2.1-25　尺寸标注间距相等调整

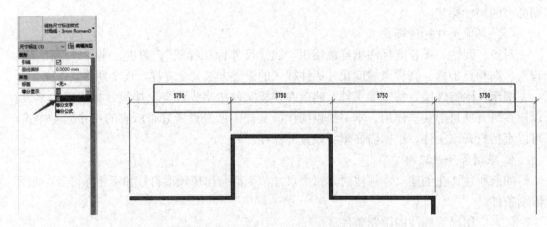

图 4.2.1-26　尺寸等分设置

3) 删除应用了限制条件的尺寸标注时，在弹出的提示对话框中按以下方法操作：

① 单击"确定"：只删除尺寸标注，保留了限制条件。限制条件可以独立于尺寸标注存在和编辑，删除尺寸标注后，选择约束的图元即可显示限制条件。

② 单击"取消约束"：同时删除尺寸标注和限制条件。

4.2.2　文字注释

1. 文字与文字样式

（1）创建文字

Revit 的文字和 AutoCAD 一样也分多行文字和单行文字，但命令只有一个，且可以互相转换。打开平面视图，在功能区单击"注释"选项卡"文字"面板的"![A文字]"工具，"修改│放置文字"子选项卡如图 4.2.2-1 所示。从类型选择器中选择"3.5mm 仿宋"字体类型。根据文字是否带引线和引线类型，Revit 有一个创建文字工具，在功能区"格式"面板中，其操作方式略有不同。

1) 无引线多行文字![A]：在图中单击按住鼠标左键并拖拽出矩形文本框后松开鼠标，

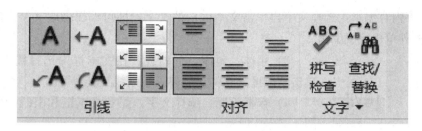

图 4.2.2-1　修改｜放置文字

在框中输入文字，完成后在文本框外单击即可。

2）一段引线多行文字↼A：在图中单击放置引线起点，移动光标至终点位置单击鼠标左键并按住鼠标，拖拽成矩形文本框后松开鼠标，在框中输入文字，完成后在文本框外单击即可。

3）两段引线多行文字⤢A：在图中单击放置引线起点，移动光标再次单击放置引线折点，移动光标到引线终点位置，单击按住鼠标左键并拖拽出矩形文本框后松开鼠标，在框中输入文字，完成后在文本框外单击即可。

4）曲引线多行文字⤸A：在图中单击放置曲引线起点，移动光标到曲引线终点位置，单击按住鼠标左键并拖拽出矩形文本框后松开鼠标，在框中输入文字，完成后在文本框外单击即可。

5）单行文字和多行文字的创建和编辑方法完全样，其唯一的区别在于创建时只需要在位置起点或在引线终点位置单击鼠标，然后输入文字即可。文本框的长度会随输入文字的长度而变化，文字不换行。

（2）编辑文字

单击选择刚创建的文字，"修改｜文字注释"子选项卡如图 4.2.2-2 所示。

图 4.2.2-2　修改｜文字注释

1）添加引线：选择文字后，单击功能区引线面板中的添加左直线引线[A±]工具，即可增加左引线，有四种方式[¦AA¦]可供选择。

2）删除引线：选择文字，在功能区单击"删除最后一条引线"[⤶A]工具。

3）引线位置：此功能仅对有多行的文字有效。选择文字，单击功能区的"左上引线""左中引线""左下引线""右上引线""右中引线""右下引线"工具，可以设置引线终点在文字的附着点。

（3）文字格式与内容编辑

1）对齐方式：选择文字，单击功能区的"左对齐""居中齐""右对齐"即可。

2）文字内容编辑：选择文字再单击文本框内的文字，即可编辑修改文字内容，完成后在文本框外单击完成编辑。

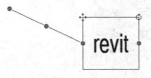

图 4.2.2-3 文本框及引线

3）粗体、斜体、下划线：在文本框内选择需要的文字，单击功能区的粗体、斜体、下划线工具即可。

4）鼠标控制：选择文字，显示文本框和引线控制柄，如图 4.2.2-3 所示。

鼠标拖拽控制柄实现以下编辑功能：

① 移动文本框：单击并拖拽左上角的移动符号，可移动文框，引线自动调整。

② 旋转文本框：单击并拖拽右上角的旋转符号，可旋转文本框。

③ 文本框宽度调整：单击并拖拽文本框内侧的实心圆控制柄即可，文字自动换行。

④ 引线调整：单击并拖拽引线的起点、折点、终点控制柄，可调整引线 3 个点的位置。

（4）拼写检查与查找/替换

1）拼写检查：通过该工具可检查已选定内容中或者当前视图或图纸中的文字注释的拼写。

2）查找/替换：通过该工具可查找需要的文字，并将其替换为新的文字。

（5）"属性"选项板与文字样式

1）类型选择器，选择文字，从"属性"选项板的类型选择器中选择"5mm 仿宋"等类型，可以快速创建其他字体。

2）实例属性参数：选择文字，在"属性"选项板可设置文字的引线附着和对齐方式等。

3）类型属性参数（文字样式）

① 选择文字，在"属性"选项板中单击"编辑类型"按钮，打开文字的"类型属性"对话框。或单击"注释"选项卡"文字"面板右侧的箭头，打开的文字"类型属性"对话框如图 4.2.2-4、图 4.2.2-5 所示。

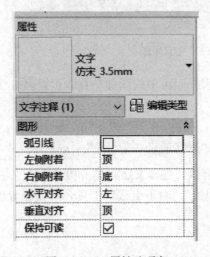

图 4.2.2-4 属性选项卡

图 4.2.2-5 类型属性

② 在对话框中可设置文字的"颜色""文字字体""文字大小""宽度系数""引线箭头""显示边框"等参数。"确定"后所有同类型的文字自动更新。

③ 新建文字样式：在对话框中单击"复制"，输入新的类型名称，设置上述参数，"确定"后只改变选择的文字类型。

提示： 与尺寸标注样式一样，建议在样板文件中事先设置好常用的文字样式，以便共享使用。

2. 标记创建与编辑

标记是在图纸中识别图元的专用注释，在平面视图设计需要创建门窗标记、房间标记和面积标记等。除此之外，墙、楼板、楼梯、结构构件等各种构件图元都可以根据需要创建标记。

（1）创建标记

标记的创建方法有自动标记和手动标记两大类。

1）自动标记：在使用门窗、房间、面积、梁等工具时，其对应的"修改｜放置门"等子选项卡中，在"标记"面板中都默认选择了"在放置时进行标记"工具，因此在创建这些图元时即可自动标记。

2）手动标记：对墙、楼板、材质等一般情况下不需要标记的图元，则需要用"按类别标记""全部标记""多类别"和"材质标记"等标记工具手动标记。

3）按类别标记：逐一标记

"按类别标记"工具用于逐一单击拾取图元创建图元特有的标记注释，例如门窗标记和房间标记等专有标记。在平面视图中，单击功能区"注释"选项卡"标记"面板的"按类别标记"工具，"修改｜标记"子选项卡如图 4.2.2-6 所示。

图 4.2.2-6　"修改｜标记"选项卡

4）选项栏设置

① 引线设置：可以勾选或取消勾选"引线"。

② 标记：单击"标记"按钮，打开"标记"对话框，可以为各种构件类别选择或载入需要的标记族，单击"确定"后系统将按选定的标记族样式标记图元。

（2）全部标记：批量标记

"全部标记"工具用于自动批量给某一类或某几类图元创建图元特有的标记注释，例如门窗标记、房间标记、梁标记等专有标记。

1）在平面视图中，单击功能区"注释"选项卡"标记"面板的"全部标记"工具，打开"标记所有未标记的对象"对话框，如图 4.2.2-7 所示。

2）标记设置

① 当前视图中的所有对象：系统默认选择，默认在当前视图中的所有对象中标记选

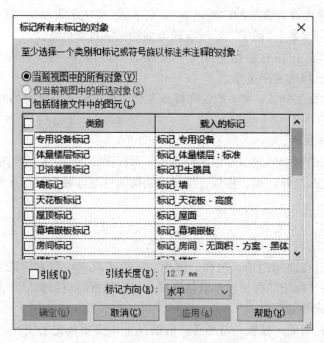

图 4.2.2-7 标记所有未标记的对象

择的图元标记族。

② 仅当前视图中的所选对象：如果事先选择了一些图元，则系统默认选择该选项，将在当面视图中所选择的对象中标记选择的图元标记族。可以切换选择"当前视图中的所有对象"。

③ 包括链接文件中的图元：勾选该选项，将同时标记链接的 Revit 文件中的图元。

④ 引线设置：勾选"创建"即可设置引线长度和方向。

3）按住 Ctrl 键单击选择"门标记"和"窗标记"类别，单击"确定"即可自动标记所有没有标记的门和窗。

（3）多类别标记：共性标记

如果需要标记构件的共享属性，例如给楼板、墙、屋顶、楼梯等构件标记类型名称，则可以使用"多类别"标记工具来快速创建，而不需要单独为不同的构件分别创建一个类型名称标记族。

1）打开视图，在功能区单击"注释"选项卡"标记"面板的"多类别"工具，类型选择器中选择了默认的标记类型。

2）在选项栏勾选"引线"，从后面的下拉列表中选择"自由端点"（如选择"附着端点"则需要先放置标记再调整引线）。

3）移动光标至顶部的女儿墙截面内，单击放置引线起点，向左上方移动光标，单击放置引线折点，再向左水平移动光标，单击放置标记"女儿墙"。同样方法单击标记平屋顶、墙、楼板和散水。

（4）材质标记

"材质标记"工具可以自动标记各种图元及其构造面层的材质名称，此功能对于详图中标记材质做法十分有用。

1) 打开视图,在功能区单击"注释"选项卡"标记"面板的"材质标记"工具,类型选择器中选择了默认的标记类型。

2) 选项栏勾选"引线",默认选择"自由端点"(不可设置)。

3) 移动光标,在墙结构层内单击放置引线起点,向上垂直移动光标,单击放置引线折点,选择位置再次单击鼠标放置材质标记"混凝土-现场浇筑混凝土"。

(5) 编辑标记

打开平面视图,选择"标记"的"修改标记"子选项卡。

1) 引线控制:自由断点与附着端点:标记引线的端点有两种形式,其功能特点如下:

① 自由端点:创建时手动捕捉引线起点、折点、终点位置,完成后自由拖拽其位置。

② 附着端点:创建时自动捕捉引线起点,放置标记后只能拖拽标记折点和标记位置,引线起点不能调整。选择标记后,可以在选项栏的两种端点类型之间切换,切换后需要拖拽调整引线和标记位置等。"删除/添加引线":选择标记后,在选项栏取消勾选或勾选"引线"即可删除/添加引线,完成后需要拖拽调整标记位置等。

2) 鼠标控制:单击并拖拽引线的起点、折点,可以调整引线形状,单击并拖拽标记下方的移动符号可以移动标记位置。

3) 标记主体更新:

拾取新主体:单击标记工具,再单击视图新的标记图元,则标记内容自动更新。对引线自由端点标记需要拖拽调整引线起点。

协调主体:此工具用于链接模型的标记注释图元的更新或删除。当外部链接模型文件发生变更时,以其为主体的标记图元可能需要更新或删除已经无用的孤立标记,则可以使用该工具删除无用的标记或拾取新主体更新标记。

4)"属性"选项板:选择标记工具后,从"属性"选项板的类型选择器中可选择其他标记类型,快速创建其他样式的图元标记。在"属性"选项板可设置标记的引线和方向。

(6) 类型属性参数(标记样式)

1) 选择标记,在"属性"选项板中单击"编辑类型"按钮。打开标记的"类型属性"对话框,可设置标记"引线箭头"样式为圆点或其他样式。

2) 新建标记样式:在对话框中单击"复制",输入新的类型名称,设置"引线箭头"参数,确定后只改变选择的标记类型。

(7) 载入标记

设计中遇到梁等没有载入的标记时,可以用以下方式载入使用。

1) 提示并载入:标记图元时,如果选择了没有标记族的图元,系统会自动弹出提示框询问是否为载入标记,单击"是"打开"载入族"对话框,定位到"注释"目录,汇总查找对应的标记族后,单击"打开"载入即可使用。

2)"标记"对话框载入:"按类到标记""多类别""材质标记"工具的选项栏中单击"标记"按钮,在"标记"对话框中单击"载入"。

3) 载入的标记:单击"注释"选项卡"标记"面板的下拉三角箭头,选择"载入的标记"命令，在"标记"对话框中单击"载入"。

4）载入族：单击"插入"选项栏中的"载入族"工具载入。

3. 图例视图与图例构件

施工图设计中还有一个非常重要的内容：门窗等构件图例视图。Revit 提供了专用的"图例视图"和"图例构件"工具，可以自动快速创建需要的构件图例视图。下面以门窗样式图例为例详细讲解"图例"和"图例构件"工具的使用方法。

（1）图例视图

1）在功能区单击"视图"选项卡"创建"面板的"图例"工具，从下拉菜单中选择"图例"命令，打开"新图例视图"对话框。

2）输入视图"名称"为门窗图例，"比例"为1：50，单击"确定"即可在项目浏览器中创建新的节点"图例"和空白的"门窗图例"视图。

提示：图例视图是专用视图类型。在项目浏览器中它和明细表视图、图纸、视图、族、组等属于同一级别。因此尽管从外观看和上一章的绘图视图相似，但却有根本区别：绘图视图属于详图范围，可以作为参照详图使用，而图例视图不能作为参照详图使用，图例构件只能在图例视图中创建。

（2）图例构件

有了图例视图，即可自动创建图例构件，并标注图例尺寸、标记类型名称、添加文字注释等后即可完成构件图例设计。

1）创建图例构件：在功能区单击"注释"选项卡"详图"面板的"构件"工具下拉三角箭头，从下拉菜单中选择"图例构件"命令，选项栏如图 4.2.2-8 所示。

图 4.2.2-8　图例构件

2）选项栏设置：从"族"下拉列表中选择需要的类型，如图 4.2.2-9 所示。

3）选择类型单击鼠标即可放置。

（3）编辑图例构件

1）选项栏编辑：单击选择图例构件，可以同创建图例构件时一样从选项栏中选择图例"族"和"视图"方向，图例自动更新。

2）"属性"选项板：单击选择图例构件，在"属性"选项板中可以设置"视图""主体长度""详细长度""构件类型"（族类型）参数，图例自动更新。

3）尺寸与文字等：用尺寸标注和文字工具，标注图例尺寸和门窗类型名称（图例的门窗标记不能自动创建）。

4）详图图元：可以使用前文的详图线、区域、构件、详图组、隔热层等详图工具在图例视图中补充图例构件的设计细节内容。

（4）自定义详图构件

在"详图设计工具"中讲到了详图构件和重复详图构件的应用，在"详图构件"库中

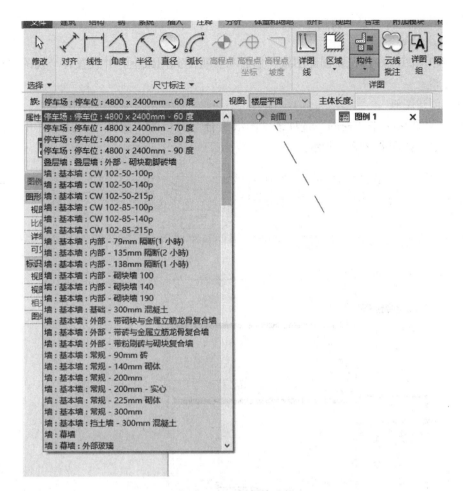

图 4.2.2-9 图例族选择

自带了大量的详图构件图库可供载入使用。为提高设计效率，可以使用过去积累的 DWG 详图图库中的详图资源，保存为 Revit 的详图构件族。下面简要说明详图构件的自定义方法。

1）单击左上角应用程序菜单"新建"→"族"命令，选择"公制详图构件"为模板，单击"打开"进入族编辑器。

2）以参照平面交点为中心，使用功能区"常用"选项卡的"直线""填充区域""文字"等命令绘制二维详图线、填充图案、文字等图元。

3）可以使用"详图构件""符号"工具从外部载入其他详图构件族、符号族等，插入到图中创建嵌套族。

4）和三维构件族一样，可以在"族类型"对话框中新建长度、宽度等参数来控制详图尺寸。

4.2.3 布图与打印

有了前面的各种平面、立面、剖面、详图等视图以及明细表、图例等各种设计成果，即可创建图纸，将上述成果布置并打印展示给各方，同时自动创建图纸清单，保存全套的项目设计资料。

1. 创建图纸与布图

在打印出图前，首先要创建图纸，然后布置视图到图纸上，并设置各个视图的视图标题等再打印。

（1）创建图纸

1）在功能区单击"视图"选项卡"图纸组合"面板的"图纸"工具，打开"新建图纸"对话框，如图 4.2.3-1 所示。

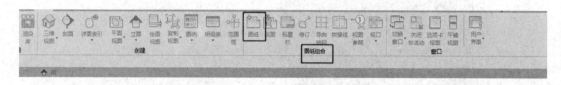

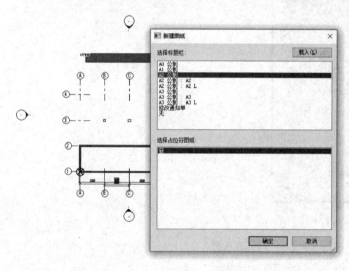

图 4.2.3-1　新建图纸

2）从"选择标题栏"列表中选择"A0 公制"，单击"确定"即可创建 A0 图幅的空白图纸，在项目浏览器中"图纸（全部）"节点下显示为"J101-未命名"。

提示：单击"载入"按钮，可以定位到库中选择其他图幅的标题栏。

3）图纸设置：使用以下方法可设置相关图纸和项目信息参数。

① 单击选择图框，再单击标题栏中的公用参数"项目名称""客户姓名""项目编号"的值，即可直接输入新的项目信息。

② 单击标题栏中的"未命名"输入"平面图"，项目浏览器中图纸名称变为"J101-平面图"，单击"绘图员"后的"作者"标签可输入人名，单击"审图员"后的"审图员"标签输入人名。

③ 在图纸视图的"属性"选项板中可以设置"设计者""审核者""图纸编号""图纸名称""绘图员"等参数。

提示：如果删除了标题栏，可以单击功能区的"标题栏"工具，从类型选择器中选择"A0 公制"或其他标题栏，移动光标在视图中单击即可重新放置标题栏。

（2）导向轴网

1）导向轴网

在布置视图前，为了图面美观，可以先创建"导向轴网"显示视图定位网格，在布置视图后打印前关闭其显示即可。在"J101平面图"图纸中，单击功能区"视图"选项卡"图纸组合"面板的"导向轴网"工具，打开"导向轴网名称"对话框。输入"名称"为"默认"，单击"确定"即可显示视图定位网格覆盖整个图纸标题栏，如图4.2.3-2所示。

2）编辑导向轴网

① 单击选择导向轴网，在"属性"选项板可对导向间距以及名称进行修改。

② 拖拽导向轴网边界的 4 个控制柄可以调整导向轴网范围大小。

（3）布置视图

在图纸中布置视图有两种方法："视图"工具和项目浏览器拖拽。两种方法适用于所有的视图，下面用不同类型的视图为例详细讲解视图的布置和设置方法。

1）布置平面、立面、剖面视图

① 在"A04平面图"图纸中，单击功能区"视图"选项卡"图纸组合"面板的"视图"工具，打开"视图"对话框，列出了当前项目中所有的平面、立面、剖面、三维、详图、明细表等各种视图，如图4.2.3-3所示。

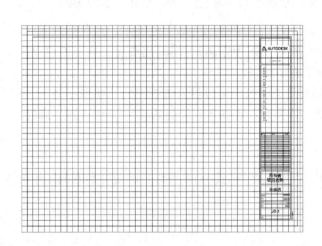

图 4.2.3-2 导向轴网　　　　　　　　　　　　图 4.2.3-3 视图

② 在"视图"对话框中选择"楼屋平面"视图。单击"在图中添加视图"按钮，移动光标出现一个视图预览边界框，单击即可在图纸中放置"楼层平面"视图。

③ 单击选择"楼层平面"视图，在功能区单击"移动"工具，选择视图中Ⓐ和①号轴线交点为参考点，再捕捉一个导向轴网网格交点为目标点定位视图位置。

④ 取消选择视图，移动光标到视图标题上，当标题亮显时单击选择视图标题（不是选择视图），用"移动"工具或拖拽视图标题到视图下方中间位置后松开鼠标即可。

⑤ 单击"可见性/图形"工具，在"注释类别"中取消勾选"导向轴网"类别，单击

"确定"后完成"A101平面图"图纸布置。

2）布置详图视图

详图视图的布置和设置方法与平面、立面、剖面等视图一样，不同之处在于，当把视图布置到图纸上以后，所有的详图索引标号都可以自动记录图纸编号和视图编号，方便视图的管理。下面以详图视图为例简要讲解"项目浏览器拖拽"的布图方法。

3）布置明细表视图

明细表视图的布置方法同前述视图，布置后可以根据布图需要调整表格的列宽、拆分或合并表格等。采用同样方法在图纸中布置"房间明细表""窗明细表""门明细表""视图列表""首层家具明细表"明细表视图。

（4）编辑图纸中的视图

前文在图纸中布置好的各种视图，与项目浏览器中原始视图之间依然保持双向关联修改关系，可以使用以下方法编辑各种模型和详图图元。

1）关联修改：从项目浏览器中打开原始视图，在视图中做的任何修改都将自动更新图纸中的视图。如重新设置了视图"属性"中的比例参数，则图纸中的视图裁剪框大小将自动调整，而且所有的尺寸标注、文字注释等的文字大小都将自动调整为标准打印大小，但视图标题的位置可能需要重新调整。

2）在图纸中编辑图元

① 单击选择图纸中的视图，再选择"修改视口"子选项卡。单击"激活视图"工具或从右键菜单中选择"激活视图"命令，则其他视图全部灰色显示，当前视图激活，可选择视图中的图元编辑修改（等同于在原始视图中编辑）。编辑完成后，从右键菜单中选择"取消激活视图"命令即可恢复图纸视图状态。

② 单击选择图纸中的视图，在"属性"选项板中可以设置该视图的"视图比例""详细程度""视图名称""在图纸上的标题"等参数，等同于在原始视图中设置视图"属性"参数。

（5）图纸清单

"图纸列表"工具（"视图"选项卡"明细表"工具下），可以自动统计所有的图纸清单，如图4.2.3-4所示。

2. 打印

完成布图后，即可直接打印出图。

（1）打开"A101平面图"图纸，单击左上角应用程序菜单"打印"命令，打开"打印"对话框，如图4.2.3-5所示。

（2）打印设置：在对话框中设置以下选项。

1）打印机：从顶部的打印机"名称"下拉列表中选择需要的打印机，自动提取打印机的"状态""类型""位置"等信息。

2）打印到文件：如勾选该选项，则下面的"文件"栏中的"名称"栏将激活，单击"浏览"打开"浏览文件夹"对话框，可设置保存打印文件的路径和名称，以及打印文件类型，可选择"打印文件（*.plt）"或"打印机文件（*.prn）"。确定后将把图纸打印到文件中再另行批量打印。

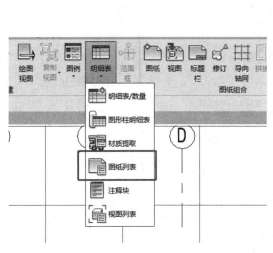

图 4.2.3-4　图纸列表　　　　　　　　图 4.2.3-5　打印

3）打印范围：默认选择"当前窗口"则打印当前窗口中所有的图元；选择"当前窗口可见部分"则仅打印当前窗口中能看到的图元，缩放到窗口外的图元不打印；可选择"所选视图/图纸"，然后单击下面的"选择"按钮，打开"视图/图纸集"对话框中批量勾选要打印的图纸或视图（此功能可用于批量出图），如图 4.2.3-6 所示。

4）打印设置：单击"设置"按钮，打开"打印设置"对话框，如图 4.2.3-7 设置以下打印选项。

打印机：打印机"名称"为"默认"，提取前面的设置。

纸张：从"尺寸"下拉列表中选择需要的纸张尺寸，纸张"来源"为"默认纸盒"即可。

页面位置：选择"中心"将居中打印或选择"从角部偏移"，设置其值为"用户定义"，然后设置下面的"＝x""＝y"的打印偏移值。

缩放：选择"匹配页面"则可以根据纸张大小自动缩放图形打印；选择"缩放"则可以设置后面的缩放比例。

方向：根据需要选择打印方向为"纵向"或"横向"。

隐藏线视图：设置"删除线的方式"为"矢量处理"或"光栅处理"。该选项也可在立面、剖面和三维视图中设置隐藏线视图的打印性能。

外观：设置光栅图像的打印"质量"（高、中等、低、演示）和"颜色"（彩色、灰度、黑白线条）。

选项：默认用黑色打印链接视图，勾选"用蓝色表示视图链接"可以用蓝色打印，勾选"隐藏参照/工作平面""隐藏范围框""隐藏裁剪边界"将不打印参照平面、工作平面、

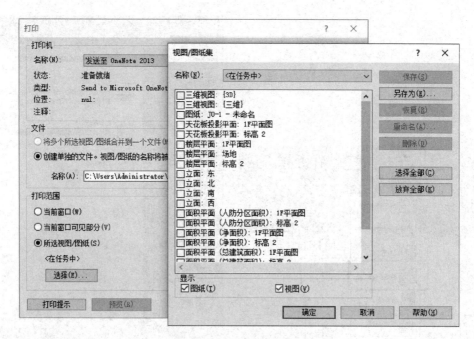

图 4.2.3-6　视图/图纸集

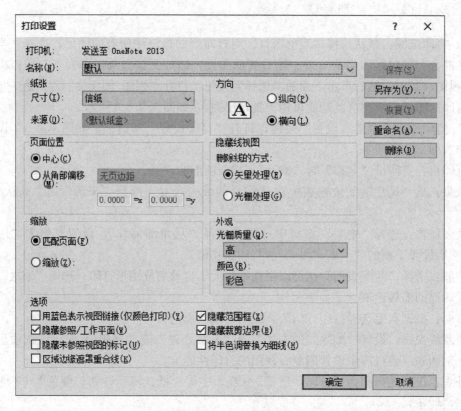

图 4.2.3-7　打印设置

范围框、视图裁剪边界图元，即使这些图元在视图中可见；如果视图没有放到图纸上，则在视图中剖面、立面和详图索引的标记符号将为空，打印时可勾选"隐藏未参照视图的标记"，则不会打印这些没有参照视图的标记；对视图中以"半色调"显示的图元，可勾选"将半色调图形替换为细线"选项用细线打印半色调图元。

保存设置：单击"保存"可保存当前打印设置；单击"另存为"可把设置保存为新的名称，以备后续打印选择使用；单击"恢复"将设置恢复到其最初保存的状态；单击"重命名"和"删除"可重命名或删除打印设置。设置完成后单击"确定"返回"打印"对话框。

提示：可以用左上角"R"图标下方的应用程序菜单"打印""打印设置"命令，在"打印设置"对话框中事先设置常用的打印选项名称，并设置上述参数，保存在样板文件中。

（3）打印预览：单击"预览"按钮，可预览打印后的结果，如有问题重新设置上述选项。

（4）设置完成后，单击"确定"即可发送数据到打印机打印或打印到指定格式的文件中。

提示：除在图纸中打印外，也可在任意视图中设置打印的范围和比例后打印局部或全部视图。上述设置方法和其他设计软件的打印设置大同小异，请自行体会。

4.3 BIM 输 出 成 果

4.3.1 渲染

使用 Revit 渲染器渲染三维视图的过程如下：

1. 使用相机功能，转到需要展示的平面视图的位置，放置相机，相机功能路径为："视图"→"创建"→"三维视图"→"相机"，如图 4.3.1-1 所示。

2. 打开渲染，点击"视图"→"图形"→"渲染"，进行渲染器的选择，如图 4.3.1-2 所示。

3. 根据个人的电脑配置与需求，选择渲染的质量，质量越高，对电脑的要求越高，渲染的时间越长，如图 4.3.1-3 所示。

4. 根据模型的情况，进行光源的选择，其中选择人造光需要在模型中已经放置照明设备，如图 4.3.1-4 所示。

5. 开始渲染，如图 4.3.1-5 所示。

4.3.2 漫游

施工动画可以反映施工过程或展示施工后的效果，对于辅助施工有着重要的作用。通过 Revit 创建初步的漫游动画，一方面可以检查核实模型的准确性，另一方面可以模拟施工过程或复杂节点的施工工艺。

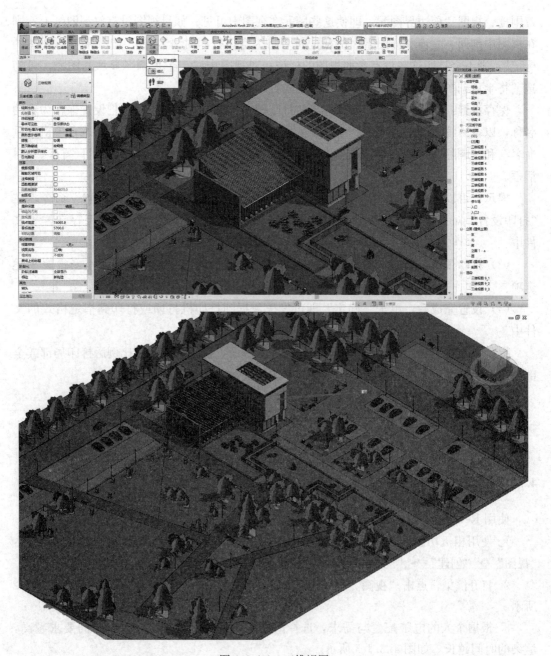

图 4.3.1-1 三维视图

1. Revit 施工动画制作思路分析

施工动画可以通过一张图片一张图片连贯播放而成，每一张图片可以称为一个"关键帧"，所以制作施工动画时是通过添加关键帧进行创建的。"关键帧"可以通过放置相机进行拍摄，还可以通过放置漫游路径自动生成"关键帧"。

2. 漫游动画制作步骤

（1）在平面视图中的快速访问工具栏找到小房子，在下拉列表中找到"漫游"工具，点击进入编辑页面，如图 4.3.2-1 所示。

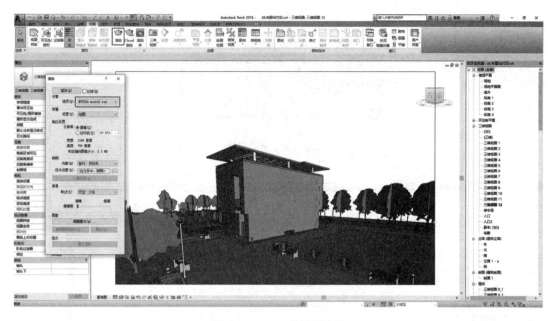

图 4.3.1-2　三维视图渲染

图 4.3.1-3　渲染属性

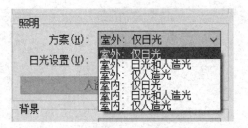

图 4.3.1-4 照明属性

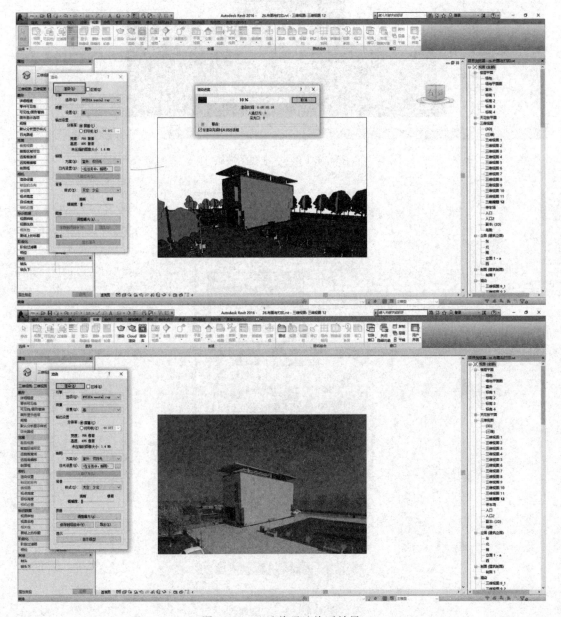

图 4.3.1-5 渲染及渲染后效果

（2）绘制漫游路径，选择合适的路径进行绘制，完成后点击"完成漫游"，如图4.3.2-2所示。

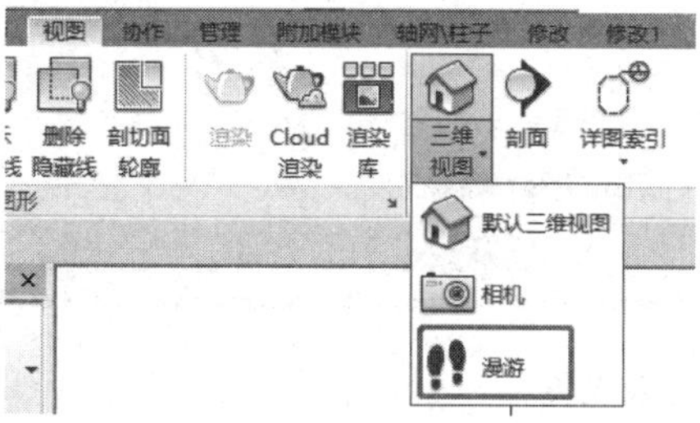

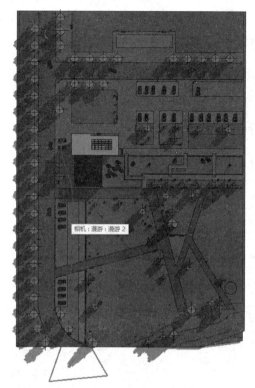

图4.3.2-1　漫游

图4.3.2-2　绘制漫游路径

1）编辑漫游，此时可以调整每一个关键帧的位置、视角，点击"打开漫游"，调整具体的视角高度和宽度及显示样式（把关键帧调整到第一个关键帧），如图4.3.2-3所示。

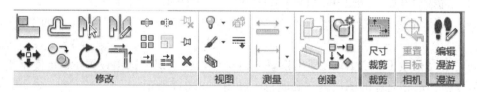

图4.3.2-3　编辑漫游

2）播放视频，点击"播放"即可观看制作成功的漫游动画，如图4.3.2-4所示。

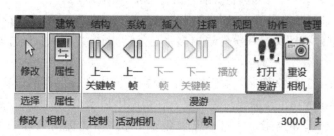

图4.3.2-4　打开漫游

213

3）导出动画，视频制作完成后可以导出保存。在菜单栏中找到"导出"命令然后在下拉菜单中找到"图像和动画"。导出设置包括格式、输出长度等，如图 4.3.2-5 所示。导出文件支持格式有：avi、jpg、tif、bmp、gif、png 等。

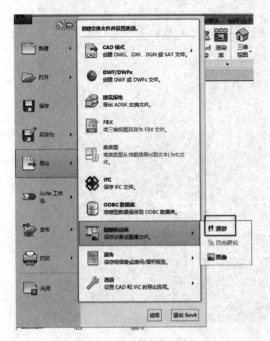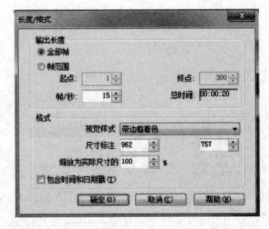

图 4.3.2-5　导出漫游及设置

4.3.3　导出与发布

1. Revit 导出 CAD

（1）选择"开始→导出→CAD 格式→DWG"，如图 4.3.3-1 所示。

（2）在出现的"DWG 导出"窗口中，单击"选择导出设置"按钮，如图 4.3.3-2 所示。

（3）在"修改 DWG/DWF 导出设置"窗口中，在"层"选项设置 Revit 模型类别导出 DWG 格式后相对应的图层名字和颜色，如图 4.3.3-3 所示。

（4）在"常规"页面中，取消勾选"将图纸上的视图和链接作为外部参照导出"选项，并设置好要保存的 DWG 版本（建议 DWG 文件版本设为较低版本）。设置好后可以将设置保存在左边列表中，供以后选用，如图 4.3.3-4 所示。

（5）确定后，返回"DWG 导出"窗口，在右侧"导出"栏可以选择要导出的视图或者图纸，也可以创建视图集，一次性导出多张，然后点击"下一步"选项，如图 4.3.3-5 所示。

（6）在"保存到目标文件夹"对话框中，设置好导出文件保存的位置和文件名，点击"确定"，文件就导出成功了。需要注意的是，在视图中显示出来的模型、链接的 Revit、链接的 CAD 等都会一起导出来，如果不想全部导出来，需要提前处理一下，如图 4.3.3-6 所示。

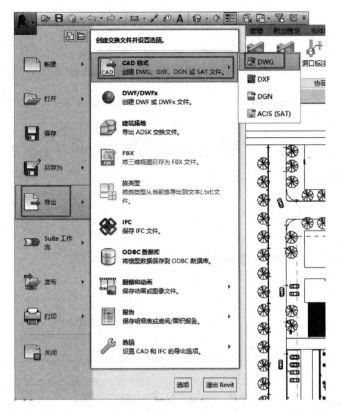

图 4.3.3-1　导出 CAD

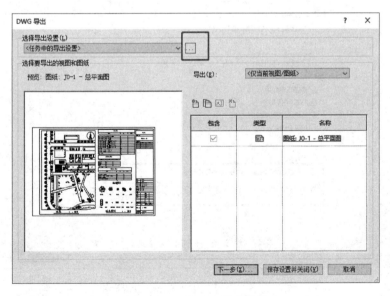

图 4.3.3-2　DWG 导出设置

图 4.3.3-3　DWG/DWF 导出层设置

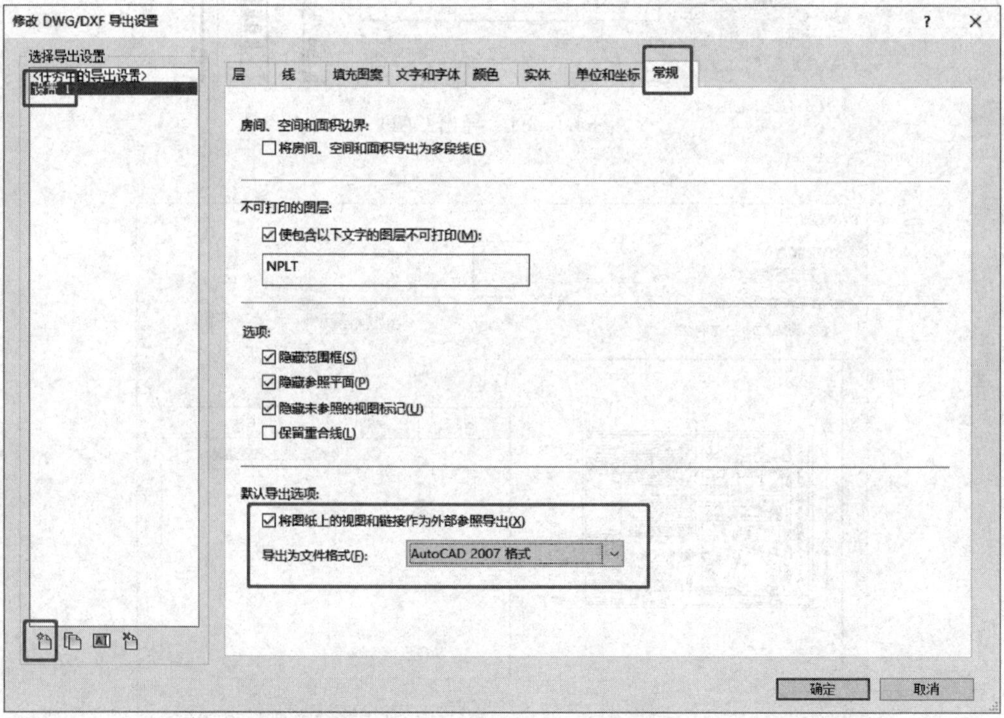

图 4.3.3-4　DWG/DWF 导出常规设置

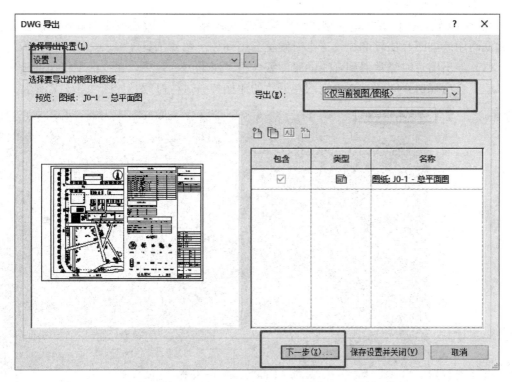

图 4.3.3-5 DWG 导出设置

图 4.3.3-6 导出 CAD 格式设置

2. Revit 导出图片

在 Revit 软件中做好机电模型以后如果需要用模型图片来做各种文档资料，用截图像素太低而用渲染图片比较麻烦，这个时候就会用到导出图片工具。

（1）导出图片时经常遇到管线的轮廓线太粗，影响图片效果，在视图中将比例设置为 1：1就不会出现这个问题，点击视图左下角的比例按钮进行修改，如图 4.3.3-7 所示。

图 4.3.3-7　导出图片比例设置

（2）点击"导出"→"图像和动画"→"图像"，如图 4.3.3-8 所示。

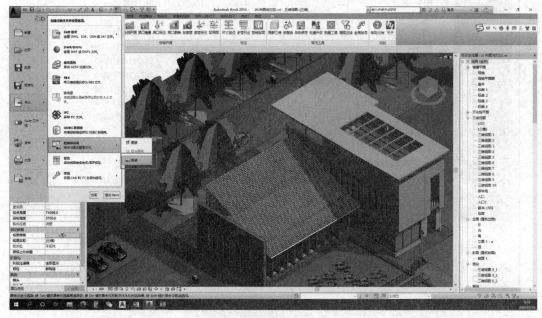

图 4.3.3-8　导出图像

（3）在弹出的"图像"对话框中按需求设置好各种参数，点击确定即可导出图片。这里需要注意的是"导出范围"中，"当前视口"指的是本张视图里的所有模型，而"当前视口可见部分"是指在目前绘图区域可见的部分，如图 4.3.3-9 所示。

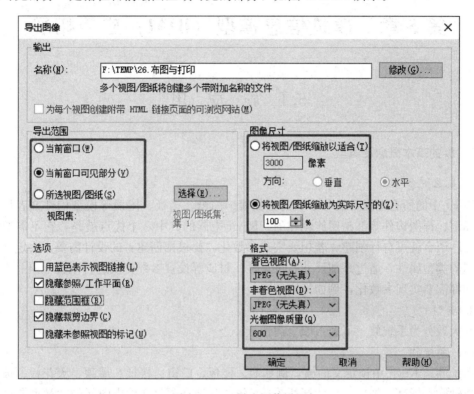

图 4.3.3-9　导出图像设置

第 5 章　建筑信息模型（BIM）应用拓展

5.1　族　应　用

5.1.1　族的基本概念及类型

1. 基本概念

Revit 中的所有图元都是基于族的，如墙、门窗、楼板、屋顶等模型构件或者详图索引、标记、详图构件等都是用族创建的。Revit 中族的其中一个优点就是，它不需要学习复杂程序语言就可自行创建。若想要实现参数化，要根据创建者的设计需要，去定义每个族不同的类型属性，通过添加尺寸、可见性、材质等设置参数变量进行调整。但并不是所有的族都需要实现参数化，例如标记族。

2. 类型

族大致分为系统族、可载入族、内建族。

（1）系统族

系统族是 Revit 中预定义的族，例如墙、楼板、门窗、楼梯、屋顶、天花板、坡道等构件或轴网、标高、视口、尺寸标注等。系统族只能在项目文件中图元的"类型属性"进行复制，不能从外部载入，也不能创建系统族。

如果在 Revit 中的族库没有找到需要的族，则可以自己创建，创建完成后载入项目中。同时可载入族可以互相嵌套，从而实现更加复杂的参数化可载入族。可载入族的参数化程度非常高，可以提高设计资源的重复利用率。

（2）内建族

内建族是项目中独特的模型构件，只能在当前项目中创建内建族。创建内建族时，可以选择类别，同时使用的类别将决定构件在项目中的外观和可见性显示控制。

【例 5-1】集水坑处理步骤

1）创建内建模型族及选择族类型，集水坑属于结构基础，所以在族类别中应选择结构基础，设置族类别是方便在"可见性"中对其进行控制，如图 5.1.1-1 所示。

2）设置操作平面→用形状面板创建想要的形状（思路：可以先画一个体块再用空心命令进行扣除），如图 5.1.1-2 所示。

3）选中拉伸的体块→调节"拉伸起点"和"拉伸终点"→在几何图形面板中用"剪切"命令剪切体块，如图 5.1.1-3 所示。

4）选中物体，在属性栏中添加材质，如图 5.1.1-4 所示。

（3）可载入族

可载入族是用于创建系统族以外的通用建筑构件和一些注释图元族，如门窗及门窗标

图 5.1.1-1　内建模型及族类型/参数

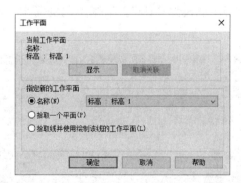

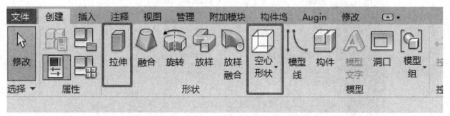

图 5.1.1-2　工作平面及形状创建

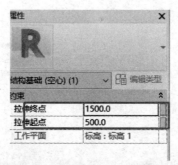

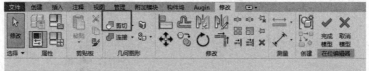

图 5.1.1-3　拉伸及剪切

图 5.1.1-4　在属性中添加材质

记都属于可载入族，载入族在格式为"rfa"。根据不同的需求及种类插入不同种类的族，如图 5.1.1-5 所示。

图 5.1.1-5　载入族

5.1.2 自定义可载入构建族

除了自带的族库之外，Revit 软件也根据不同构件类别预定义了很多不同的族样板文件，以供设计者自行创建使用。族文件中预置了不同的参照平面、属性参数，可以快速创建不同的可载入族。

1. 族样板分类

样板文件大致分为四大类，如图 5.1.2-1 所示。

（1）标题栏：用于创建图纸图框的自定义标题栏族。

（2）概念体量：用于创建体量的族。

（3）注释：用于创建门窗标记、详图索引等注释图元族。

（4）构件：用于创建各种模型构件。构件族又分为常规样板族和基于主体的样板族。

带有"公制"字样的常规族样板文件都是没有主体的构件族样板文件，如公制窗、公制门。基于主体的样板族文件都可以放置到对应的主体构件上，如基于墙、基于楼板、基于面、基于线等。

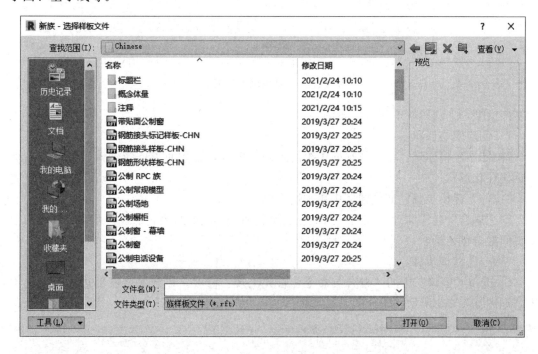

图 5.1.2-1 选择样板族

2. 新建族文件

不同构件族的样板文件有所不同，但都需要使用不同的建模方法去创建三维模型，这是自定义可载入构件族的创建思维。

【例 5-2】以"公制常规模型 .rft"为例，简述族文件的构成。

（1）选择"公制常规模型 .rft"族样板，出现族编辑器常用选项卡，如图 5.1.2-2 所示。

（2）选项卡形状分为实心形状和空心形状。实心形状创建实体模型，空心形状用于剪

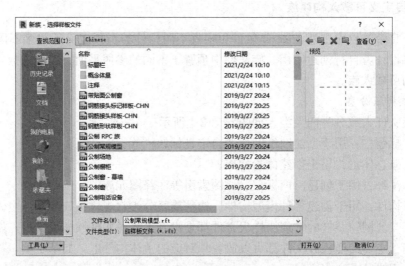

图 5.1.2-2　族编辑器选项卡

切实体模型，如内建族中集水坑案例。

1）创建实心形状。

"拉伸"建模原理：在工作平面中绘制封闭轮廓线，在垂直方向拉伸该轮廓一定高度后创建柱状形状。

"拉伸"建模步骤：如内建族中集水坑案例。

2）"融合"建模原理：在两个面上分别绘制两个不同的封闭轮廓线，系统自动在两个边界间融合创建形状。

"融合"建模步骤：

① 选择"创建"中的"融合"命令，首先出现"修改｜创建融合底部边界"子选项卡，如图 5.1.2-3 所示。

图 5.1.2-3　修改｜创建融合底部边界

② 绘制封闭轮廓线（如矩形）→点击"编辑顶部"进行物体顶部绘制（如菱形）→点击完成，如图 5.1.2-4 所示。

"融合"建模编辑：选中物体，"属性"选项板可调节底部与顶部之间的拉伸距离，可见性及材质，如图 5.1.2-5 所示。

224

底部轮廓 顶部轮廓

图 5.1.2-4 封闭轮廓线绘制

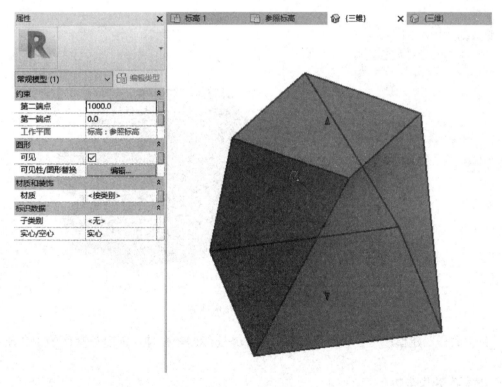

图 5.1.2-5 融合

3) "旋转"建模原理：将封闭轮廓线围绕轴旋转某个角度（0°～360°）创建旋转形状。

"旋转"建模步骤：创建轮廓→创建旋转轴线，如图 5.1.2-6 所示。

"融合"编辑：选中物体，"属性"选项板可调节旋转角度、可见性及材质，如图 5.1.2-7 所示。

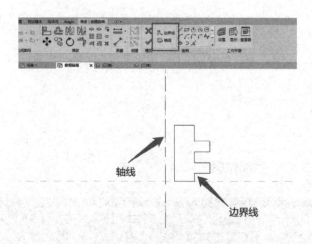

图 5.1.2-6　创建旋转轴线

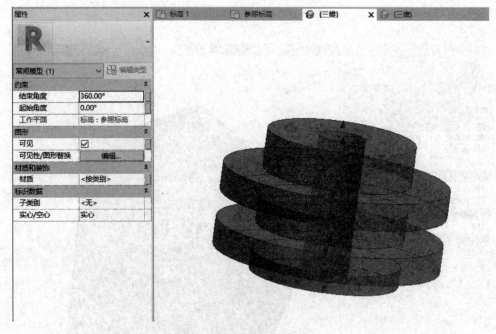

图 5.1.2-7　旋转角度调节

4）"放样"建模原理：将封闭轮廓线沿一条连续路径拉伸，创建等截面的带状放样形状。

"放样"建模步骤：

① 创建路径。路径分为手动绘制和在物体上拾取路径，如图 5.1.2-8 所示。

图 5.1.2-8　创建路径

226

② 编辑轮廓。轮廓可以自行绘制，也可以载入轮廓族中的轮廓，如图 5.1.2-9 所示。

图 5.1.2-9　编辑轮廓

放样：选中物体，通过"属性"选项板调节可见性及材质可重新绘制路径及轮廓，如图 5.1.2-10 所示。

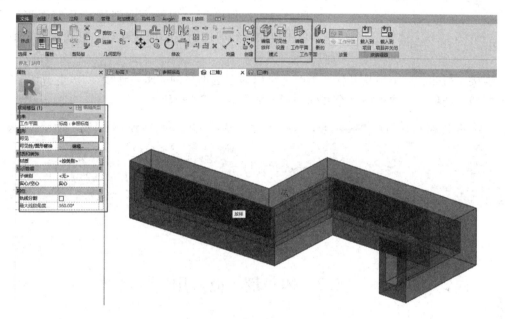

图 5.1.2-10　放样编辑

5) "放样融合"建模原理：在放样基础上，可以实现变截面的带状形状。

"放样融合"建模步骤：创建两个首尾不同的封闭轮廓线，截面沿放样路径融合而成。

空心形状必须和形状配合使用，不能只创建空心形状的族文件。空心形状的创建和编辑方法与实心形状相同。

3. 连接和剪切几何图形

当一个几何图形比较复杂时，用上述某一种创建方法可能无法一次创建完成，需要使用几个实心形状合并，甚至还需和几个空心形状剪切后才能完成。下面介绍连接（合并）与剪切几何图形的方法。

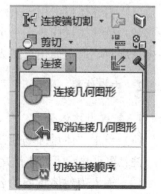

（1）连接和取消连接

连接几何图形：单击"几何图形"面板中的"连接"下拉三角箭头，选择"连接几何图形"命令，移动光标单击拾取实心拉伸形状和实心融合形状，即可将融合形状连接到拉伸形状上，如图 5.1.2-11 所示。

图 5.1.2-11　连接几何图形

取消连接几何图形：选择"取消连接几何图形"命令，单击拾取已经连接的某一个形状即可取消其与其他形状的连接，按 Esc 键或"修改"结束命令。连接后的几何图形，仍然是两个对象，可以单独选择后编辑修改。

图 5.1.2-12 剪切几何图形

（2）剪切和取消剪切

剪切几何图形：单击"几何图形"面板中的"剪切"下拉三角箭头，选择"剪切几何图形"命令，移动光标单击拾取实心拉伸形状和空心拉伸形状，即可剪切洞口。同理单击拾取融合实心形状和空心拉伸形状，剪切洞口，如图 5.1.2-12 所示。

取消剪切几何图形：选择"取消连接几何图形"命令，单击拾取已经剪切的实心形状和空心形状，即可取消剪切。

连接、剪切、取消剪切几何图形时，可以勾选选项栏的"多重连接""多重剪切""多重不剪切"选项，一次处理多个几何图形，如图 5.1.2-13 所示。

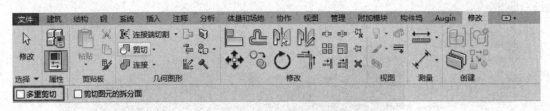

图 5.1.2-13 多重剪切

5.2 体 量 应 用

5.2.1 体量概述

体量是在建筑模型的初始设计中使用的三维形状，运用点、线、边和面图元快速创建各种体量形状。概念设计完成后，可以直接将建筑图元添加到这些形状中。

创建体量的方式有以下两种，与内建模型和自定义可载入族类似。

（1）内建体量：用于表示项目独特的体量形状。

（2）创建体量族：在一个项目中放置体量的多个实例，或者在多个项目中需要使用同一体量族时，通常使用可载入体量族。

5.2.2 内建体量

1. 新建内建体量

（1）单击"体量和场地"选项卡面板中的"内建体量"，如图 5.2.2-1 所示。

注：默认显示下，体量是不可见的，需要在"可见性/图形"中设置"体量"的可见性。

（2）输入内建体量族的名称→单击"确定"，即可进入内建体量的草图绘制模型，如图 5.2.2-2 所示。

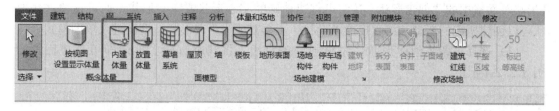

图 5.2.2-1　内建体量

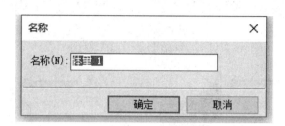

图 5.2.2-2　内建体量族

（3）可用于创建体量的线类型包括下列几种：

1）模型：使用线工具绘制的闭合或不闭合的直线、矩形、多边形、圆、圆弧、样条曲线、椭圆、椭圆弧等都可以被用于生成体块或面。

2）参照线：使用参照线来创建新的体量或者创建体量的限制条件。

3）由点创建的线：单击"创建"选项卡→"绘制"面板→"模型"工具中的"通过点的样条曲线"，将基于所选点创建一个样条曲线，自由点将成为线的驱动点。通过拖拽这些点可修改样条曲线路径，如图 5.2.2-3 所示。

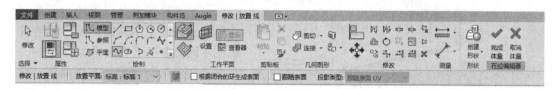

图 5.2.2-3　创建样条曲线

2. 创建不同形式的内建体量

采用上一步的方法创建的一个或多个线、顶点、边或面。单击"修改｜线"选项卡下

"形状"面板中的"创建形状"按钮可创建精确的实心形状或空心形状。通过拖拽这些形状可以创建所需的造型，可直接操纵形状。不再需要为更改形状造型而进入草图模式。

（1）选择一条线创建形状：先绘制一条直线，将其垂直向上拉伸即可生成面，如图 5.2.2-4 所示。

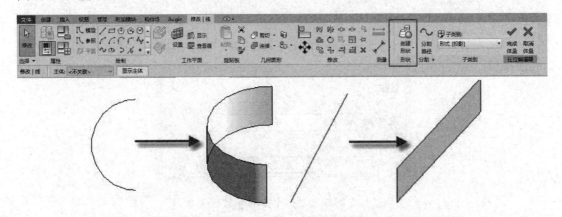

图 5.2.2-4　选择一条线创建形状

（2）选择两条线创建形状：参照图 5.2.2-5 可选择两种创建方式，既可以选择以直线为轴旋转弧线，也可以选择两条线作为形状的两边形成面，如图 5.2.2-5 所示。

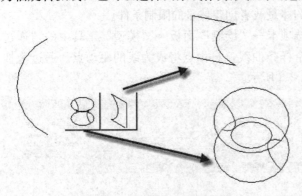

图 5.2.2-5　选择两条线创建形状

（3）选择一个闭合轮廓创建形状：创建拉伸实体→按 Tab 键可切换选择体量的点、线、面、体，选择后可通过拖拽修改体量，如图 5.2.2-6 所示。

（4）选择两个及以上闭合轮廓创建形状：选择不同高度的两个闭合轮廓或不同位置的垂直闭合轮廓，Revit 将自动创建融合体量。若选择同一高度的两个闭合轮廓则无法生成体量，如图 5.2.2-7 所示。

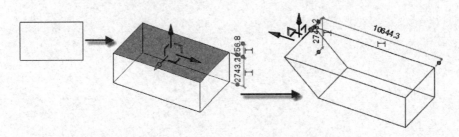

图 5.2.2-6　选择一个闭合轮廓创建形状

（5）选择一条线及一个闭合轮廓创建形状：当线与闭合轮廓位于同一工作平面时，将以直线为轴旋转闭合轮廓创建形体。当选择线及线的垂直工作平面上的闭合轮廓创建形状时，将创建放样的形体，如图 5.2.2-8 所示。

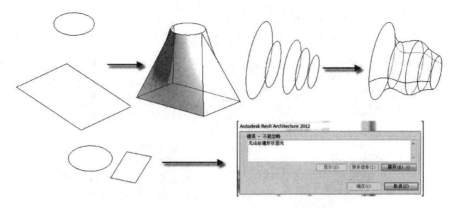

图 5.2.2-7　选择两个及以上闭合轮廓创建形状

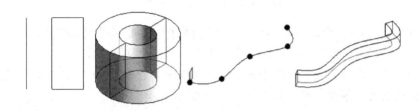

图 5.2.2-8　选择一条线及一个闭合轮廓创建形状

（6）选择一条线及多条闭合曲线创建形状：为线上的点设置一个垂直于线的工作平面，在工作平面上绘制闭合轮廓，选择多个闭合轮廓和线可以生成放样融合的体量，如图 5.2.2-9 所示。

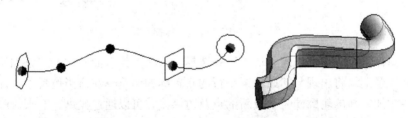

图 5.2.2-9　选择一条线及多条闭合曲线创建形状

3. 选择创建的体量进行编辑

（1）按 Tab 键选择点、线、面后将出现坐标系。当光标放在 X、Y、Z 任意坐标方向上，该方向箭头将变为亮显，按住并拖拽将在被选择的坐标方向移动点、线或面，如图 5.2.2-10 所示。

（2）选择体量→单击"修改｜形式"→选择"形状图元"面板中的"透视"，观察体量模型。如图 5.2.2-11 所示，透视

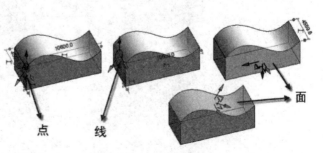

图 5.2.2-10　体量编辑

模式将显示所选形状的基本几何骨架。这种模式便于更清楚地选择体量几何构架，对其进行编辑。再次单击"透视"工具将关闭透视模式。

注：只需对一个形状使用透视模式，所有模型视图可以同时变为该模式。

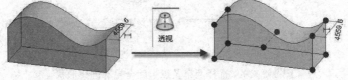

图 5.2.2-11　体量透视模式

（3）选择体量，在创建体量时自动产生的边缘有时不能满足编辑需要，单击"修改｜形式"→选择"形状图元"面板中的"添加边"→将光标移动到体量面上，将出现新的预览→在适当位置单击即完成新边的添加。同时也添加了与其他边相交的点，可选择该边或点，通过拖拽的方式编辑体量，如图 5.2.2-12 所示。

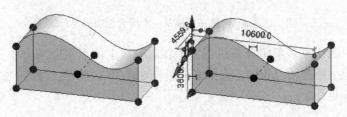

图 5.2.2-12　体量点拖拽编辑

（4）选择体量，单击"修改｜形式"→选择"形状图元"面板中的"添加轮廓"→将光标移动到体量上，将出现与初始轮廓平行的新轮廓的预览→在适当位置单击即完成新的闭合轮廓的添加。新的轮廓同时生成新的点及边缘线，可以通过操纵它们来修改体量，如图 5.2.2-13 所示。

（5）选择体量中的某一轮廓，单击"修改｜形式"→选择"形状图元"面板中的"锁

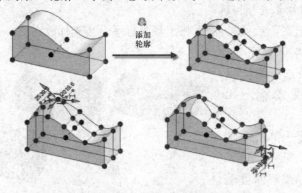

图 5.2.2-13　体量轮廓编辑

定轮廓"→体量将简化为所选轮廓的拉伸→手动添加的轮廓将失效，操纵方式受到限制，而且锁定轮廓后无法再添加新轮廓，如图5.2.2-14所示。

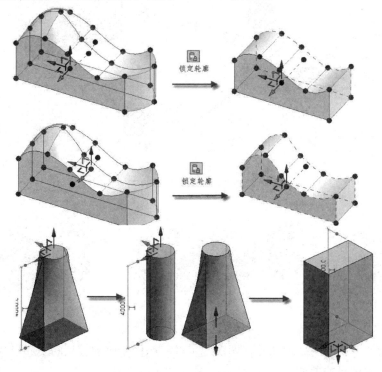

图5.2.2-14　体量锁定轮廓

（6）选择被锁定的轮廓或体量，单击"修改｜形式"→选择"形状图元"面板中的"解锁轮廓"，将取消对操纵柄的操作限制。添加的轮廓也将重新显示并可编辑，但不会恢复锁定轮廓前的形状，如图5.2.2-15所示。

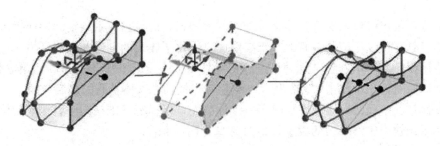

图5.2.2-15　体量解锁轮廓

（7）选择体量，单击"修改｜形式"→选择"形状图元"面板中的"变更形状的主体"按钮，可以修改体量的工作平面，将体量移动到其他体量或构件的面上，如图5.2.2-16所示。

（8）选择体量，在"属性"面板中选择"标识数据"→"实心/空心"选项，可将该构件转换为空心形状，即用于掏空实心体量的空心形体，如图5.2.2-17所示。

注：空心形状有时不能自动剪切实心形状，可使用"修改"选项卡下"编辑几何图

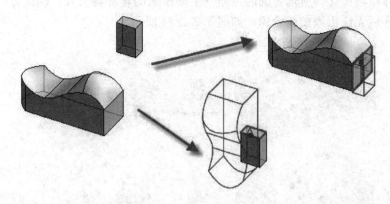

图 5.2.2-16　变更形状的主体

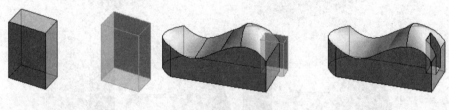

图 5.2.2-17　空心形体

形"面板中的"剪切"→"剪切几何图形"工具→选择需要被剪切的实心形状→单击空心形状，即可实现体量的剪切。

（9）创建空心形状可在选择线后，选择"修改线"选项卡下"形状"面板中的"创建形状"→"形状"→"空心形状"命令，可直接创建空心形状，通过"属性"面板中的"实心/空心"选项转换实心和空心。

5.2.3　创建体量族

体量族不仅可以单独保存为族文件随时载入项目，而且在体量族空间中还提供了如三维标高等工具并预设了两个垂直的三维参照面，优化了体量的创建及编辑环境。

在应用程序菜单中选择"新建"→"概念体量"命令，在弹出的"新建概念体量-选择样板文件"对话框中双击"公制体量 .rft"族样板，进入体量族的绘制空间。

概念体量族空间的三维视图提供了三维标高面，可以在三维视图中直接绘制标高，更有利于体量创建中工作平面的设置，如图 5.2.3-1 所示。

1. 三维标高的绘制

单击"创建"选项卡下"基准"面板中的"标高"→将光标移动到绘图区域现有标高面上方→光标下方显示间距→可直接输入间距（如"10000"，即 10m）→按回车键即可完成三维标高的创建，如图 5.2.3-2 所示。

注：体量族空间中默认单位为"mm"。

标高绘制完成后还可以通过临时尺寸标注修改三维标高高度，单击可直接修改以下两个标高，如图 5.2.3-3 所示。

三维视图同样可以"复制"没有楼层平面的标高，如图 5.2.3-4 所示。

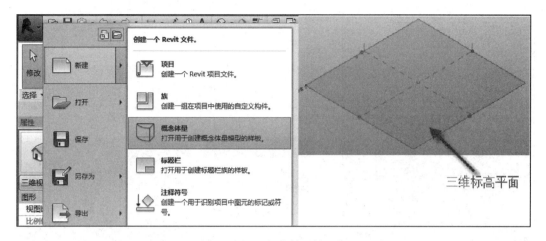

图 5.2.3-1　概念体量族空间

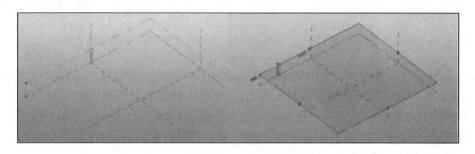

图 5.2.3-2　三维标高创建

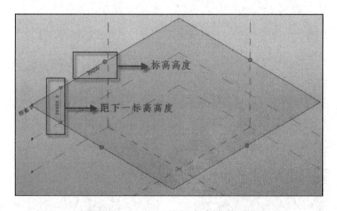

图 5.2.3-3　三维标高高度修改

2. 三维工作平面的定义

在三维空间中要想准确绘制图形，必须先定义工作平面，体量族中有两种定义工作平面的方法：

（1）单击"创建"选项卡下"工作平面"面板中的"设置"按钮，选择标高平面或构件表面等即可将该面设置为当前工作平面。

（2）单击激活"显示"工具可始终显示当前工作平面，如图 5.2.3-5 所示。

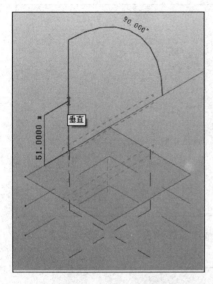

图 5.2.3-4　三维视图标高修改

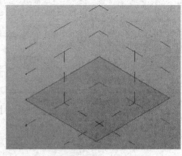

图 5.2.3-5　三维工作平面

　　【例 5-3】 在 F1 平面视图中绘制了如图 5.2.3-6 所示的样条曲线，如需以该样条曲线作为路径创建放样实体，则需要在样条曲线关键点绘制轮廓，可单击"创建"选项卡下"工作平面"面板中的"设置"→在绘图区域样条曲线特殊点上单击→当前工作平面为该点上的垂直面，单击"绘制"面板中的"线"工具（如矩形），在该点的工作平面上绘制轮廓，如图 5.2.3-6 所示。

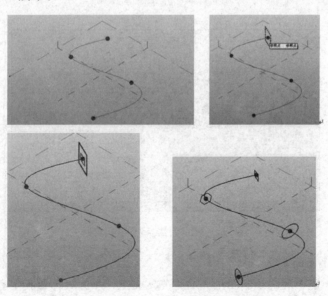

图 5.2.3-6　平面视图样条曲线绘制

　　选择样条曲线并按 Ctrl 键多选该样条曲线上的所有轮廓→单击"创建"选项卡下"形状"面板中的"创建形状"按钮的上半部分→创建实心形状，如图 5.2.3-7 所示。

在概念设计环境的三维工作空间中，"创建"选项卡下"绘制"面板中的"点图元"工具提供了特定的参照位置。通过放置这些点，可以设计和绘制线、样条曲线和形状（通过参照点绘制线条见内建族中的相关内容）。参照点可以是自由的（未附着）或以某个图元为主体，也可以控制其他图元。例如，选择已创建的实心形体，单击"修改｜形式"选项卡中"形状图元"面板的"透视"按钮，在绘图区域选择路径上的某参照点，并通过拖拽调整其位置即可修改路径，从而达到修改形体的目的，如图 5.2.3-8 所示。

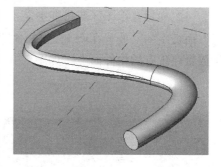

图 5.2.3-7　样条曲线形状创建

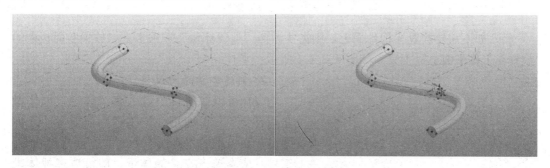

图 5.2.3-8　三维工作空间实心形体

5.2.4　体量分析

体量工具可以帮助我们实现初步的体块穿插的研究，当体块的方案确定后，应用"面模型"工具可以将体量的面转换为建筑构件，如墙、楼板、屋顶等。

1. 放置体量

（1）如果在项目中绘制了内建体量，完成体量皆可使用"面模型"工具细化体量方案。

（2）如使用体量族，需单击"体量和场地"选项卡下"概念体量"面板中的"放置体量"按钮，如未开启"显示体量"工具，将自动弹出"体量-显示体量已启用"提示对话框，直接关闭即可自动启动"显示体量"，如图 5.2.4-1 所示。

（3）如果项目中没有体量族，将弹出如图 5.2.4-2 所示的 Revit 提示对话框。单击"是"按钮将弹出"打开"对话框，选择需要的体量族，单击"打开"按钮即可载入体量族。

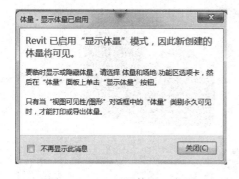

图 5.2.4-1　显示体量已启用

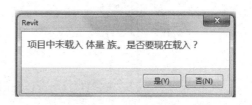

图 5.2.4-2　体量族载入

（4）光标在绘图区域可能会是不可用""状态，因为"放置体量"选项卡下"放置"面板中的"放置在面上"工具默认被激活，如项目中有楼板等构件或其他体量时可直接放置在现有的构件面上，如图 5.2.4-3 所示。

图 5.2.4-3　放置体量

（5）如不需要放置在构件面上，则需要激活"放置体量"选项卡下"放置"面板中的"放置在工作平面上"工具，如图 5.2.4-4 所示。

2. 创建体量的面模型

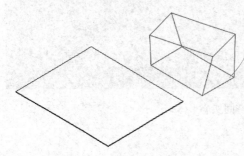

图 5.2.4-4　放置在工作平面上

（1）可以在项目中载入多个体量，如体量之间有交叉，可使用"修改"选项卡下"几何图形"面板中的"连接"下的"连接几何图形"工具→依次单击交叉的体量，即可清理掉体量重叠部分，如图 5.2.4-5 所示。

（2）选择项目中的体量，单击"修改|体量"选项卡中"模型"面板的"体量楼层"→弹出"体量楼层"对话框，将列出项目中标高名称→勾选各复选框并单击"确定"，Revit 将在体量与标高交叉位置生成符合体量的楼层面，如图 5.2.4-6 所示。

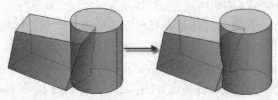

图 5.2.4-5　体量重叠处理

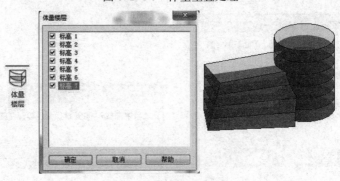

图 5.2.4-6　体量楼层

（3）进入"体量和场地"选项卡下的"概念体量"面板→单击"面模型"中的"屋顶"→在绘图区域单击体量的顶面→单击"放置面屋顶"选项卡下"多重选择"面板中的"创建屋顶"，可将顶面转换为屋顶的实体构件，如图 5.2.4-7 所示。

图 5.2.4-7　体量屋顶创建

（4）在"属性"面板中可以修改屋顶类型，如图 5.2.4-8 所示。

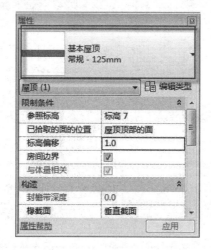

图 5.2.4-8　屋顶类型属性修改

（5）单击"体量和场地"选项卡下"面模型"面板中的"幕墙系统"→在绘图区域依次单击需要创建幕墙系统的面→单击"多重选择"面板中的"创建系统"，即可在选择的面上创建幕墙系统，如图 5.2.4-9 所示。

（6）单击"体量和场地"选项卡下"面模型"面板中的"墙"→在绘图区域单击需要

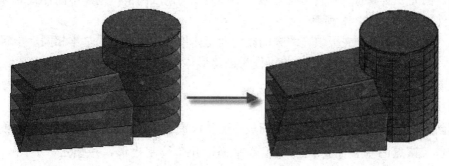

图 5.2.4-9　体量幕墙系统创建

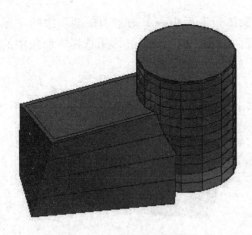

图 5.2.4-10 体量墙体创建

创建墙体的面，可生成面墙，如图 5.2.4-10 所示。

(7) 单击"体量和场地"选项卡下"面模型"面板中的"楼板"→在绘图区域单击楼层的面，或直接框选体量，Revit 将自动识别所有被框选的楼层面积→单击"放置面楼板"选项卡中"多重选择"面板的"创建楼板"，即可在被选择的楼层的面上创建实体楼板。

3. 创建基于公制幕墙嵌板填充图案构件族

(1) 新建族样板→选择"基于公制幕墙嵌板填充图案.rft"的族样板→进入族的创建空间，如图 5.2.4-11 所示。

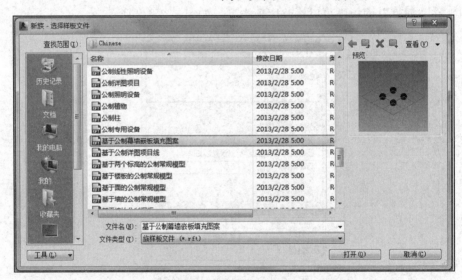

图 5.2.4-11 基于公制幕墙嵌板填充图案构件族选择

(2) 构件样板由网格、参照点和参照线组成，默认的参照点是锁定的，只允许在垂直方向上移动。这样可以维持构件的基本形状，以便构件按比例应用到填充图案。

(3) 打开该族样板，默认为矩形网格，选择网格，可在"修改瓷砖填充图案网格"选项卡中"图元"面板的"修改图元类型"下拉列表中修改网格，创建不同样式的幕墙嵌板填充构件，如图 5.2.4-12 所示。

(4) 基于公制幕墙嵌板填充图案的族空间与体量族的建模方式基本相同，步骤如下：

1) 该族样板默认 4 条参照线，可作为创建形体的线条，本例中以 4 条参照线作为路径，如图 5.2.4-13 所示。

2) 打开默认三维视图，单击"创建"选项卡下"绘制"面板中的"矩形 ▭"按钮，单击"创建"选项卡下"工作平面"面板中的"设置 🎛 设置"按钮，在绘图区域任意单击参照点，该点的垂直面将设置为工作平面，开始绘制矩形，并锁定，如图 5.2.4-14 所示。

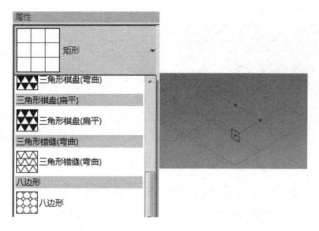

图 5.2.4-12 幕墙嵌板填充构件属性

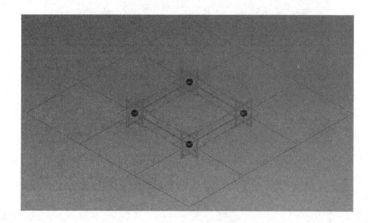

图 5.2.4-13 创建形体线条路径

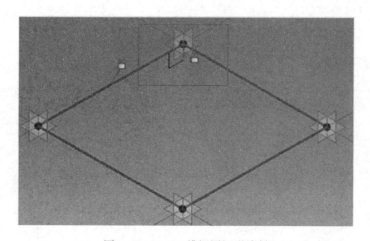

图 5.2.4-14 三维视图矩形绘制

3）按 Ctrl 键选择 4 条参照线及刚绘制的矩形轮廓→单击"选择多个"选项卡下"形状"面板中的"创建形状"工具，创建完成，如图 5.2.4-15 所示。

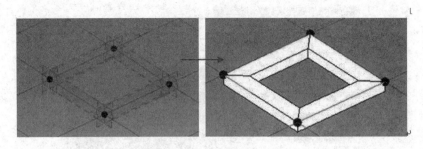

图 5.2.4-15　创建形状

注：同理，体量族与内建体量族的操作一样，选择边，通过拖拽可以修改形体，也可以为形体"添加边"或"添加轮廓"并编辑，如图 5.2.4-16 所示。

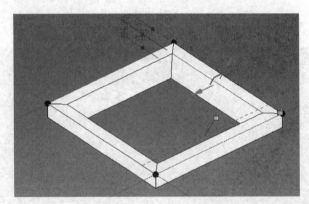

图 5.2.4-16　轮廓编辑

4）在应用程序菜单另存为矩形幕墙嵌板构件，并载入体量族或内建体量族中。

5）在体量族中选择面→单击"修改｜形状图元"选项卡下"分割"面板中的"分割表面"→选择已经分割的表面→在"属性"面板中的"修改图元类型"下拉列表中选择刚创建并载入的"矩形幕墙嵌板构件"即可，如图 5.2.4-17 所示。

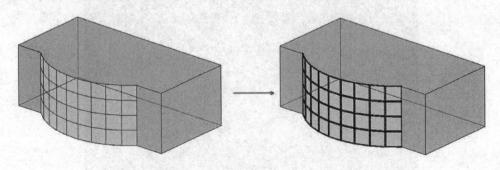

图 5.2.4-17　矩形幕墙嵌板构件载入

注：项目中关闭"显示体量"时该幕墙嵌板构件不会被关闭。

下 篇

BIM 技术在土木工程(交通工程领域)设计中的应用

第 6 章　MicroStation 工程设计应用

6.1　软件常用基本操作

在工程设计和绘图过程中，三维图形应用越来越广泛。MicroSation 具有强大的三维绘图功能，MicroStation 的三维工具可以在单一的三维模型而不是多个分离的二维模型上工作。在 MicroStation 二维绘图中，图形是绘制在一个设计平面上，设计平面类似于一张图纸，所有的二维几何图形在设计平面的边界内画出，平面上点的位置由 X 和 Y 坐标值来定义。在 MicroStation 三维绘图中，绘图空间从二维设计平面变成了一个三维立体，三维 DGN 文件中所有的几何图形是绘制在这个设计立方体中。由 X、Y 和 Z 坐标值来定义设计立方体中点的位置。在三维设计文件中工作时，可以绘制所有的二维图形，而且可以沿任何方向放置，不会像处理二维 DGN 文件时限制在一个平面上，可以沿任意轴旋转以便观看设计模型。在 MicroStation 绘图中，不同的种子文件的选择决定了文件是二维绘图还是三维绘图。本书编写中使用的是 MicroStation CONNECT Edition。

6.1.1　启动 MicroStation

双击 MicroStation CE 图标，或在 Windows 资源管理器中，双击 DGN 文件图标（扩展名为 ."dgn"）。打开后，在查看示例一栏可以查看示例的演示视频，在学习课程一栏可以进入网站学习，单击右侧的箭头可以启动工作会话（图 6.1.1-1）。

图 6.1.1-1　启动工作会话

6.1.2 新建文件

首先选择工作空间，点击"新建文件"工具图标，弹出"新建"对话框，单击"浏览"按钮，弹出"选择种子文件"对话框，选择种子文件，当二维绘图时选择 2D 类型种子文件，当三维绘图时选择 3D 类型种子文件。然后单击"打开"按钮，返回"新建"对话框，进行文件名称命名，如图 6.1.2-1 所示。

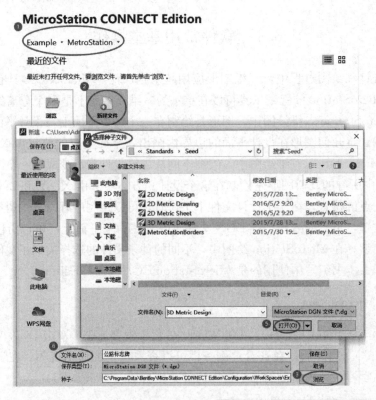

图 6.1.2-1　新建文件

在工作会话中通过最近文件可以查看最近打开的文件，可以显示文件存储位置及文件创建时间与修改时间。单击鼠标左键打开模型，单击鼠标右键弹出现对话框，可对文件进行打开、查找等，如图 6.1.2-2 所示。

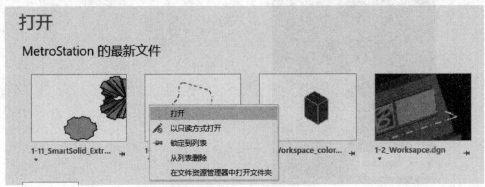

图 6.1.2-2　查看文件中的模型

6.1.3 界面介绍

MicroStation 操作命令可在工作流中查看，每个工作流都具有主页菜单和视图菜单，但是不同的工作流又具有不同的专业操作命令。工作流包括实景建模、绘图、建模、可视化、任务导航。实景建模主要用于实景模型，实景网格及点云的修改及演示；绘图主要用于二维模型的创建及修改；建模主要用于三维实体的创建及修改；可视化主要用于模型的漫游及动画和模型材质的增加及更改；任务导航主要用于设置元素特征，测量元素，如图6.1.3-1 所示。

图 6.1.3-1　软件界面

6.1.4 文件设置

单击文件弹出对话框，可以对软件进行设置。设置中分为四个版块：用户设置、系统（PC）设置、文件设置、配置设置，如图 6.1.4-1 所示。建模时主要对首选项、工作单位等进行设置（图 6.1.4-2、图 6.1.4-3）。

图 6.1.4-1　文件设置

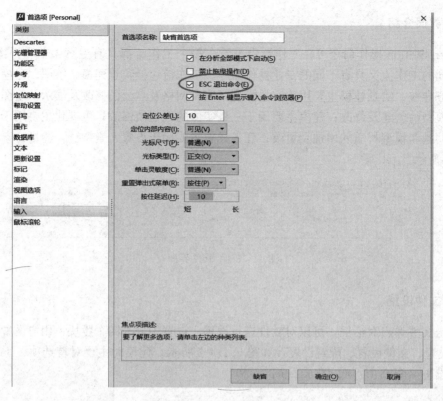

图 6.1.4-2　首选项输入设置

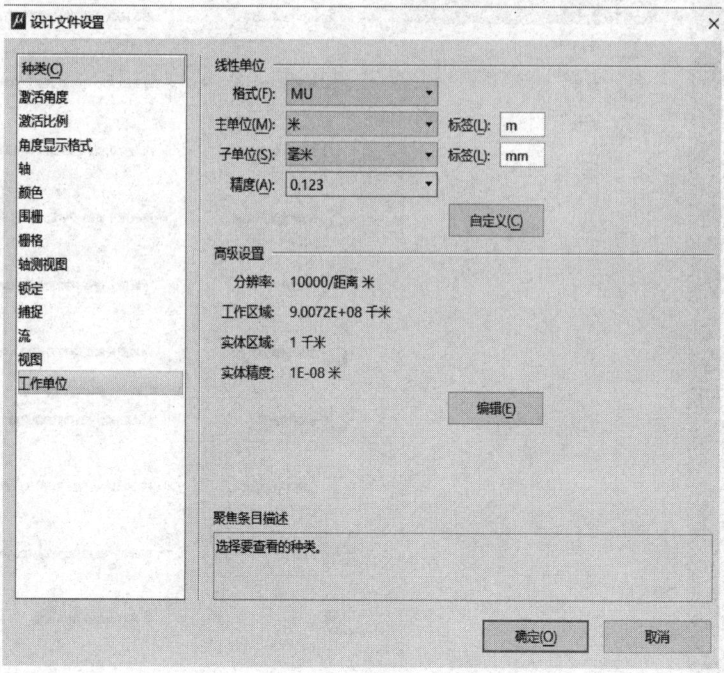

图 6.1.4-3　工作单位设置

6.2 绘 图

在 MicroStation 内执行 3D 绘图与 2D 绘图唯一不同的是对种子文件选择的不同，所有 2D 工具在 3D 绘图环境中同样可用。利用"精确绘图"工具，可以在三维绘图环境非常方便地绘制二维元素（线或面）。在空间中准确绘制二维元素，是快速进行 3D 绘图的基础。在空间绘制二维元素，其实本质上就是不断地调整绘图平面的方向。绘图工作流与建模工作流的主页菜单分为特性、第一单位、选择、放置、操作、修改、组，其中放置与修改选项卡两部分操作有所差别，其余部分操作相同。

6.2.1 基本知识

1. 特性

对元素层属性及线型、线宽、颜色、透明度、优先级等进行设置和修改（图 6.2.1-1）。单击层 Default 命令，在对话框内锁定层，当锁定层时，不可以对该层内的元素做任何修改、移动、删除等，如图 6.2.1-2 所示。

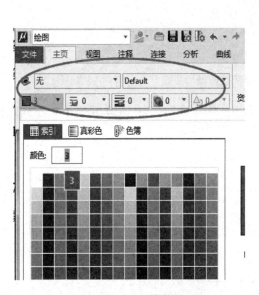

图 6.2.1-1 元素特性

图 6.2.1-2 层对话框

2. 资源管理器

由资源管理器可以查看当前文件的资料，例如层信息、模型信息、文本样式等（图 6.2.1-3）。

3. 模型

DGN 文件中可以创建多个模型库，用于新建构件及保存构件。创建模型类型包括设计、绘图、图纸、来自种子的设计、来自种子的绘图和来自种子的图纸。来自种子的类型可以选择绘图种子，图纸类型为三维模型。在创建模型时可以选择注释比例调节大小。模

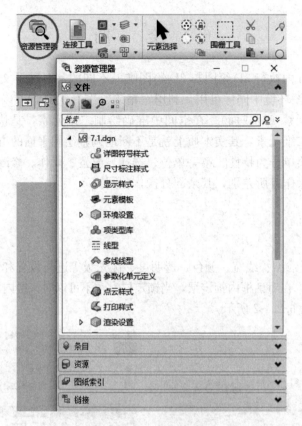

图 6.2.1-3　资源管理器

型作为单元放置时，必须勾选"作为单元""作为注释单元"，否则在单元库中找不到此模型（图 6.2.1-4）。

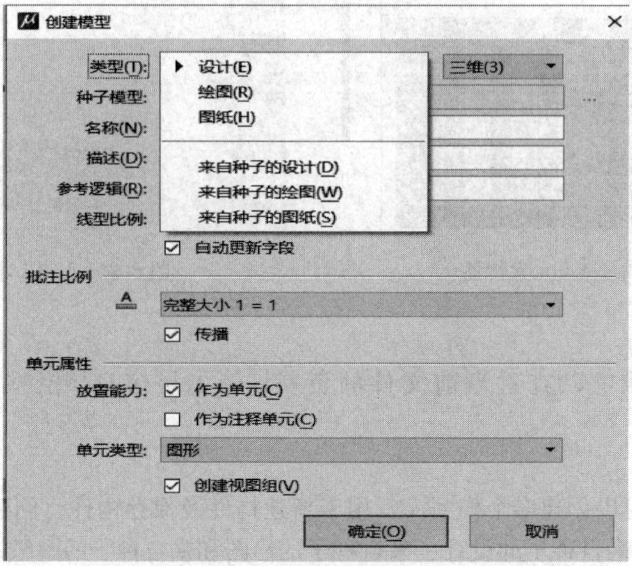

图 6.2.1-4　创建模型

4. 层显示与层管理器

层显示命令可进行图层打开与关闭操作（图 6.2.1-5），鼠标单击图层，使其变白，图层关闭；若使图层显示，只需用鼠标左键单击图层显示绿色即可。若要同时控制所有视图只需右键单击图层，选择全部开即可。若使图层为工作图层，鼠标左键双击此图层即可。复杂的图形最好使用图层管理，将不同的图形放在不同的图层中，便于区分管理元素。

层管理器命令可设定多个图层，所有图层都能自定义名称、线型、线宽等特性（图 6.2.1-6）。

图 6.2.1-5　层显示

图 6.2.1-6　层管理器

5. 参考

参考命令可以避免重复工作，如果图形相同，不再需要重新绘图，只需要参考进文件中，避免重复绘图也减少了文件空间。可以单击添加按钮，一次添加多个文件，保存相对路径选项，便于文件位置移动时参考关系仍然有效。参考到文件后，只能应用参考里面的移动、复制等命令（图 6.2.1-7）。

图 6.2.1-7　参考命令

6. 选择

选择任务栏包括元素选择、全部选择、围栅工具等命令（图 6.2.1-8）。当进行选择操作时，用鼠标左键单击选择按钮。可以采用不同的选择方式，可点选、框选、线选等；选择类型如新建选择、添加选择、减去选择、全部选择等，选择时可按元素图层、颜色、线性、线宽等不同特性，进行筛选。当按住 Ctrl 键同时利用鼠标左键进行选择时，可以添加或减去选择元素（图 6.2.1-9）。图标 ⊛ 为全部选择按钮，当单击该按钮时，文件内的所有元素构件会全部选中，在界面下方会显示选择模型的数量。图标 ⚙ 为锁定元素，当选择某一元素，再激活锁定元素时，该元素不可以进行移动、复制等操作。

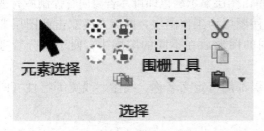

图 6.2.1-8　选择命令

图 6.2.1-9　选择元素方式

7. 视图

MicroStation 允许最多同时打开 8 个视图窗口。此外，还可以自定义视图窗口在应用程序窗口中的排列方式。为了方便辅助作图，MicroStation 的视图窗口提供了许多控制视图的方法（图 6.2.1-10）。

图 6.2.1-10　视图控制

8. 精确绘图

精确绘图对于 MicroStation 的重要性就相当于丁字尺和三角板在手动制图中所起的作用。精确绘图不仅是一种快速定位的工具，使用它还可以生成复杂的几何图形。单击精确绘图开关或使用键盘 F11 均可激活精确绘图（图 6.2.1-11）。

图 6.2.1-11　精确绘图开关

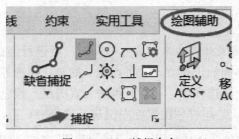

图 6.2.1-12　捕捉命令

智能锁可以锁定距精确绘图最近的轴（也可使用键盘 Enter），在绘图时锁定某一方向、距离或角度。旋转为旋转精确绘图坐标的位置及方向，可使精确绘图坐标旋转与 ACS 坐标平行。

9. 捕捉

缺省捕捉为默认捕捉模式（图 6.2.1-12），选择捕捉命令后，移动光标至欲捕捉点的位置

（此时会显示捕捉符号），如果捕捉的点无误，按鼠标左键完成。单击"文件-设置-用户-工具箱"点选"捕捉模式"，可打开捕捉模式工具箱（图6.2.1-13）。

图 6.2.1-13　打开捕捉模式工具箱

10. 快捷键

绘图时，使用快捷键可以精确调整绘图的方向、位置等。表6.2.1-1为绘图时常用的快捷键。

常用的快捷键

表 6.2.1-1

快捷键	作用	快捷键	作用
F11	激活精确绘图	鼠标左键	确定
O	设定参考点	鼠标右键	结束操作
E	旋转精确绘图坐标	滚动中键	缩放
X	直角坐标系下锁定 X 轴	按住中键	平移
P	输入坐标值定位	Shift＋鼠标中键	动态旋转
Y	直角坐标系下锁定 Y 轴	Shift＋鼠标左键	动态平移
D	极坐标系下锁定极轴	双击中键	全屏显示
A	极坐标系下锁定角度	～	切换工具
V	初始化精确绘图坐标系	RQ	用户自定义旋转坐标系
M	切换直角坐标系与极坐标系	Enter	锁定画线方向

6.2.2　元素创建与修改

利用放置点、智能线、弧、平面图形等元素创建二维图形，通过操作、修改、组中命令对元素进行修改（图6.2.2-1）。

图 6.2.2-1　创建与修改元素命令

1. 创建元素

以创建一个简单的支架为例（图 6.2.2-2），介绍使用精确绘图和放置智能线工具创建元素。

（1）在"精确绘图"处于激活状态的情况下（快捷键 F11），选择"线工具-放置智能线"（图 6.2.2-3）。点击左键，输入第一个数据点作为支架的左下角。

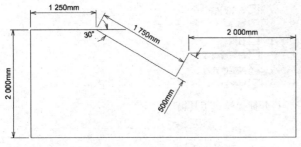

图 6.2.2-2 支架尺寸图   图 6.2.2-3 放置-智能线

（2）鼠标指针向上，单击 Enter 锁定 Y 轴方向，输入距离 2000，单击左键确定（图 6.2.2-4）。鼠标指针向右，单击 Enter 锁定 X 轴方向，输入距离 1250，单击左键确定。

（3）单击 M 键由直角坐标转换为极坐标，在精确绘图中输入长度 1750，角度 −30°，左键确定。接着输入长度 500，角度 90°，左键确定（图 6.2.2-5）。

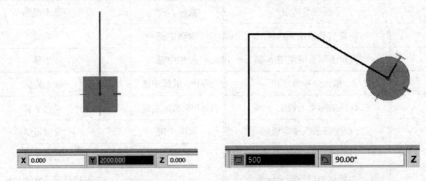

图 6.2.2-4 锁定方向   图 6.2.2-5 M 键切换坐标

（4）单击 M 键由极坐标转换为直角坐标，点击 V 键将精确坐标摆正，鼠标指针向右，单击 Enter 锁定 X 轴方向，输入 2000，左键确定（图 6.2.2-6）。

（5）鼠标指针向下，单击 Enter 锁定 Y 轴方向，同时捕捉左下角起点方向，点击左键，然后再次点击左键与起点连接（图 6.2.2-7），完成绘图，如图 6.2.2-8 所示。

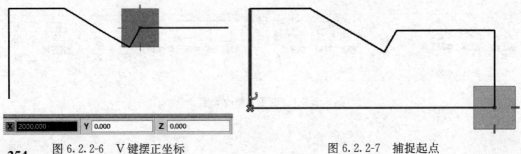

图 6.2.2-6 V 键摆正坐标   图 6.2.2-7 捕捉起点

2. 操作元素

绘图命令无法满足建模需求时,需要对已绘制的模型进行复制、修改,移动、镜像等操作,来满足实际需求,提高工作效率(图6.2.2-9)。

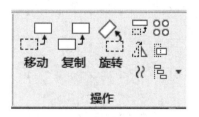

图6.2.2-8　完成绘图　　　　　　　　　　图6.2.2-9　操作元素

(1)复制、移动、旋转。复制时单击鼠标左键选择元素激活精确绘图坐标,可以在X、Y、Z轴输入数值,为被复制元素到下一个复制元素的距离,单击右键结束,移动命令操作方法与复制命令相同。旋转方法包括激活角度、两点法和三点法。激活角度时通过输入的角度进行旋转;两点法以两个坐标点定义旋转角,定义旋转基准点,按鼠标左键(或捕捉某一点)确定旋转角度;三点法以三个坐标点定义旋转角,单击鼠标左键输入第一点确定旋转中心,再单击鼠标左键输入第二点定义旋转起始点,最后移动鼠标至旋转完成位置,单击鼠标左键输入第三点定义旋转角。

(2)缩放。缩放的方法为激活比例和三点法。当选择"激活比例",输入缩放比例,如图6.2.2-10所示,可对元素进行缩放;当打开比例锁时,可输入不同的X、Y、Z轴比例进行缩放;当勾选副本时,被缩放的元素不会被修改,元素位置新增添一个缩放后的元素;当勾选"围绕元素中心"时,以元素中心为缩放的中心。

(3)镜像。镜像方向为垂直、水平和直线(图6.2.2-11)。点选复制可保留原有元素。

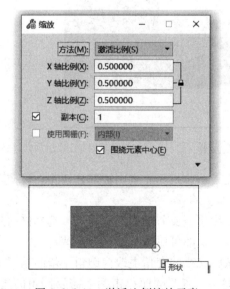

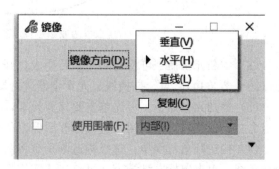

图6.2.2-10　激活比例缩放元素　　　　　　图6.2.2-11　镜像元素对话框

255

（4）阵列。阵列的方法有直角坐标法、极坐标法和沿路径法。按照直角坐标阵列，图形变化如图 6.2.2-12 所示。

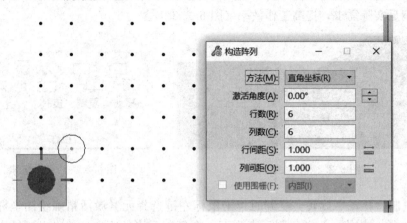

图 6.2.2-12　直角坐标法阵列

3. 修改元素

（1）可利用修改元素命令快速更改二维图形的形状及属性等。可对元素的角点、边、角度进行修改，如图 6.2.2-13 所示。

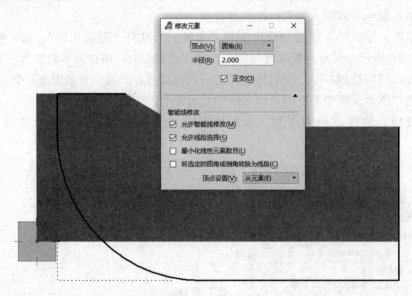

图 6.2.2-13　修改元素

（2）中断元素命令可将封闭元素转变成打开元素，非封闭元素则被部分切除，可按两点（图 6.2.2-14）、点、拖拽线、元素中断进行操作。

（3）剪切元素命令。可先单击要修剪元素，然后单击要剪切的部分即可。选择修剪到交点命令，鼠标左键单击两条直线修改后保留的部分，即可对两条线进行修剪。

（4）构造圆角与倒角。选择构造圆角是将两条相交线的交角更改为圆角，依照顺序单击两条线，单击鼠标左键结束即可。构造四边形倒角，依照顺序单击两条需要倒角的边，如图 6.2.2-15 所示。

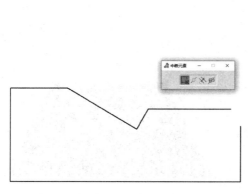

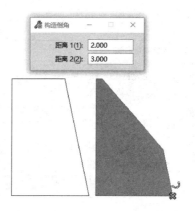

图 6.2.2-14　按两点中断元素　　　　　图 6.2.2-15　构造四边形倒角

4. 组

（1）创建区域。可用区域创建复杂形状，可创建联合区域、交集区域、偏差区域，联合区域如图 6.2.2-16 所示。

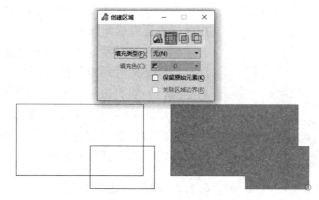

图 6.2.2-16　创建联合区域

（2）创建复杂链和复杂形状。创建复杂链是将多条断裂的线创建成一条复杂链，创建复杂链对话框如图 6.2.2-17 所示。"手动"是每一个元素采用手动选择，"自动"是在第一个元素被选择后，其他元素自动加入，如图 6.2.2-18 所示。创建复杂形状是将复杂的平面元素创建为闭合的复杂形状，创建复杂形状对话框如图 6.2.2-19 所示。首先在绘图窗口绘制四条连接线段，使四条线段封闭，选择创建复杂形状命令，依次单击连续线段，单击鼠标左键结束即可，如图 6.2.2-20 所示。创建复杂形状与创建复杂链的方法相同，区别在于创建复杂多边形是将一串未封闭的共平面元素进行连接，形成多边形。

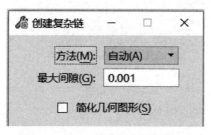

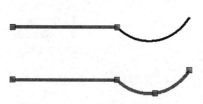

图 6.2.2-17　创建复杂链对话框　　　　图 6.2.2-18　自动创建复杂链

257

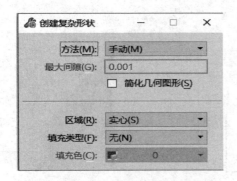

图 6.2.2-19　创建复杂形状对话框

图 6.2.2-20　创建复杂形状

（3）开孔与添加到图形组。"开孔"是将多个图形构成单一具有孔元素的实体元素。

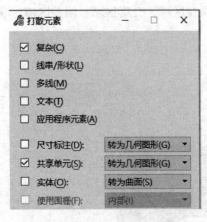

图 6.2.2-21　打散元素对话框

"添加到图形组"命令是创造一个图形组，选择已存在的图组，将两个或多个图组组成单一图组。选择图形组命令，并选择各个需要添加到图形组的元素，按鼠标左键完成此图组。

（4）打散元素。可用于将元素打散为简单的组件，打散元素对话框如图 6.2.2-21 所示。打散命令只能执行一层打散。若复合多边形是由两条连续线串所组成，虽然将参数线串/多边形开关打开，但一次打散之后只会将多边形打散成两条连续线串，如果需要将多边形打散为多线段，需进行第二次打散。

6.2.3　单元创建与放置

单元可以表示在设计中经常用到的复杂元素。可以将单元保存在单元库中，以便调出重复使用，而无需每次都重新绘制。实际上，单元库是包含一个或多个模型（与单元一一对应）的 DGN 文件。在主页菜单栏的"放置"中有单元命令栏，单元命令栏中有放置激活单元、替换单元等命令（图 6.2.3-1、图 6.2.3-2）。

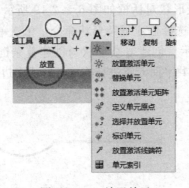

图 6.2.3-1　放置单元

图 6.2.3-2　单元命令栏

1. 创建单元

首先创建 2D 或 3D 图形，将图形用围栅功能选中（图 6.2.3-3）。采用单元设置原点工具，将图形添加至单元库中并创建单元，如图 6.2.3-4～图 6.2.3-6 所示。

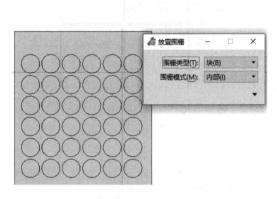

图 6.2.3-3　放置围栅　　　　　　图 6.2.3-4　定义单元原点

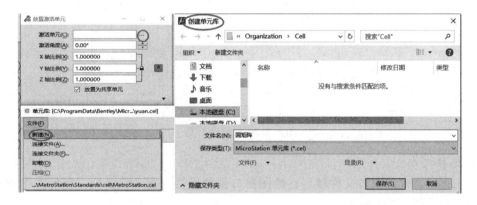

图 6.2.3-5　创建单元库

图 6.2.3-6　创建单元

2. 选择并放置单元

双击单元库中的单元，在相应位置用左键进行放置，单击右键结束放置，如图 6.2.3-7、图 6.2.3-8 所示。

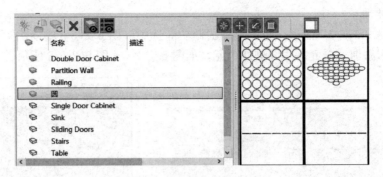

图 6.2.3-7　选择单元

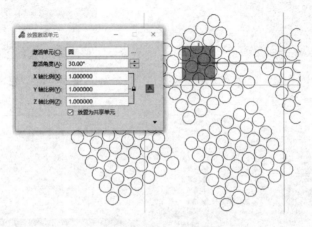

图 6.2.3-8　放置单元

3. 连接文件

单击连接文件，双击文件就可在绘图窗口预览模型（图 6.2.3-9），鼠标左键单击绘图窗口任意点就可进行放置。

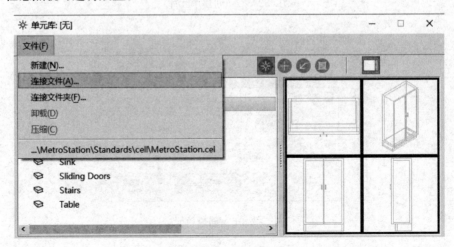

图 6.2.3-9　连接单元

4. 替换单元

更新是以目前工作单元库内单元来取代所选单元，替代是指定某个单元来取代所选单元。模式分为单个和全局，如果勾选使用激活单元，则以目前使用的现行单元来取代。如果勾选替换用户属性，则属性被更改。

选择"替换单元"命令，方法为"替换"，模式为"全局"，使用激活单元选择"矩形单元"，如图 6.2.3-10 所示。单击圆形单元，单击鼠标左键确定，弹出对话框，单击"是"，绘图窗口内的圆形单元将全部替换为矩形单元，如图 6.2.3-11 所示。

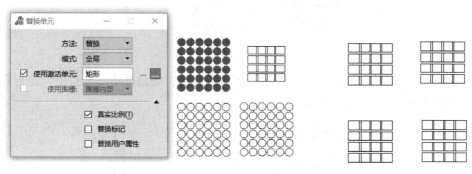

图 6.2.3-10 替换单元设置　　　　　　　　　图 6.2.3-11 替换完成

6.2.4 注释

可进行包括文本、批注、尺寸标注、表等相关内容的设置，如图 6.2.4-1 所示。

图 6.2.4-1 注释工具栏

1. 文本与注释

单击"放置文本"命令弹出放置文本及文本编辑器对话框。在文本编排器输入文字，选择文字样式及字体，移动鼠标可看到文字随着鼠标移动而移动，单击放置的位置即可。同时，可编辑文本、更改文本特性，例如样式、字体、高度等，如图 6.2.4-2 所示。放置注释与放置文本的操作相同，在文本编辑器中编辑批注内容，再单击放置批注的位置确定箭头指向即可（图 6.2.4-3）。

2. 尺寸标注

（1）元素标注。利用元素尺寸标注命令可对图形进行标注，对齐可选视图、绘图、真实、任意四种方式（图 6.2.4-4）。元素尺寸标注样

图 6.2.4-2 更改文本特性

261

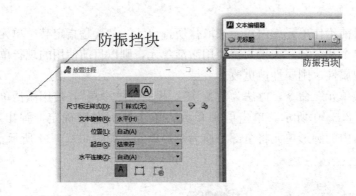

图 6.2.4-3　放置注释

式可按要求进行新建，如图 6.2.4-5 所示。单击图形的边就会自动出现数值。也可利用标签线、垂直于线大小命令进行标注。

图 6.2.4-4　元素标注对齐方式

图 6.2.4-5　尺寸标注样式

（2）线性尺寸标注。在两点间进行标注，可按照线性尺寸、线性层叠尺寸、线性单一尺寸进行标注，如图 6.2.4-6 所示。

（3）角度尺寸标注。放置角度尺寸标注，按照角大小、角定位、线间夹角尺寸进行标注（图 6.2.4-7）。首先选择尺寸标注起点，再选择关联点，鼠标左键单击定义尺寸界线长度，确定所需位置，单击鼠标右键结束即可。放置角度尺寸标注的操作都相同，只是样式不同。

图 6.2.4-6　线性尺寸标注

图 6.2.4-7　角度尺寸标注

3. 放置表

可使用此命令在文件中放置表格，选择行数、列数，左键放置即可，如图 6.2.4-8 所示。

图 6.2.4-8　放置表

4. 图案

图案主要用于图形元素的区域剖面线和区域图案填充。

（1）区域剖面线包括元素、泛填、联合、交集、偏差等填充。"元素"适用于对封闭图形进行填充。例如元素填充，首先在绘图窗口绘制图形，选择区域剖面线命令，选择方法为元素，单击图形，再单击图形上任意一点即可，可通过改变间距和角度选择适合的填充图案（图 6.2.4-9）。

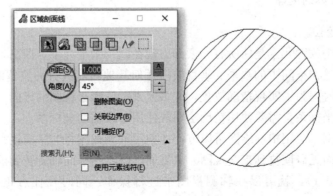

图 6.2.4-9　区域剖面线填充

"泛填"适用于封闭多边形内包含另一个多边形的情况，"并集"适用于对封闭图形的并集做填充，"交集"适用于对封闭图形的交集做剖面，"差集"适用于对封闭图形的差集做剖面。

（2）区域图案填充，包括元素、泛填、联合、交集、偏差等。例如元素填充，按如下窗口设置比例，填充方式选用的是"从单元"，打开图案填充后面的引号里的单元图库对话框，载入要引用的单元，载入单元时在载入窗口中选择"将当前激活单元设为图案"（图 6.2.4-10），即可将这个单元样式引入到填充图案中。

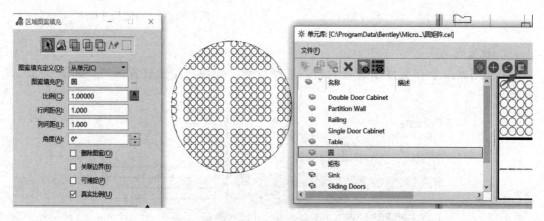

图 6.2.4-10　区域图案填充

6.3　三　维　建　模

三维模型创建需将工作流程切换至"建模"，三维模型的绘制分为基本图元和创建实体两部分。基本图元包括体块、圆柱、球体等规则实体，创建实体包括拉伸、旋转、增厚等命令。基本图元一般用于创建简单且规则实体，创建实体用于创建不规则实体。当基本图元和创建实体命令都无法达到想要的效果，可对已创建的三维实体进行编辑及修改。

6.3.1　基元与实体的创建

1. 3D 精确绘图

在二维模型中放置元素是使所有元素都出现在同一个平面上，即出现在图纸上。在三维模型中，元素是在空间中的水平、垂直或沿任何其他角度或方向放置的。在 ACS 平面锁处于打开状态时，为了实现精确放置，许多元素都依赖于视图的方向、精确绘图的绘图平面或当前辅助坐标系，需要使用精确绘图或使用三维辅助坐标系。

（1）精确绘图。使用精确绘图可以方便地使用轴测视图将非平面复杂链或复杂形状放置到任意方向，而无需恢复到正交视图。只需通过将绘图平面轴旋转到前视图、顶视图或侧视图（表 6.3.1-1），就可以在轴测视图中进行操作，同时在任意正交视图的平面中绘图。

绘图平面轴向	激活方式	图示说明
正常模式(精准绘图指针坐标轴平行于窗口 XY 轴向)	按快捷键"V"	
顶视图轴向	按快捷键"T"	
前视图轴向	按快捷键"F"	
侧视图(左右)轴向	按快捷键"S"	

（2）ACS 辅助坐标系。在 ACS 坐标中可以进行旋转移动等操作，在改变 ACS 坐标时，世界坐标系不变。可根据需求更改 ACS 坐标，以便于在不同的空间面上绘图。利用该工具框中的功能可以新建、复制、删除项目中设定的 ACS，还可利用 ACS 的各种不同定义方式修改或建立新的 ACS 坐标。定义 ACS 坐标的方式有面定义、点定义、视图定义、根据参考定义（当项目中载入有参考文件时，使之与参考文件中的 ACS 坐标一致）。在锁功能中有两个锁用于将对象锁定到激活的 ACS 上，一个是 ACS 平面锁，一个是 ACS 捕捉锁（图 6.3.1-1）。

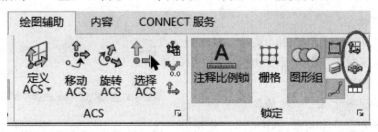

图 6.3.1-1 ACS 坐标

2. 创建基元

对于立方体、圆柱、球、圆锥这些基本的立体单位，不需要先画二维图形再拉伸，MicroStation 提供了专门的基元绘图。基本元素绘制方法大概有两种：一是以精准绘图工具来绘制（建议采用此方法），二是给定必要长、宽、高或半径值参数来绘制。三维基本元素工具栏如图 6.3.1-2 所示。

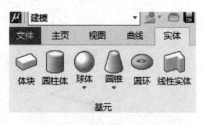

图 6.3.1-2　三维基本元素

本书以用精确绘图工具放置体块为例进行介绍，其他基元操作过程相似。操作过程为：

（1）选择"体块"工具，打开精准绘图（F11），选中"正交"选项，其他选项关闭；

（2）抓取视图 1 选择顶视图适当的位置为原点，再按鼠标左键完成；

（3）水平向右移动光标，点击 Enter 锁定后，输入长度 1，再按鼠标左键完成；

（4）垂直向上移动光标，点击 Enter 锁定后，输入宽度 1，再按鼠标左键完成；

（5）垂直向上移动光标至视图 3，输入高度 3，再按鼠标左键完成。结果如图 6.3.1-3 所示。

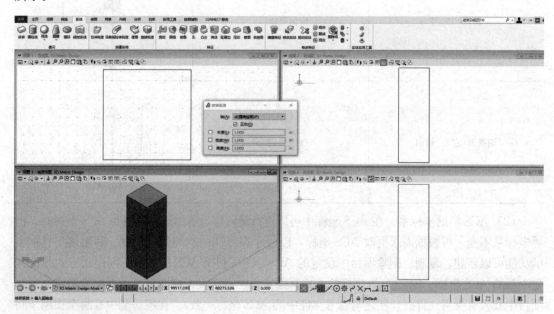

图 6.3.1-3　绘制长方体

3. 创建实体

当基元工具不能满足绘图需求时，就可以用创建实体工具创建复杂实体。创建实体工具栏如图 6.3.1-4 所示。

（1）拉伸创建实体。"拉伸构造"命令是通过线性拉伸构造轮廓元素创建实体，此轮廓为任意闭合图形或实体的非曲面。选择拉伸构

图 6.3.1-4　创建实体

266

造命令，在弹出的拉伸构造实体对话框中勾选距离并输入距离值，即可在绘图窗口中绘制拉伸实体（图 6.3.1-5）。

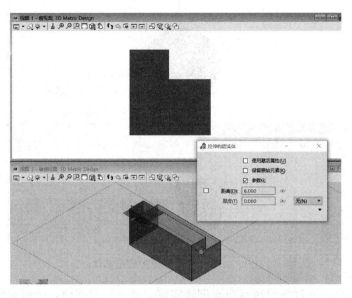

图 6.3.1-5　拉伸创建实体

（2）沿曲线拉伸构造实体。其包括自定义轮廓和圆形轮廓两种形式，进行曲线路径拉伸构造实体。以自定义轮廓为例，进行拉伸。首先应绘制被拉伸的轮廓和路径（路径为轮廓垂直方向），选择"沿曲线拉伸构造实体"命令，对齐方式选择"普通"，根据状态栏提示进行操作，即可完成绘制，如图 6.3.1-6、图 6.3.1-7 所示。

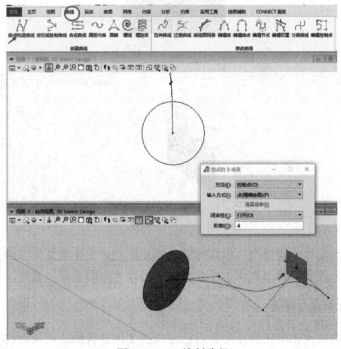

图 6.3.1-6　绘制路径

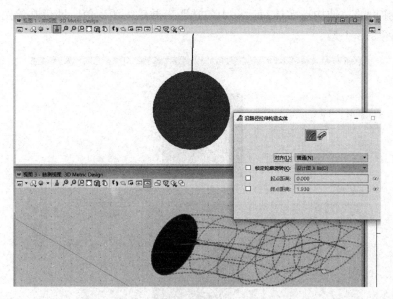

图 6.3.1-7　沿曲线拉伸构造实体

（3）增厚命令。通过增厚现有曲面创建实体。首先创建曲面，选择增厚命令输入厚度值，即可创建加厚曲面实体，方向可以选择向前、向后或两者（图 6.3.1-8）。

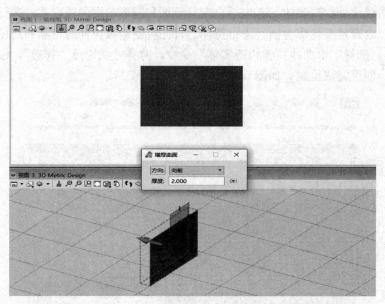

图 6.3.1-8　增厚

（4）旋转构造实体。通过绕一根旋转轴旋转轮廓元素而生成复杂三维元素，此轮廓可为任意闭合图形，旋转轴可以为图上任意边，也可以为空间上某一直线（图 6.3.1-9）。

6.3.2　特征实体创建与修改

对于非常复杂的实体可用特征命令对已创建的实体进行修改，从而得到复杂实体。实

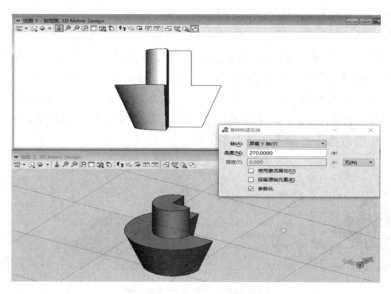

图 6.3.1-9 旋转构造实体

体菜单下包含特征、修改特征和实体实用工具（图 6.3.2-1）。以图 6.3.2-2 为例，进行实体特征创建与修改。

图 6.3.2-1 实体创建与修改工具栏

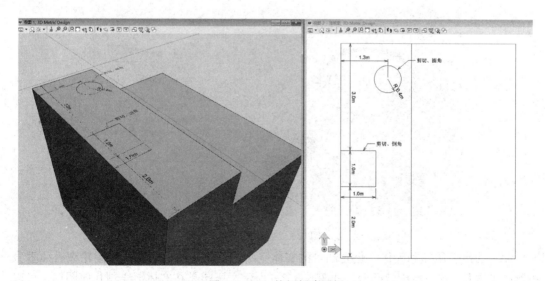

图 6.3.2-2 特征创建图例

1. 创建特征实体

使用"特征"工具栏中的工具，可添加剪切、圆角、倒角、孔、凸出、壳体等特征。

通过这些工具，可以使用简单的实体来构造具有多个特征的实体。

（1）剪切、圆角、倒角、孔。首先绘制矩形和圆形，在侧视图下，点击"直线-智能线"，捕捉实体左上方起点，激活精确坐标及绘图参考位置（F11＋O）。调整绘图平面为顶视图（使用快捷键"T"），Y轴方向Enter锁定，输入－3，点击"O"，单击左键确定矩形的起点位置。X坐标输入1，Y坐标输入1，矩形绘制完成。同理绘制圆形。点击"剪切""圆角""倒角"命令，按提示进行操作，如图6.3.2-3、图6.3.2-4所示。点击"打孔"，按提示进行操作，如图6.3.2-5所示。

图6.3.2-3　剪切＋倒角实体

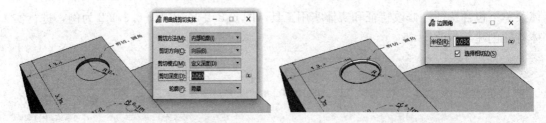

图6.3.2-4　剪切＋圆角实体

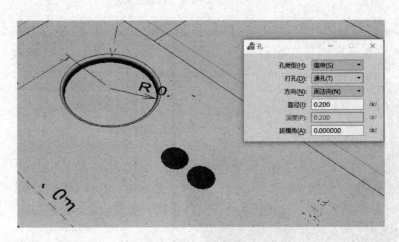

图6.3.2-5　打孔

（2）凸出、压印和壳体。创建凸台的实体空间位置绘制相应轮廓，绘制轮廓必须垂直投影在实体上，才可以创建凸台，如图6.3.2-6所示。压印是在实体上绘制几何图形，可以在实体上绘制线串、圆形、矩形，也可以将现有元素压印到曲面上，如图6.3.2-7所示。点击壳体命令，输入壳体厚度值，标识实体，选择要打开的面，单击鼠标左键接受，即可生成抽壳后实体（图6.3.2-8）。

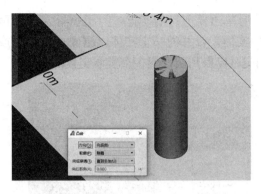

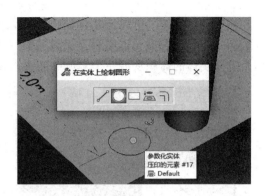

图 6.3.2-6　凸台　　　　　　　　　　　图 6.3.2-7　压印

2. 修改特征

（1）编辑特征。可以编辑参数化实体和曲面的某些参数，同时也可以编辑实体上特征的参数。点击编辑特征命令，选择某一实体，可编辑颜色、透明度、材质等（图 6.3.2-9）。

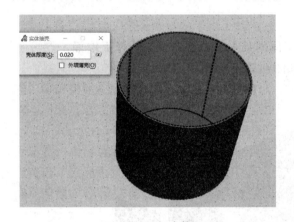

图 6.3.2-8　壳体　　　　　　　　　　　图 6.3.2-9　编辑特征

（2）修改实体。可以对已创建的实体上任意一点、边或面进行修改（图 6.3.2-10），该命令改变的是点、线和面的位置。

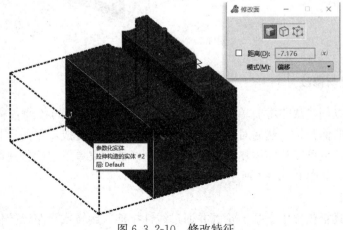

图 6.3.2-10　修改特征

（3）剪切实体。可先选择保留的实体，然后单击要剪切的实体，点击鼠标左键即可（图 6.3.2-11）。相并可以将两个或多个相交的实体，合并为一个实体；删减可将一个或多个重叠实体的体积从另一个实体中减去；相交可以得到两个或多个实体交集部分。

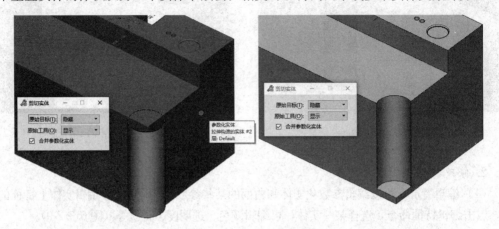

图 6.3.2-11　剪切特征

（4）提取面或边界，可以提取出实体的某一个面或边线。选择提取面，点击实体的面，单击鼠标左键接受即可，提取面如图 6.3.2-12 所示。

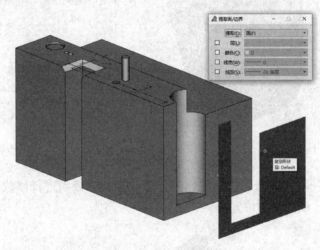

图 6.3.2-12　提取面

6.3.3　曲面创建与修改

曲面建模可以创建从非常简单的曲面到复杂的 B 样条曲面的各种各样的曲面。可以先从创建简单的曲面开始，然后对其进行修改和操作，使其变成需要的形状。可以单独使用曲面建模工具，也可以与实体建模工具结合使用。曲面菜单下包括创建曲面、修改曲面和曲面实用工具，如图 6.3.3-1 所示。

1. 创建曲面

创建曲面工具箱包含用于基于轮廓并通过线性拉伸、旋转或沿路径拉伸来创建曲面的

图 6.3.3-1 曲面建模工具栏

工具。构造曲面用于从定义的角点或通过平均多个定义的点来构造 B 样条曲面,基元曲面是放置简单的三维曲面元素的工具,这两种创建曲面的方法较简单,按命令提示创建即可。下面主要对放样曲面、拉伸构造曲面、沿曲线延展曲面进行创建。

(1) 放样曲面,用于构建在两个截面元素之间转换的 B 样条参数化曲面。启用参数化(这样可以轻松编辑它,而无需手动重建),在按住 Ctrl 键的同时单击数据点可选择多个截面,应按照创建曲面的顺序进行选择,或按住左键的同时拖拽一条线来选择轮廓(图6.3.3-2)。对于闭合轮廓,可以更改红色箭头的方向,并可通过拖动旋转球移动位置(图6.3.3-3)。

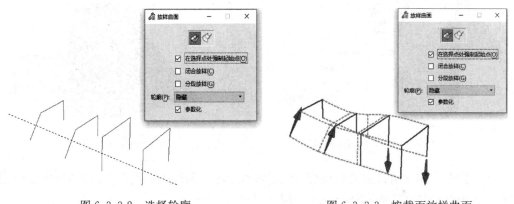

图 6.3.3-2 选择轮廓

图 6.3.3-3 按截面放样曲面

(2) 拉伸构造曲面,将轮廓元素线性拉伸所定义的距离,原始轮廓元素及其拉伸之间形成曲面。启用参数化,定义起始点,移动光标以定义拉伸的距离(如果距离已关闭)和方向,单击左键接受(图 6.3.3-4)。

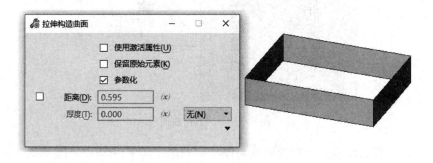

图 6.3.3-4 拉伸构造曲面

(3) 沿曲线延展曲面。选择轨迹曲线,再选择第一个轮廓及第二个轮廓,可以根据需要调整图柄。点击左键接受(图 6.3.3-5、图 6.3.3-6)。

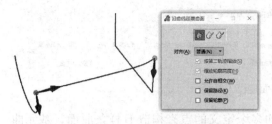

图 6.3.3-5　选择路径、轮廓

图 6.3.3-6　沿一轨迹曲线延展两轮廓

2. 修改曲面

（1）剪切曲面。在接受修剪之前，可以选择剪切、翻转、复制第一曲面或第二曲面（图 6.3.3-7），如果选择元素进行修剪，将保留元素的选定部分（图 6.3.3-8）。

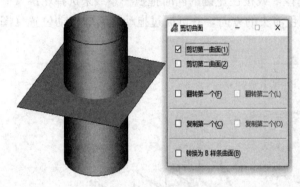

图 6.3.3-7　剪切曲面设置

图 6.3.3-8　剪切曲面

（2）圆角。用于通过沿公共相交曲线延展恒定半径的圆弧，在两个曲面之间创建三维圆角，圆角将创建在箭头图柄指向的一侧（图 6.3.3-9）。

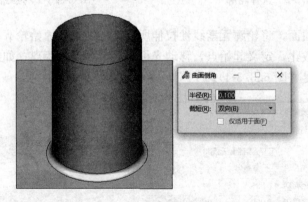

图 6.3.3-9　剪切曲面

（3）分割、缝合曲面。分割曲面或实体将得到两个 B 样条曲面（图 6.3.3-10）。缝合曲面用于将两个或多个开放曲面沿其相邻边缝合成一个曲面，图 6.3.3-10 中缝合后的效果如图 6.3.3-11 所示。如果缝合的曲面形成了一个闭合形状，则该形状将转换成智能实体。

274

图 6.3.3-10　分割曲面

图 6.3.3-11　缝合曲面

3. 转换为实体

使用"实体实用工具-转换实体"命令可以将曲面转换为智能实体，如图 6.3.3-12 所示。选择"转换实体"命令，在"转换为实体"对话框的"转化为"中选择"智能实体"，在绘图窗口中选择"曲面"，即可生成实体。

6.3.4　参数化建模

参数化建模工具比传统三维工具更具有灵活性。使用参数化建模，只需对创建对象的参数稍加更改就能获得不同的结果。对元素进行修改的方式有两种：选择元素后使用图柄进行交互式更改，或者在元素的属性对话框中更改

图 6.3.3-12　转换为实体

对象的参数。参数化建模的常规步骤是使用二维制图工具创建一个轮廓，然后使用三维创建工具将此轮廓拉伸或旋转构造为实体或曲面。为了简化此工作流，可对二维轮廓和三维参数化元素应用约束，此工作流能够捕捉设计逻辑，将生成的参数化组件作为参数化单元放置以便进行重复使用，约束工具栏如图 6.3.4-1 所示。

图 6.3.4-1　约束工具栏

1. 创建变量和变化

使用"尺寸标注-变量"进行创建和管理激活模型的变量和变化。首先绘制二维图形，点击"变量"，新建变量和变化（图 6.3.4-2），点击"按元素"尺寸标注（图 6.3.4-3），通过更改"变量和变化"，即可实现二维图形参数的变化（图 6.3.4-4）。

2. 应用与管理约束

约束指对自由对象的自由度施加的限制，使用约束工具来固定轮廓上元素的位置（方向），进行不同尺寸的标注，还可以相对固定几何组件，使它们在底层几何图形或特征被

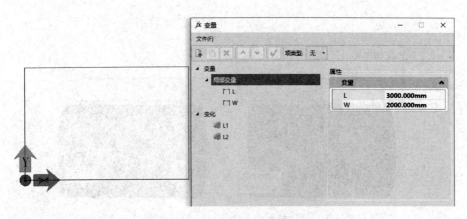

图 6.3.4-2　新建变量和变化

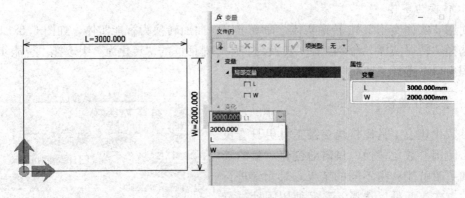

图 6.3.4-3　按元素尺寸标注

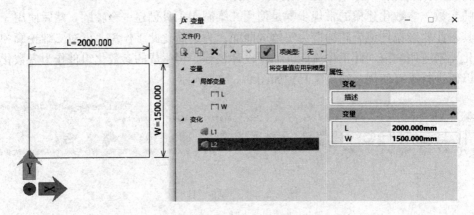

图 6.3.4-4　更改变量和变化

修改的情况下仍能正确定位。

（1）自动约束。自动向元素应用一组几何约束，如图 6.3.4-5 所示。

（2）自定义约束，按要求对图形进行固定、重合、转动等。首先利用"智能线"在坐标原点处绘制向下的一条直线，点击"固定"命令，将原点、直线固定，点击"重合"，将矩形两边和原点交汇位置重合。再次打开变量，原点被固定，不随着变量变化而变动，

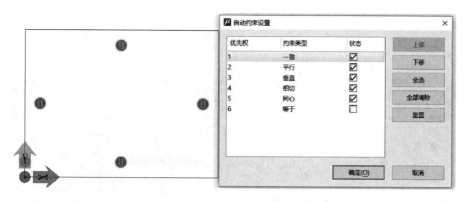

图 6.3.4-5　自动约束

如图 6.3.4-6 所示。

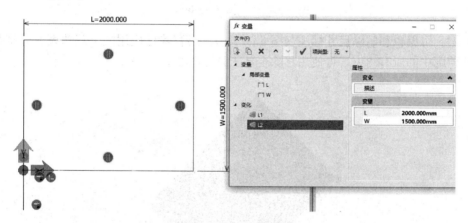

图 6.3.4-6　固定与重合

新建变量，增加角度变量（图 6.3.4-7）。通过激活值变化，图形可按角度进行转动，如图 6.3.4-8 所示。

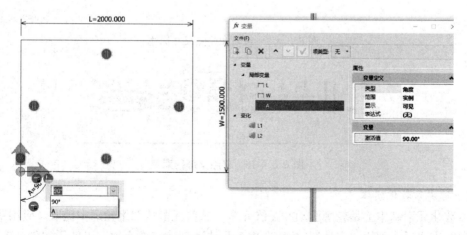

图 6.3.4-7　增加角度变量一

（3）约束管理。使用约束标记可以快速进行交互式选择，还可快速编辑和管理约束。

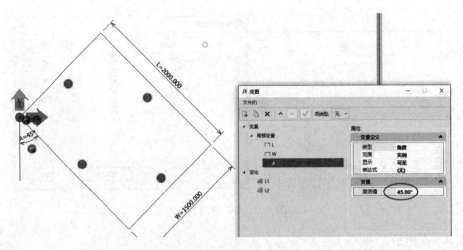

图 6.3.4-8　增加角度变量二

点击右键，可编辑和删除尺寸标注（图 6.3.4-9）。可移除已应用的全部约束或分别移除。要移除轮廓中的所有约束，可使用移除全部工具（图 6.3.4-10）。

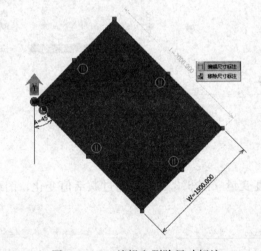

图 6.3.4-9　编辑和删除尺寸标注

图 6.3.4-10　移除全部约束

3. 创建参数化实体

参数化元素基本上是轮廓驱动的三维元素，这些元素从二维轮廓中提取，应用所需的形状和约束之后，利用"实体""曲面"中工具快速创建三维元素。以使用"创建实体-拉伸构造"命令为例，创建参数化实体。首先创建变量 H，利用表达式定义变量 H（图

6.3.4-11、图6.3.4-12)。点击"创建实体-拉伸构造"命令，单击左键确定，完成三维模型创建（图6.3.4-13)。使用图柄或者通过更改参数来修改三维元素，应用变量驱动的特征创建复杂设计组件，也可将其作为参数化单元放置到其他设计中。

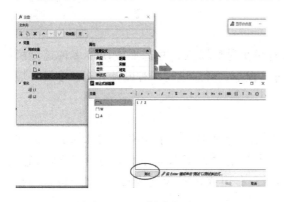

图6.3.4-11　创建变量H　　　　　　图6.3.4-12　表达式定义变量H

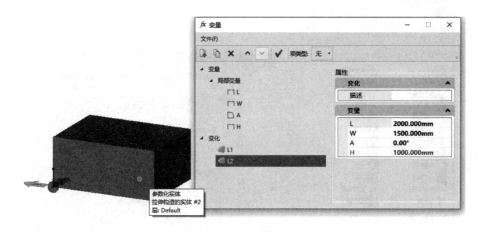

图6.3.4-13　创建参数化实体

6.4　渲　染

　　渲染是通过显示着色面来表示3D模型的过程。渲染前通常需要给模型赋予材质、设置照明和确定观察角度与方式。其工作流程是首先设定照相机，然后是定义光照，接着通过渲染视图对光照效果进行观察和调整，在创建或选择材料赋予模型以后，再通过渲染视图对画面效果进行综合调整，进行最后的成果渲染并保存图像。将命令流切换至"可视化"，在主页中，渲染常用工具如图6.4.0-1所示。

图6.4.0-1　渲染工具

6.5 漫游与动画

6.5.1 创建漫游

利用漫游，可以从任意角度、距离和精细程度观察场景，并选择或切换多种运动模式，控制浏览路线，如行走、飞行等。在漫游过程中，可以进行多种设计方案、多种环境效果的实时切换比较。

1. 行走

行走命令，以人走路的视角观察模型。在视图特性中，显示相机（图 6.5.1-1）。选择行走命令，弹出行走对话框，其中相机高度为行走时观察周围环境的视角高度，如图 6.5.1-2 所示。快捷键：Shift＋按键，镜头倾斜左右边或转向天空地面；Ctrl＋按键，相机前后左右移动。

图 6.5.1-1　显示相机

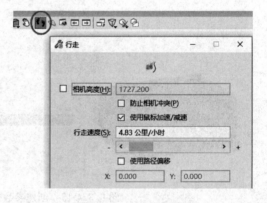

图 6.5.1-2　行走设置

2. 飞行

飞行与行走的操作相同，区别在于飞行不能设置相机高度，如图 6.5.1-3 所示。

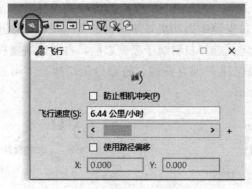

图 6.5.1-3　飞行设置

6.5.2　动画模拟

动画模拟由动画制作器完成，动画制作器可创建显示实际设计的动画序列。制作动画相关的工具组包括创建修改角色、脚本等，如图 6.5.2-1 所示。

1. 路径动画

路径动画是通过角色让其沿某一路径进行运动的动画，可通过以下步骤进行创建。

（1）首先使用 B 样条曲线绘制动画路

图 6.5.2-1　动画模拟工具栏

径，点击"创建相机"命令（可创建多个相机），对相机进行命名（图 6.5.2-2）。点击"编排相机"命令，对起始时间、速度、内插等进行设置，如图 6.5.2-3 所示。

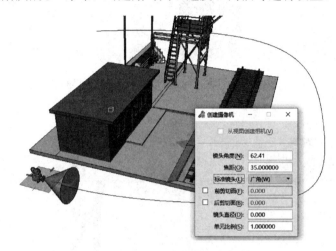

图 6.5.2-2　创建相机

图 6.5.2-3　编排相机

（2）定义角色路径。点击"定义角色路径"命令，点选相机和路径、标识方向，单击鼠标左键接受，定义时间、速度，如图 6.5.2-4、图 6.5.2-5 所示。

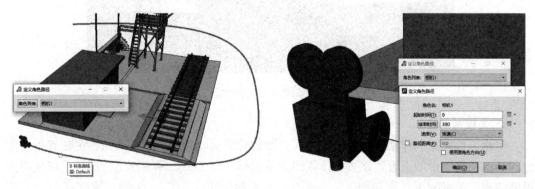

图 6.5.2-4　定义角色路径

图 6.5.2-5　定义角色路径设置

（3）点击"创建目标"（可创建多个目标）命令，进行命名。点击"编排目标"命令，设置起始时间、速度，选择对象、目标，如图 6.5.2-6、图 6.5.2-7 所示。

（4）最后点击"动画预览工具"命令，进行动画预览（图 6.5.2-8）。

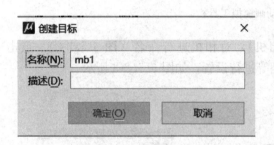

图 6.5.2-6　创建目标

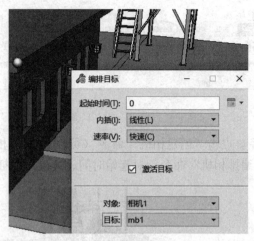

图 6.5.2-7　编排目标

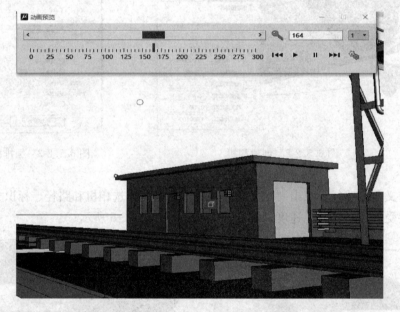

图 6.5.2-8　动画预览

2. 关键帧动画

创建关键帧是制作动画的最基本形式。要创建关键帧动画，则必须在特定位置指定角色和其他几何图形的位置，该特定位置即为关键帧。如大桥、涵洞施工模拟等均可使用关键帧动画，关键帧工具栏如图 6.5.2-9 所示。下面以图 6.5.2-10 为例，使槽盒板向下移动，进行关键帧动画创建。具体步骤如下：

（1）按需要在指定位置创建关键帧。选择需创建关键帧的元素，点击创建"关键帧"命令，创建关键帧，在对话框中对关键帧命名并确定。本例中共创建 3 个关键帧，可通过冻结查看关键帧位置，如图 6.5.2-11 所示。

图 6.5.2-9　关键帧工具栏　　　　　图 6.5.2-10　关键帧动画创建图例

图 6.5.2-11　创建关键帧

（2）编辑脚本。点击脚本，编排关键帧（图 6.5.2-12）。在动画制作器中，可以查看及修改脚本（图 6.5.2-13）。

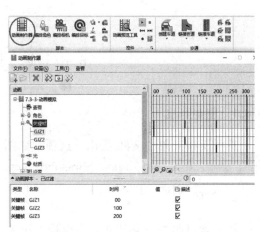

图 6.5.2-12　编排关键帧　　　　　图 6.5.2-13　动画制作器编辑

（3）点击"动画预览工具"命令，进行动画预览。

6.5.3 动画输出

动画输出的命令为控件中"录制"，在弹出的"录制脚本"对话框中可以选择输出图片大小、格式等，在记录范围输入关键帧的时间，单击确定即可，如图6.5.3-1所示。用视频编辑软件将导出的一帧一帧的图片处理成视频。

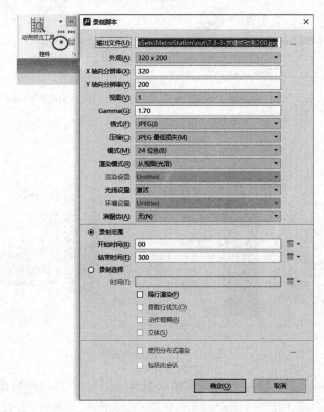

图 6.5.3-1　动画输出

6.6 成 果 输 出

6.6.1 图形导出

选择下拉菜单"文件-导出"选项，如图6.6.1-1所示，可导出图形文件，主要包括：dgn、dwg、dxf、pdf、iges、parasolid、acis、vrml等文件类型。

6.6.2 打印

将元素打印为三维PDF，可选择下拉菜单"文件-打印"选项，将三维打印勾选，点击"印出到文件"，如图6.6.2-1所示，即可实现在PDF中观看三维动画效果。

284

图 6.6.1-1　图形导出

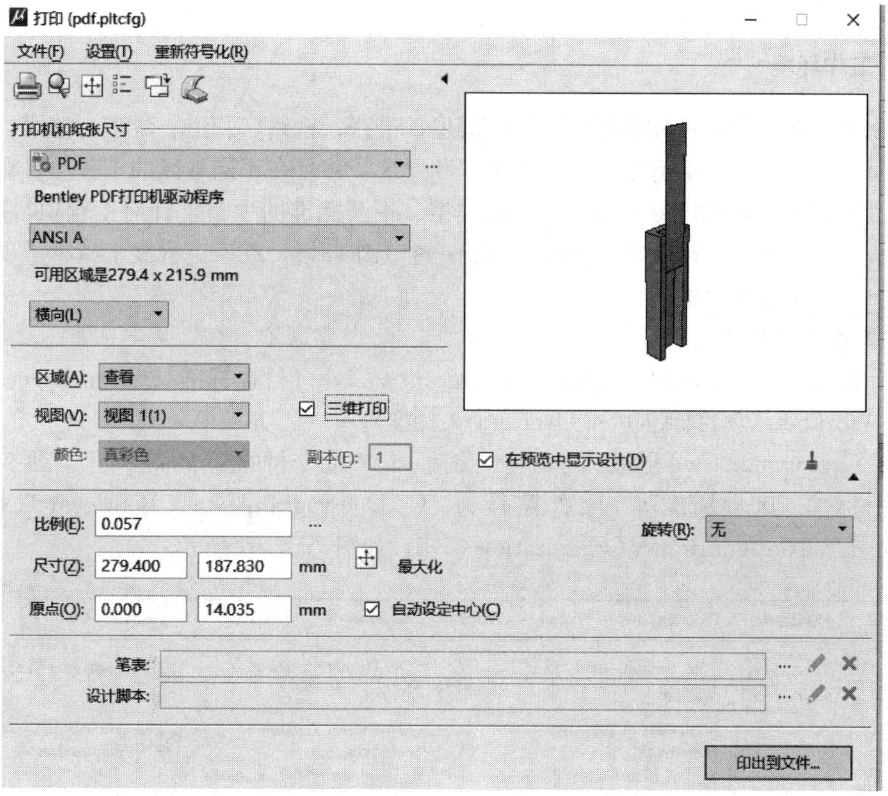

图 6.6.2-1　三维打印

第 7 章　CCNCBIM OpenRoads 工程设计应用

7.1　软件常用基本操作

CNCCBIM OpenRoads 软件中融入了中交第一公路勘察设计研究院有限公司多年来在道路工程设计和软件研发领域积累的丰厚经验，支持道路工程的 BIM 正向设计整体流程，可生成各种复杂性道路、平交口、互通式立交的 BIM 模型。通过 BIM 设计模型可直接生成符合国家规范及本土化要求的传统二维设计成果（如平面、纵断面、横断面图纸及相关设计表格等）。CNCCBIM OpenRoads 的目标是为每一位道路工程设计师提供正向三维设计的高效利器。

7.1.1　工作环境

在土木行业工程项目种类繁多，包括房屋、道路、铁路、管道、隧道、桥梁、港口等工程，每一种工程项目都有各自的工作流程和要求，并且在不同地区的工程项目有不同的标准。为了更有针对性、更高效处理不同类型、不同标准的项目，针对工程项目的类型、工作流程、涉及的专业以及项目标准，预设一个工作环境，在一定程度上减少了项目文件的大小，提高了处理速度。

1. 工作环境层级

工作环境分为 4 个层级，分别为 Organization-Civil（行业标准）、WorkSpaces（公司标准）、WorkSet（项目标准）和 User（个人标准）。

（1）Organization-Civil 层级：可新建、修改、随产品交付的基本标准，可扩展到国家标准、行业标准、区域标准等。文件路径为：C：\ ProgramData \ Bentley \ CNCCBIM OpenRoads \ Configuration \ Organization-Civil，如图 7.1.1-1 所示。

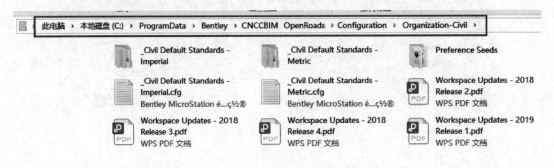

图 7.1.1-1　Organization-Civil 文件路径

（2）WorkSpaces 标准层级：可存放公司级别的标准文件，可以通过用户界面选择，通过 CGF 文件建立 WorkSpaces 与 Organization-Civil 的关系。文件路径为：C：\ ProgramData \ Bentley \ CNCCBIM OpenRoads \ Configuration \ WorkSpaces，如图 7.1.1-2 所示。

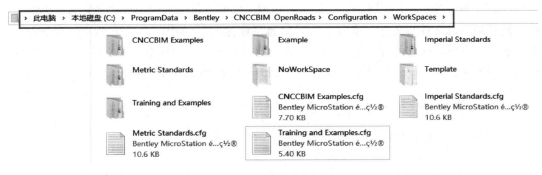

图 7.1.1-2　WorkSpaces 标准层级文件路径

（3）WorkSet 标准层级：WorkSet 是 WorkSpaces 的子集，可以存放项目级别的标准文件，可通过用户界面创建 WorkSet 来建立。文件路径为：C：\ ProgramData \ Bentley \ CNCCBIM OpenRoads \ Configuration \ WorkSpaces \ CNCCBIM Examples \ WorkSets，如图 7.1.1-3所示。

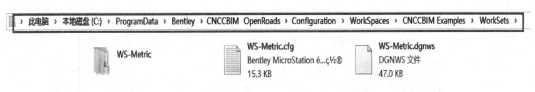

图 7.1.1-3　WorkSet 标准层级文件路径

（4）User 标准层级：存储个人喜好设置，通过系统界面设置，用于所有 WorkSpaces 和 WorkSet。文件路径为：C：\ Users \ Administrator \ AppData \ Local \ Bentley \ CNCCBIM OpenRoads \ 10.0.0 \ prefs，如图 7.1.1-4 所示。

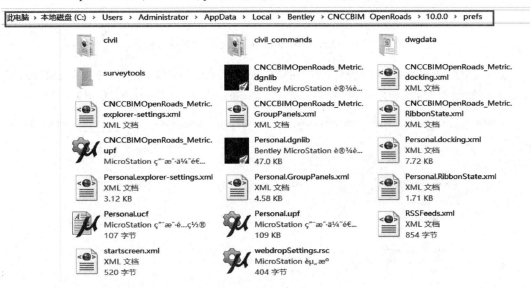

图 7.1.1-4　User 标准层级文件路径

2. 工作环境创建

(1) 创建 Organization-Civil 层级标准。在如图 7.1.1-5 所示文件夹内，复制、粘贴 "_ Civil Default Standards-Metrie" 文件夹和 "_ Civil Default Standards-Metric. cfg" 文件。把复制后的文件与文件夹重命名为"交通行业标准"，如图 7.1.1-6 所示。在交通行业标准文件夹里，通过各种配置文件来配置当前行业所需要的标准。文件路径为"C：\ ProgramData \ Bentley \ CNCCBIM OpenRoads \ Configuration \ Organization-Civil"。

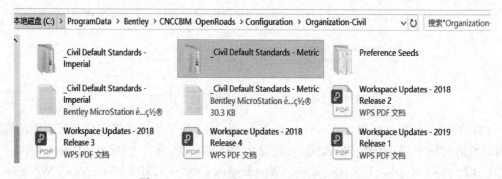

图 7.1.1-5　Organization-Civil 层级标准文件

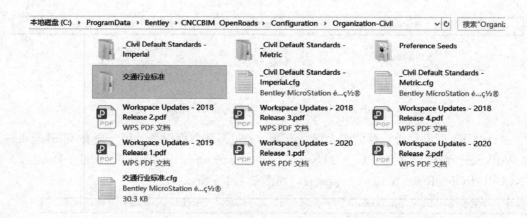

图 7.1.1-6　Organization-Civil 层级标准文件夹重命名

(2) 创建 WorkSpaces 层级标准。在 "Configuration" 文件夹，双击 "WorkSpaces" 文件夹，如图 7.1.1-7 所示。路径为："C：\ ProgramData \ Bentley \ CNCCBIM Open-

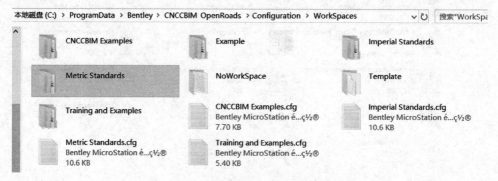

图 7.1.1-7　WorkSpaces 层级标准配置文件

Roads \ Configuration \ WorkSpaces"。复制、粘贴"Metric Standards"文件夹和"Metric Standards. cfg"文件,并重名为"MYINC Metric Standards",如图 7.1.1-8 所示。

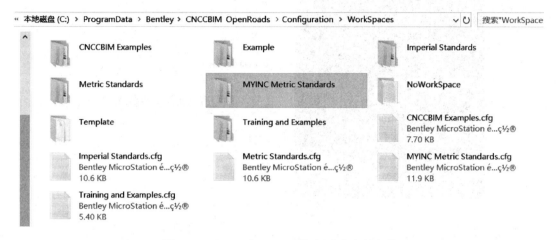

图 7.1.1-8 WorkSpaces 层级标准自定义文件

在当前界面下,打开"MYINC Metric Standards. cfg"文件,把"Civil _ ORGANNIZATION _ NAME"变量附上行业所需标准,即"交通行业标准",如图 7.1.1-9 所示。

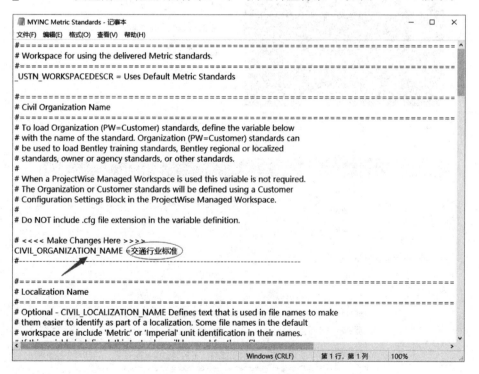

图 7.1.1-9 编辑自定义标准

(3)创建 WorkSet 层级标准。启动软件,在"WorkSpaces"里选择"MYINC Metric Standards",如图 7.1.1-10 所示。选择"MYINC Metric Standards"后,创建工作集,命名为"公路工程"如图 7.1.1-11～图 7.1.1-13 所示。即完成创建适合本单位项目的工作环境。

图 7.1.1-10　工作环境选择

图 7.1.1-11　创建工作集

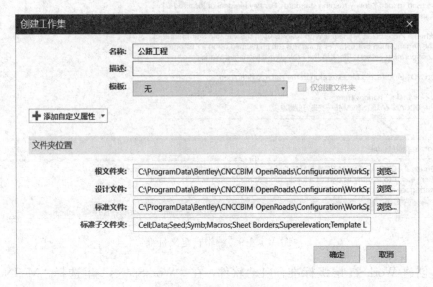

图 7.1.1-12　工作集命名

图 7.1.1-13　创建工作空间

7.1.2　特征定义创建

在 CNCCBIM OpenRoad 工作环境中，"Feature Defnitions"文件夹中的配置文件不仅定义了特征定义、标注样式、元素模板、图层、材质等，而且在文件夹中还定义了文本、线型、字体样式、管网库等辅助设计文件。

1. 特征定义

（1）打开配置文件。启动软件，选择合适的"WorkSpaces"和"WorkSet"。点击"浏览"，找到并打开"Features _ Annotations _ Levels _ Elem Temp Metric. dglib"文件，路径为："C：\ ProgramData \ Bentley \ CNCCBIM OpenRoads \ Cnfiguration \ Work-Spaces \ MYINC Metric Standards \ Worksets \ 公路工程 \ Stundards \ Dgnlib \ Feature Definitions"，启动界面如图 7.1.2-1 所示。

图 7.1.2-1　选择特征定义文件

（2）新建特征定义。下面以路线特征定义为例，介绍新建特征定义的基本流程。在资源管理器里，展开"CNCCBIM OpenRoads Standards"，点击当前"dgnib"文件，打开文件的详细内容，展开"特征定义"，如图 7.1.2-2 所示。找到"路线"，点击路线后，能看到该队列下存储的所有的特征定义。单击鼠标右键选择"复制"，然后重命名为"路线中心线"，如图 7.1.2-3、图 7.1.2-4 所示。

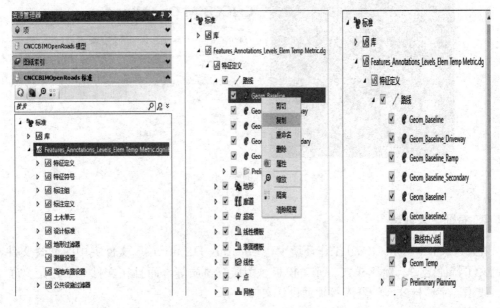

图 7.1.2-2　特征管理　　　图 7.1.2-3　复制特征定义　　　图 7.1.2-4　重命名特征定义

　　选择"路线中心线"，单击鼠标右键选择"属性"，即可查看该特征定义属性，如图 7.1.2-5 所示，路线特征定义取决于线性特征符号和纵断面特征符号。

2. 特征符号

(1) 新建特征符号。分别到线性特征符号和纵断面特征符号队列创建特征符号。点选

图 7.1.2-5　特征定义属性

"特征符号"，找到"线性"目录树，打开"Alignment"目录树，复制"Geom _ Baseline"并改名为"路线中心线"，如图 7.1.2-6 所示。收起"线性"目录树，点选"纵断面"目录树，在"Alignment"目录树下复制"Geom _ Baseline"并改名为"路线中心线"，如图 7.1.2-7 所示。

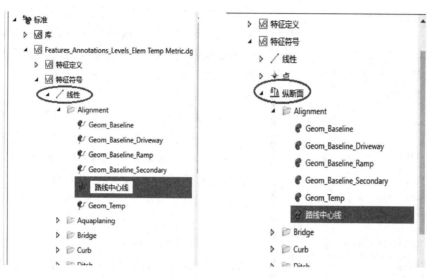

图 7.1.2-6　定义线性特征符号　　　　图 7.1.2-7　定义纵断面特征符号

（2）线性特征符号和纵断面特征符号属性说明，如图 7.1.2-8、图 7.1.2-9 所示。线性特征符号和纵断面特征符号属性与元素模板相关。

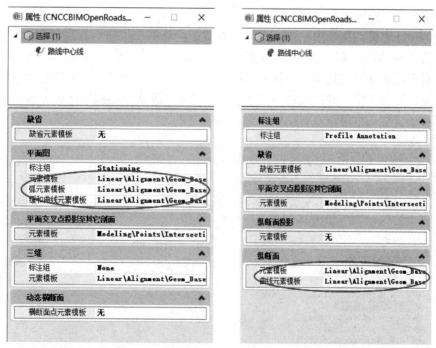

图 7.1.2-8　线性特征符号属性　　　　图 7.1.2-9　纵断面特征符号属性

在线性特征符号属性中，平面图通过标注组定义平面线所需要的标注风格；元素模板：平面线直线段所对应的元素模板；弧元素模板为平面线圆弧段所对应的元素模板；缓和曲线元素模板为平面线缓和曲线段所对应的元素模板。平面交叉点投影至其他剖面元素模板：在路线纵断面设计中，当需要把与该路线相交的路线的交叉点投影出来时，这些交叉点在纵断面设计视图里的表现颜色、线型等需要在对应的元素模板里设置。三维元素模板为定义路线中心线在三维（3D）视图的显示样式。

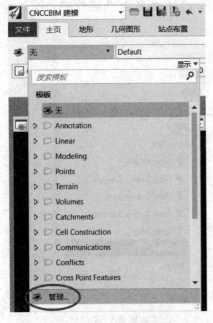

图 7.1.2-10 元素模板

在纵断面特征符号属性中标注组对纵断面出图后的标注样式进行关联。选中纵断面特征符号属性后，通过下拉框选择标注样式。纵断面元素模板（曲线元素模板），用来定义纵断面中的直线、曲线的图层、颜色、线型、线宽等内容。

3. 元素模板

（1）打开元素模板。点击"主页"，通过"元素模板关联"的下拉框找到"管理"并点击，即可打开元素模板，如图 7.1.2-10 所示。

（2）新建元素模板。在元素模板对话框里，可以按照项目要求新建模板组和模板。为了方便查找和后期调用，在元素模板的"Linear"目录树下的"Alignment"文件夹里创建特征定义所需要的元素模板：路线中心线直线、路线中心线圆曲线、路线中心线回旋线。

新建的特征定义"路线中心线"中如果需要一个新的图层时，在层管理器可以看到，新建图层为"路线中心线"，并在元素模板里，将新建的元素模板与新建的图层关联。例如在左边对话框里选中"路线中心线回旋线"，如图 7.1.2-11 所示，在右边对话框的"常规设置"里，点击"层"的位置，弹出下拉框，选中"路线中心线"图层即可。颜色、线型等可以按层设置，也可以在对话框里进行单独设置。

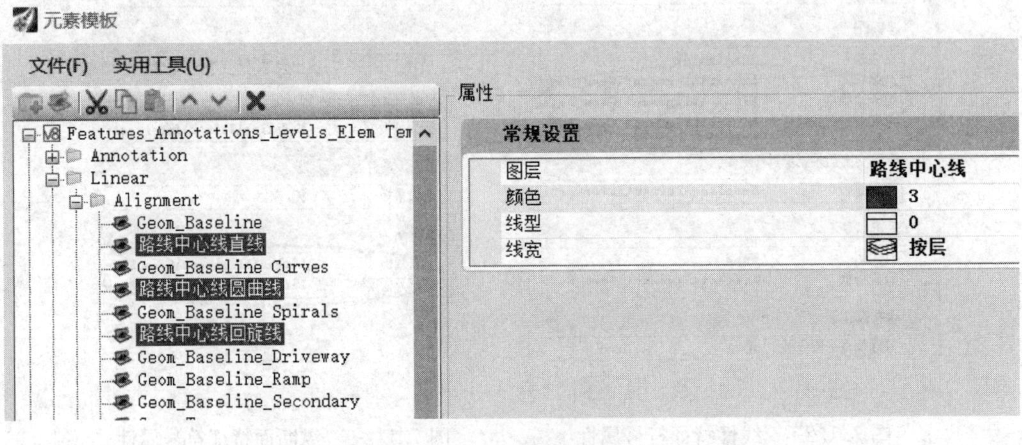

图 7.1.2-11 元素模板属性定义

4. 相互关联

特征定义、特征符号以及元素模板创建完成后，最后的关键工作就是把三者关联起来。只有将特征符号、元素模板关联到特征定义上，此特征定义才能被设计使用。关联的步骤如下：

（1）在资源管理器"CNCCBIM OpenRoads Standards"下关联特征符号找到特征定义"路线中心线"，单击鼠标右键选择"属性"。在属性对话框的纵断面特征符号和线性特征符号两项中分别通过下拉新建特征符号"路线中心线"，如图7.1.2-12所示。

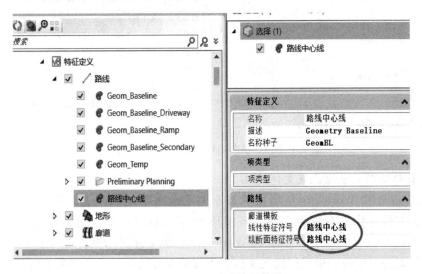

图 7.1.2-12　关联特征符号

（2）在资源管理器"CNCCBIM OpenRoads Standards"下找到线性特征符号"路线中心线"，单击鼠标右键选择"属性"，将对应的元素模板与线性特征符号关联，如图7.1.2-13所示，采用同样的方法，将对应的元素模板与纵断面特征符号关联，如图7.1.2-14所示。

图 7.1.2-13　线性特征符号关联元素模板

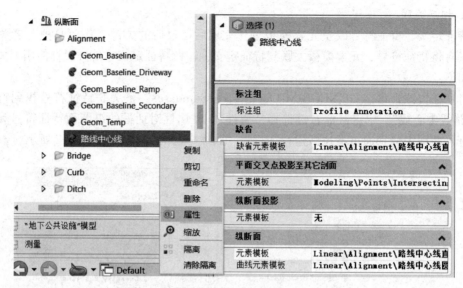

图 7.1.2-14　纵断面特征符号关联元素模板

5. 工作环境项目层级配置文件读取

WorkSpaces 和 Worksets 层级虽然都有与 Organation-Civil 层级相类似的配置文件夹，但是各文件夹内没有配置文件。当打开 Worksets 文件时，根据相关配置变量的设置，Organation-Civil、WorkSpaces 和 Worksets 层级文件夹中的配置文件系统都是能读取到的，如果公司层级和项目层级的文件夹下没有配置文件，系统读取的就只是行业级别的配置文件。

以项目层级为例，现在各单位做的项目越来越综合，项目类型多样。在项目实施之前，需要确定当前项目所需的图层、颜色、材质等设计标准的内容与行业层级是否一致。如果不一致，需要在项目层级按需求定义当前项目独特的配置内容。

定制项目层级"图层"的步骤如下：

（1）在项目层级里的"Feature Definitions"文件夹里新建".dgnlib"文件。在该文件中添加需要的图层，如图 7.1.2-15、图 7.1.2-16 所示。

（2）启动软件，新建或打开 dgn 文件，就能看到新建的"图层"。

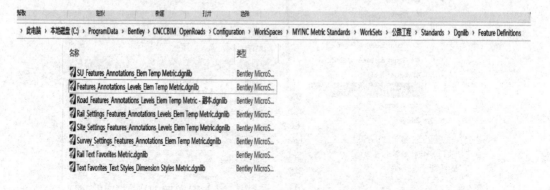

图 7.1.2-15　项目层级特征定义文件

296

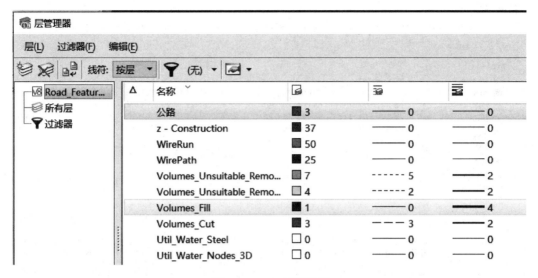

图 7.1.2-16　图层管理

7.1.3　新建文件

在 CNCCBIM OpenRoads 技术下创建的模型主要分为地形、路线、廊道、图纸等，在新建空白文件时，如果地形文件为"图形过滤器创建"，则需采用"三维种子"文件，其他方法创建地形以及其他模型均采用"二维种子"文件，且在系统工作空间中的种子文件主要分为公制和英制两种，选择时需要注意。新建文件规范命名有利于项目文件的管理，新建过程如图 7.1.3-1、图 7.1.3-2 所示。

图 7.1.3-1　新建文件

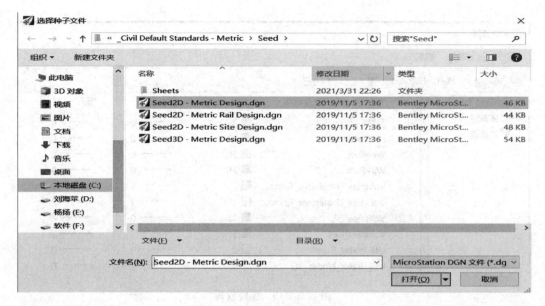

图 7.1.3-2　选择种子文件

7.1.4　参考文件

参考能够在各相关专业的实施过程中控制彼此的依赖关系，保证数据传递的准确性和实效性。设计过程中各环节都会存在数据调整、方案优化，如何保证下游专业及时得到最新的成果是确保设计质量的重要前提，而通过参考关系能够满足这类需求。例如路线专业对路线纵断进行了调整，保存路线设计模型；桥梁专业参考了路线模型，更新参考得到新的墩高尺寸；详图模型更新了桥梁结构专业模型，钢筋模型、钢筋详图也同时更新到最新的内容，如图 7.1.4-1 所示。

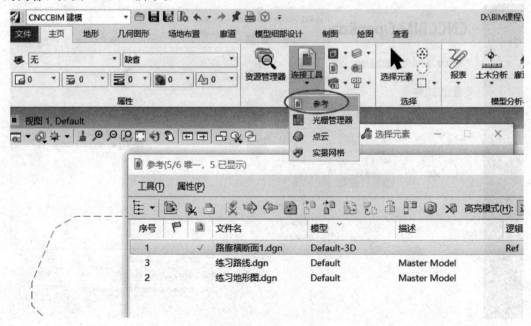

图 7.1.4-1　参考文件

7.1.5 系统设置

CNCCBIM OpenRoads 的系统设置主要包括用首选项、设计文件设置。首选项主要是针对显示进行定义，使用者可以按需进行设置。设计文件设置会涉及设计过程中的定义，包括常用的工作单位、坐标定义、桩号定义、平纵定义等内容。设置过程可参考图 7.1.5-1、图 7.1.5-2。

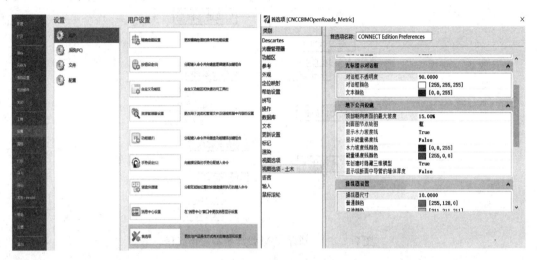

图 7.1.5-1 首选项设置

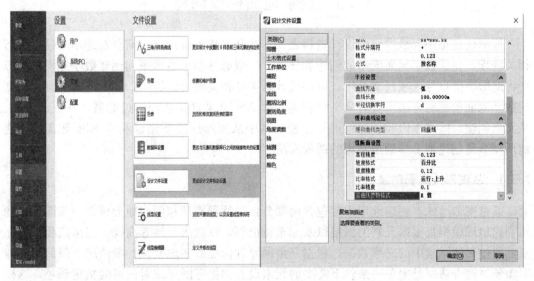

图 7.1.5-2 设计文件设置

7.2 设 计 流 程

CCNCBIM OpenRoads 进行道路设计是按照"创建地形模型-路线设计-廊道设计-道路

交叉口设计-交通设施设计-可视化-成果输出"的工作流程开展。在完成建模工作后还可以将模型导入 LumenRT 创建的场景中进行动态的实时交互操作，对设计成果进行推敲、交流以及相应的模拟。图 7.2.0-1 为基于 CCNCBIM OpenRoads 的道路 BIM 设计基本工作流程。

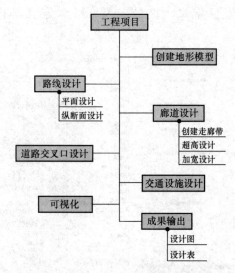

图 7.2.0-1　道路 BIM 设计基本工作流程

7.3　数字地面模型创建

地形信息是项目最主要的设计资料之一，在开展相关设计之前需要对地形图信息进行相关处理，完成数字地面模型的创建和导入。一般通过参考地形图和创建数字地模两种方法将地形图信息导入项目文件中，以供设计者展开相关设计。CNCCBIM OpenRoads 中创建数字地面模型的方法主要有从文件创建、从 ASCⅡ 文件、从图形过滤器、从点云创建、从元素创建、按文本内插创建地形等模型。其中从图形过滤器创建和从 ASCⅡ 文件创建地形模型是创建地形模型最常用的两种方法。

7.3.1　从图形过滤器创建

通过图形过滤器创建地形主要包含两部分：过滤器管理和创建地形模型。按图形过滤器创建地形模型是根据元素的图层以及元素特征等，筛选出三维等高线、三维高程点等元素，通过提取元素中的三维数据，根据三角网原理构建数字地模。一般情况下最简单的地形图预处理方法就是把单一条件下需要的元素设置到指定图层或者设置为指定颜色，这样就可以按照图层或颜色筛选需要的元素，进一步提取需要的信息。

1. 创建过滤器

参考需要创建地面模型的 dgn 格式文件，打开"从图形过滤器"对话框，点击"地形过滤器管理器"，打开"地形过滤器管理器"，根据需要的元素类型新建过滤器，在属性中"编辑过滤器"选择主要属性，如图层、元素类型等快速编辑过滤器，如不能明确等高线的信息可以采用"通过选择"，系统自动读取被选中对象的相关信息并显示在属性框中，此时可以通过取消非必要性条件，得到过滤器的属性设置，如图 7.3.1-1、图 7.3.1-2 所示。

图 7.3.1-1　创建过滤器

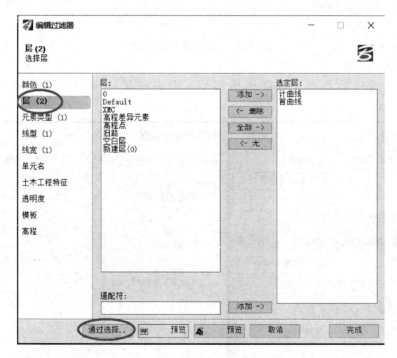

图 7.3.1-2　编辑过滤器

2. 创建过滤器组

当原始测绘数据中存在多种信息的时候，单一过滤器不能过滤所有对象，此时需要创建"过滤器组"。过滤器组就是多个过滤器的组合，利用过滤器组创建地形时，系统同时执行多个过滤器创建地形。对于常见的地形图，一般情况下只需要针对等高线和高程点创建两个对应的过滤器，再通过过滤器组关联两个过滤器就能够生成需要的地形模型，如图7.3.1-3 所示。

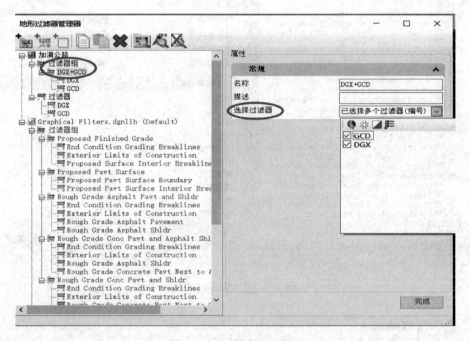

图 7.3.1-3　创建过滤器组

3. 创建地形模型

通过"图形过滤器组"创建地形模型，设定相关选项即可得到地形模型，如图 7.3.1-4所示。

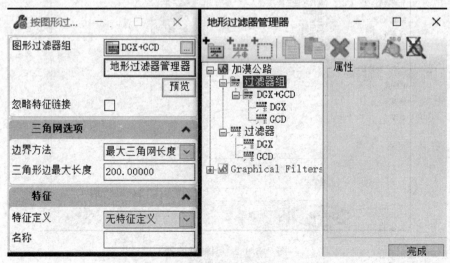

图 7.3.1-4　利用图形过滤器组创建地形模型

4. 导出地形模型

地形模型生成后，选中地形模型，将鼠标放在地形模型边界上，利用快捷菜单导出地形模型，如图 7.3.1-5 所示，按需选择不同的数据格式即可完成地形模型的数据保存。

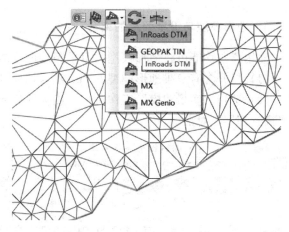

图 7.3.1-5　导出地形模型

7.3.2　从文件创建

不同软件生成的地形数据文件是不同的，目前系统主要支持的专业数据格式包括：dtm、tin、xml、xys、dim 等。首先点击"从文件"创建地形模型图标，然后选择需要导入的地形数据文件，读取数据文件后，在窗口中针对导入文件的选项进行调整，提示导入完成后关闭对话窗口。

7.3.3　从元素创建

利用元素创建地形的功能是利用三维图形元素进行地形创建，无论是直接绘制的三维空间中的对象，还是利用平纵设计原理创建的三维对象，都可以此方法实现地形的创建。此方法主要用于场地设计工作或者原测绘文件中元素相对简单，可以通过直接选择的方式快速确定对象进而实现数字化地形的创建。

7.3.4　创建剪切地形模型

创建剪切地形的结果不是剪切地形，而是创建地形。利用已有的地形模型结合剪切元素创建新的地形，用于解决原始模型的分区和编辑。选择"创建剪切地形模型"按钮，按照提示选择创建剪切地形的原始地形，选择创建剪切地形的元素，确定剪切选项，完成创建工作。剪切方法选择内部时，剪切地形模型如图 7.3.4-1 所示。

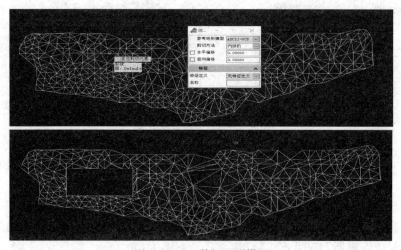

图 7.3.4-1　剪切地形模型

7.3.5 地形模型与卫星照片的结合

使用覆盖功能可将地形模型与卫星照片进行结合，具体的操作步骤如下：

（1）打开含有三维地形模型的 dgn 图，切换到顶视图上。

（2）选择"实景建模"工作流，在连接选项卡光栅点击如图 7.3.5-1 所示按钮，打开"光栅管理器"对话框。

图 7.3.5-1　打开"光栅管理器"

（3）参考卫星图片（以交互式方式放置），如图 7.3.5-2 所示。

图 7.3.5-2　连接光栅参考

（4）在"光栅管理器"对话框里，在列表框的顶部单击鼠标右键，在弹出的菜单中打开"覆盖"，如图 7.3.5-3 所示。

（5）将视图旋转到轴侧图。

（6）切换到"可视化"工作流，在主页选项卡找到"材质"按钮，如图 7.3.5-4 所示，打开"材质编辑器"对话框。

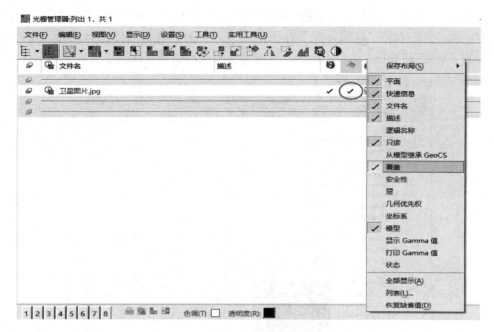

图 7.3.5-3　设置覆盖

图 7.3.5-4　打开"材质编辑器"

（7）打开"Civil"材质板，如图 7.3.5-5 所示。

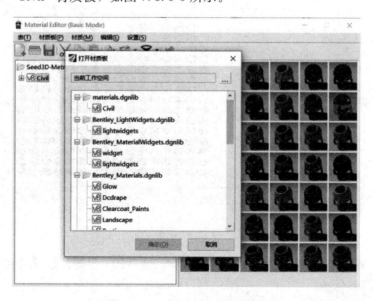

图 7.3.5-5　打开"Civil"材质板

（8）在"Civil"材质板中，选择"dcdrape"，点击上方"分配材质"，弹出"分配材质"对话框，点击右侧"材质分配"按钮（图7.3.5-6）。弹出"分配-dcdrape"对话框，点击右侧"新建"，如图7.3.5-7所示，在这里指定地形模型所在图层。

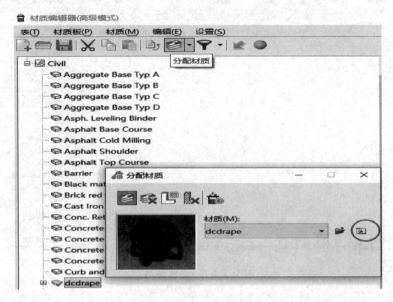

图 7.3.5-6　分配材质

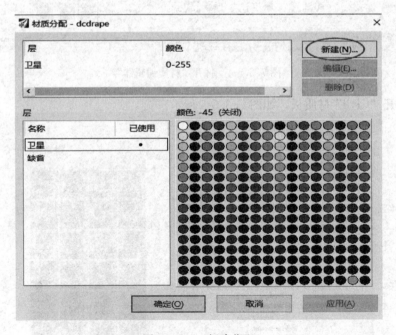

图 7.3.5-7　新建分配

（9）选择视图的渲染方式为光滑，此时就应该能看到卫星图片被覆盖到三维地形模型上，如图7.3.5-8所示。

图 7.3.5-8　卫星图片被覆盖到三维地形模型上

7.4　道路平纵设计

7.4.1　通用工具

路线设计通用工具包括几何图形导入和导出、设计元素的选择、特征定义的选择、规范文件的选择等，如图 7.4.1-1 所示。

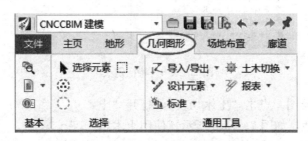

图 7.4.1-1　路线设计通用工具

（1）创建土木规则特征。在绘图功能下，仅绘制的一条直线是没有工程意义的，利用此功能操作后，该直线则为带有方位角和长度的路线元素，可以通过调整角度和长度实现参数化调整。

（2）设计标准。路线设计可以调用工作空间中的设计标准文件对元素进行规范化设计，如图 7.4.1-2 所示。依据项目的具体标准选择对应的标准文件并激活设计标准，通过

图 7.4.1-2　设计标准工具栏

标准工具栏的操作可对设计进行标准校核，系统对于不符合标准的对象会有对应的提示符号和说明。

（3）特征定义。配合使用特征定义工具栏，激活特征定义，新建的元素默认使用该特征。元素的特征定义除了可见的图层、线型、线宽、颜色、属性以外，还会影响后期模型批注、出图调用等信息，所以在形成正式的设计模型之前，一定要设定符合要求的特征定义以满足后期的其他应用。在 CNCCBIM OpenRoads 中平面线及纵断面设计线特征要选择以"CC"开头的特征名称，以便后期实现自动批注及一键出图，如图 7.4.1-3 所示。

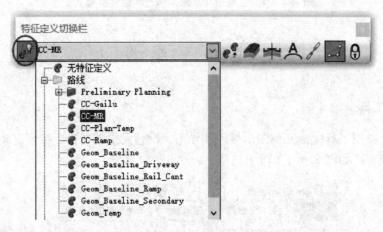

图 7.4.1-3　特征定义

（4）土木精确绘图。点击"土木切换"，打开"土木精确绘图"工具栏，如图 7.4.1-4 所示。使用土木精确绘图可精确输入点，通过锁定精确绘图中的数值，实现路线设计的精准定位。

（5）表编辑器。平面线或纵断面设计完成后，针对整体长度大、交点数量众多的对象可以通过表编辑器进行修改。在软件的使用过程中满足设计习惯尤为重要，在数据驱动模型的环境中，既可以通过直接选择对象，且在对象的"句柄参数"中直接进行修改，也可以在对象的属性中进行调整。而表编辑器是将众多复杂的路线参数以交点进行划分，既可以通过表格的形式查询整条路线中的所有主要参数，又可以结合模型高亮显示快速定位到要修改的参数，以提高编辑的准确性。表编辑器功能是针对平面线和纵断面设计的通用工具，激活此命令后，选择的对象是平面线则显示平面线的线形相关参数。

图 7.4.1-4　"土木精确绘图"
工具栏

7.4.2　平面线形创建

平面设计方法主要包括"交点法"和"积木法"。"交点法"操作简单快捷，能够通过交点确定曲线大致位置，快速创建平面线形，适用于线形结构简单、项目跨度大的平面方案，如公路、铁路等项目；而"积木法"操作自由度高，局部设计细腻，能够灵活运用各类线形和设计指标创建极其复杂的平面线形，适用于线形结构复杂、项目跨度小的平面方案，如立交、城市道路等项目。

图 7.4.2-1　交点法命令

1. 交点法

在"交点法创建路线"对话框中可以对交点处曲线的半径，前后缓和曲线的基本参数，线形特征定义和路线名称进行设置，如图 7.4.2-1 所示。模型创建完成后可以直接在模型中调整交点参数或者拖动交点位置进行模型编辑和修改。需要注意：如果有交点的精确坐标，可以激活土木精确绘图（图 7.4.2-2），直接输入或定位到准确的交点处，同时输入各个交点的相关参数定义路线的曲线要素，每次曲线要素的定义针对的是当前 PI 点之前的交点属性（图 7.4.2-3）。设计过程中的相关参数均可以在模型"手柄"中进行调整，同时也可以在对象属性框中进行参数调整。

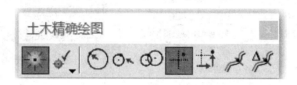

图 7.4.2-2　激活平面土木精确绘图

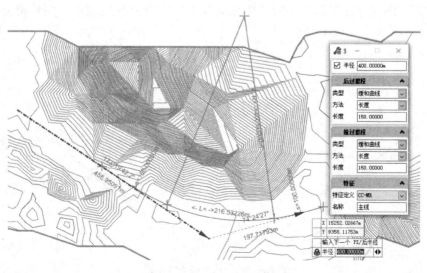

图 7.4.2-3　交点法创建路线

2. 积木法

积木法设计涉及的线元类型和创建方法较多，下面以几类常用的曲线组合类型的创建方法为例讲解积木法的创建方法。

（1）基本型。按照"直线-缓和曲线-圆曲线-缓和曲线-直线"顺序的曲线组合称为基本型，绘制过程如下：

① 利用"直线"命令绘制一条直线。

② 左键长按"弧"，选中"圆弧延长-圆＋缓和曲线延长"命令（图 7.4.2-4），打开对话框设置相关参数后，点击直线指定缓和曲线在直线上的起点位置，输入圆曲线半径和弧长，向后修剪，完成"直线-缓和曲线-圆曲线"。

③ 左键长按"缓和曲线-缓和曲线延长"命令（图 7.4.2-5），打开对话框设置相关参数后，点击圆曲线，指定缓和曲线在圆曲线上的起点位置，输入直线长度后，向后修剪，点击"直线-任意线延长-缓和曲线延长"，完成基本型曲线创建。

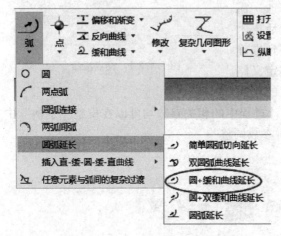

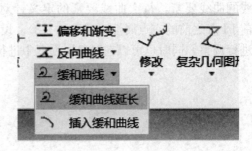

图 7.4.2-4　圆＋缓和曲线延长绘制　　　　　图 7.4.2-5　缓和曲线延长绘制

④ 利用"复杂几何图形"中的"按元素复合"将线元首尾相连，创建出完整路线，如图 7.4.2-6 所示。

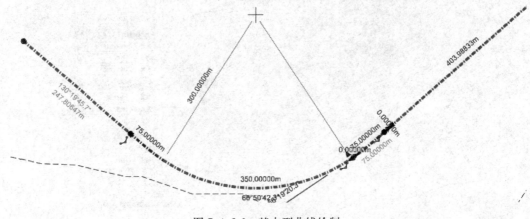

图 7.4.2-6　基本型曲线绘制

（2）S形曲线。两个反向圆曲线间用两段反向缓和曲线连接的组合称为S形曲线，S形曲线绘制需要利用的是"圆＋双缓和曲线延长"命令（图7.4.2-7）。具体操作方法可以参照基本型曲线的创建方法，S形曲线如图7.4.2-8所示。

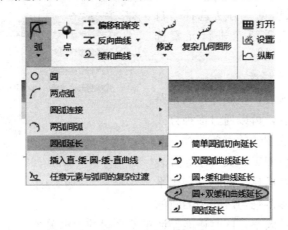

图7.4.2-7　圆＋双缓和曲线延长绘制

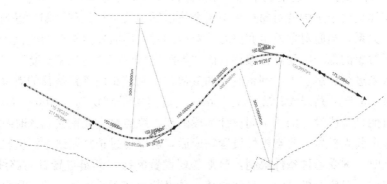

图7.4.2-8　S形曲线绘制

（3）卵形曲线。两个同向平曲线，按照"直线-缓和曲线-圆曲线-缓和曲线-圆曲线-缓和曲线-直线"的顺序组合而成的线形称为卵形曲线。绘制卵形曲线需要利用的是"圆＋缓和曲线延长"以及"回旋线延长"命令，其操作与基本型相同，区别只在于用了两次"圆＋缓和曲线延长"命令，具体操作方法可以参照基本型曲线的创建方法，卵形曲线绘制如图7.4.2-9所示。

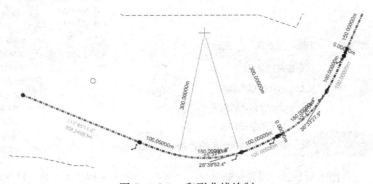

图7.4.2-9　卵形曲线绘制

通过工具栏中的相关命令创建独立的曲线元素，再利用"复杂几何图形"中的"按元素复合"将线元首尾相连（图7.4.2-10）。系统会自动进行串联预览（方法选择"自动"，如选择"手动"需逐个进行元素选择），创建出完整路线。

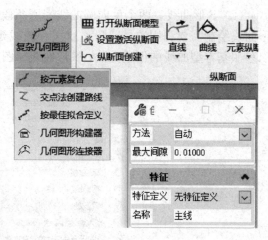

图 7.4.2-10　复合元素

3. 平面线的利用和修改

平面线形创建完成后，主要体现的是路线在平面上的几何信息，可以通过多种方式进行编辑。对于交点法创建的整条路线，既可以通过选择元素进行编辑，又可以通过表编辑器直接编辑交点线信息。同时，利用平面线可以根据已知线形得到与之相关的新的线形，不仅可提高设计效率，同时还能保证对象之间的逻辑关系。

（1）偏移和渐变。针对已有的平面线元素进行偏移以及偏移距离的调整（图7.4.2-11）。整路段等距偏移是对于选中的对象从头至尾全线以固定值进行偏移，偏移得到的对象与原对象保留相对关系，当原对象发生调整时，对应的对象同时发生对应的变化。局部路段偏移是针对选择对象的部分区间进行偏移，而"等距""渐变""定比率渐变"三种方式主要针对偏移的效果进行控制，可以调整对应的参数，得到整路段等距偏移的效果。

（2）桩号和断链。路线设计完成后，路线的起点桩号默认为0+000.000，而实际项目中路线有可能是分段设计的，不同设计标段的起、终点桩号要衔接，此时对于其中的线路桩号就要指定起点桩号。起点桩号设置完成后，可以通过选择路线激活编辑手柄，直接进行修改。同时，因受各种条件限制，通常需要设置断链，断链设置针对路线元素进行，断链设置完成后，对应的桩号统一自动调整，且纵断面和廊道设计中的桩号设置也会自动调整，以保证路线、结构的桩号同步调整（图7.4.2-12）。注意：定义断链后的路线桩号时要给定对应的区间编码，以便区分桩号是否在断链涉及的范围内。需要编辑断链时，选择元素，则相关的设置均可激活对应手柄，可以点击需要修改的参数直接进行修改，并自动保存到模型中。

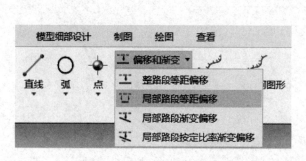

图 7.4.2-11　偏移和渐变

图 7.4.2-12　桩号和断链

7.4.3 纵断面线形创建

纵断面竖曲线线形设计除了考虑坡率、坡长等基本元素的规范限制进行设计外，还需要考虑平纵线形的组合是否合理，其设计同样是一个反复修正优化的过程。平面中心线确定后，往往会考虑各项指标以及实际的情况需要进行方案的比选，在方案比选阶段会涉及比较线的工程量、项目效果。在系统中可以同时创建多个纵断面，可以在纵断面设计模型中同时展示不同表面，例如原始地形、设计地形、不同地质结构层及其他相关的三维设计模型均可在纵断面设计模型中体现并参与到设计过程中的控制，CNCCBIM OpenRoads 支持同时打开 8 个视图，而 8 个视图可分别指定显示不同的设计内容。

注：采用面设计之前需要查看其在设计文件中的设置，确定竖曲线参数，格式是采用 R 值还是 K 值，设计中一般采用 R 值进行控制。

1. 打开纵断面设计模型

选中平面线元素时，系统自动在光标处显示"常用命令"或在纵断面中选择"图标命令"（图 7.4.3-1、图 7.4.3-2），打开"纵断面设计模型"，按照系统提示选择需要打开纵断面模型的平面线元素，将纵断面设计模型显示在某一个视图中，可以在 8 个视图中选择 1 个，然后确认，系统会自动将相关信息投影创建到指定的视图中，如图 7.4.3-3 所示。注意：如果当前设计模型中存在地形模型或者参考了地形模型，选中地形的元素，激活地形，则纵断面视图中会自动出现该激活地形对应的地面线信息。

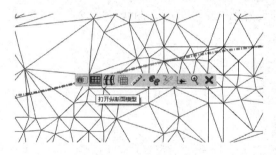

图 7.4.3-1　常用命令

图 7.4.3-2　图标命令

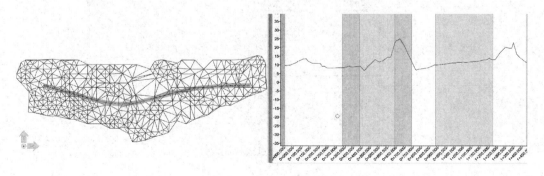

图 7.4.3-3　纵断面设计模型

2. 创建纵断面模型

（1）交点法。交点法与平面线交点法相似（图 7.4.3-4），在设计的过程中通过捕捉或者输入精确纵面信息确定边坡点的信息，设置变坡点的竖曲线参数，得到对应竖曲线，逐个变坡点定义完成后以重置命令结束此操作，完成纵断面设计的工作。

注：采用交点法进行纵断面设计时，建议打开土木精确绘图（图 7.4.3-5），便于准确定义变坡点参数，主要参数包括竖曲线参数、长度、坡度、竖曲线类型。

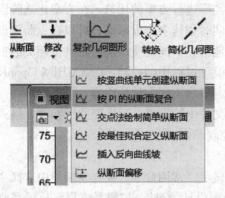

图 7.4.3-4　交点法创建纵断面　　　　　图 7.4.3-5　激活纵断面土木精确绘图

激活命令后，首先定义参数，然后按照光标提示确定第一个点的桩号和高程，点击鼠标左键确认当前输入。当系统提示"输入下一个 VPI"时，定义第二个变坡点，参数可以通过 Tab 和<←> <→> 键调整参数信息。注意：当输入第二个点后，从第三变坡点开始，曲线相关参数是针对前一变坡设置的。即设置第三个变坡时，曲线长度或者曲线参数是针对第二变坡点而言的，如图 7.4.3-6 所示。

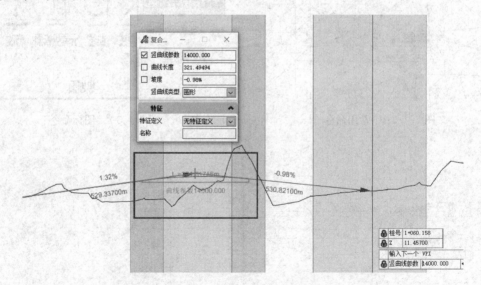

图 7.4.3-6　交点法拉坡设计

（2）积木法。采用积木法进行纵断面设计时，先利用直线工具进行拉坡设计，然后对纵坡进行插入竖曲线操作，最后将纵坡切线、竖曲线首尾相连，得到最终的纵断面设计模型。具体操作过程如下：

① 确定拉坡设计起点位置。点击"直线-直线坡"命令（图 7.4.3-7），纵断面设计过

314

程中可以将土木精确绘图激活，输入相关设计参数。
也可将光标移动到平面视图中（不点击，只移动到平
面视图，系统会自动识别光标所在视图内容），对桩
号进行捕捉，确定桩号时按回车键锁定桩号，此时在
平面、纵断面中均可以看到锁定桩号的位置。将光标
移动到纵断面视图中，光标上下移动时可以捕捉高程
控制信息，点击回车键确定高程的捕捉信息，如图
7.4.3-8 所示。

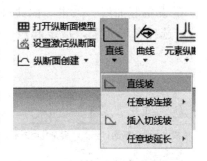

图 7.4.3-7　直线坡命令图

　　② 设定坡度、坡长。确定直线坡的起点后，可以
通过定义点的形式得到第二点，进而得到纵坡并自动计算纵坡和坡长；也可以通过设定
坡度、坡长等参数得到纵坡。对于参数的输入可以在窗口中输入，也可以在光标的跟随窗
口中通过 Tab 键结合左右方向键快速切换，输入内容，如图 7.4.3-9 所示。

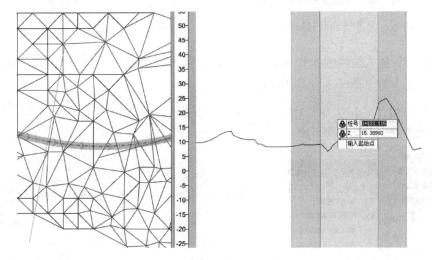

图 7.4.3-8　自动捕捉桩号、高程信息

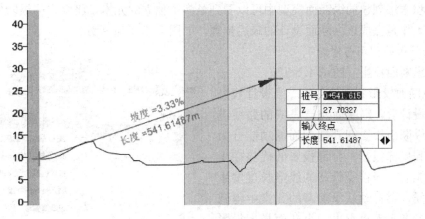

图 7.4.3-9　定义坡度、坡长

③设置竖曲线。点击"曲线-任意竖曲线延长-任意竖曲线延长"命令（图7.4.3-10），选择参考元素，指定起点、终点，设定曲线参数（图7.4.3-11），完成竖曲线延长。

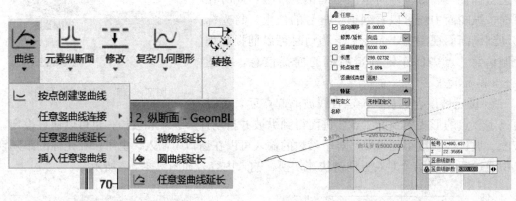

图7.4.3-10 任意竖曲线延长命令   图7.4.3-11 竖曲线延长设置

相对而言，插入曲线的操作比直接定义曲线要方便快捷，是在两个元素间创建竖曲线，如图7.4.3-12、图7.4.3-13所示。

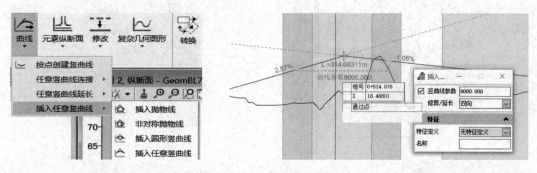

图7.4.3-12 插入圆形竖曲线延长命令   图7.4.3-13 插入圆形竖曲线

采用积木法创建的纵断面模型中可以看到是多个独立的元素，将众多的纵断面元素进行连接的工作是完成该纵断面设计的最后步骤，如图7.4.3-14所示。

3. 纵断面的利用与修改

（1）纵断面投影（图7.4.3-15）

①纵断面投影到其他剖面。当设计线完成平、纵设计后，纵断面与已完成的路线进行对应。纵断面投影到其他剖面的功能分为全部投影和局部投影。全部投影的优势在于选择该功能后，当接受投影的线形长度发生变化的时候，会自动从原参考的元素中得到纵断面，参考元素投影出的纵断面最大投影的区间为自身纵断面范围，不支持扩展计

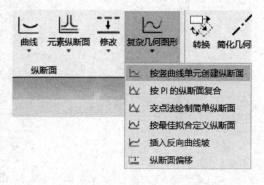

图7.4.3-14 按竖曲线单元创建纵断面命令

算。局部投影主要应用于接受投影的线形只有部分区间，需要从参考元素中得到，当接受投影的元素前后都有自己的纵断面设计内容，只有某个区间段是通过参考对象得到时，可以通过局部投影的形式得到纵断面设计内容。

② 平面交叉点投影到其他剖面。其主要应用于交叉路线之间对于竖向有设计控制要求时，可以利用已有线路的纵断面作为参考，用于其他线形的纵断面设计。将与某一个对象平面相交的所有元素的交点处的高程投影到该元素的纵断面模型中，用于平面交叉以确定纵断面，这是立体交叉控制净空的参考因素。

（2）元素纵断面（图 7.4.3-16）

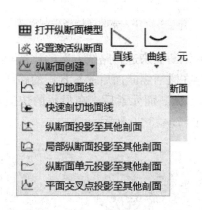

图 7.4.3-15　纵断面创建

图 7.4.3-16　元素纵断面

①插入过渡纵断面。其主要应用在项目细节位置，纵断面受制于前、后对象的高程和坡度，系统可以自动匹配曲线纵断面或者线性纵断面模型。

②按固定高程绘制纵断面。其主要应用在纵断面简单、不涉及纵坡及竖曲线的元素定义中，此功能可同时指定多个元素为同一高程，所以也适用于如高程简单的道路、场地整平为统一高程等没有复杂纵断面设计的元素设计过程，无须打开纵面设计模型即可快速完成纵断面定义。

③基于参照纵坡按固定坡度绘制纵断面。使用已有元素的纵断面结合横向坡度创建对象的竖向设计，得到的竖向设计保留了与原参考对象之间的约束关系。当参考元素的纵断面发生变化时，求得的纵断面同时进行调整。此功能包含固定坡度和可变坡度。固定坡度是元素与参考元素之间的相对坡度是一个固定值，从起点到终点是一个横坡，而可变坡度可以设置不同的坡度值以实现设置范围内的高程投影坡度关系的变化。

（3）纵断面偏移

利用现有的纵断面元素进行偏移，得到与之相关的纵断面元素且保留之间的关系，当原始元素发生变化时，偏移得到的纵断面元素随之变化，如图 7.4.3-17 所示。纵断面偏移的对象可以为纵面模型中的单个元素也可以是复合元素，该命令主要分为等距偏移和变距偏移，如图 7.4.3-18 所示。

（4）激活纵断面

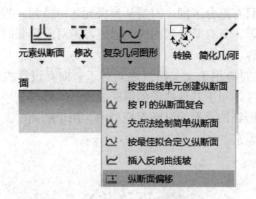

图 7.4.3-17　纵断面偏移　　　　　　　图 7.4.3-18　纵断面偏移绘制方法

　　应用到模型中的同一平面可以通过激活不同的纵断面来进行路线方案的比选及项目的工程量对比和后期的项目效果展示，平面线只有存在激活纵断面后才是真正的路线。可以在菜单栏中选择"设置激活纵断面"，也可以在选中纵断面元素后，在显示的快捷命令中直接选择设置为"激活纵断面"，如图 7.4.3-19、图 7.4.3-20 所示。

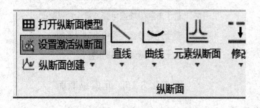

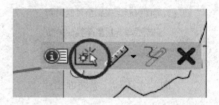

图 7.4.3-19　菜单栏中命令　　　　　　　图 7.4.3-20　快捷命令

7.4.4　几何图形导入与导出

1. 平、纵数据导入

　　除了可以在 CNCCBIM OpenRoads 采用交点法和积木法绘制平、纵断面外，也可导入路线软件生成的专业数据文件，根据文件描述直接转换成专业的路线模型，主要格式包括 xml、alg、ife 等，此操作可解决在不同软件之间的数据对接。点击命令后，根据界面提示选择对应的数据文件，直接导入即可。

　　（1）导入 ASCⅡ文件。导入 ASCⅡ文件主要应用于以文本文件形式保存的路线数据或者当前版本不能直接支持的数据文件经过文本编辑后导入的数据（图 7.4.4-1），支持的内容包括平面线和纵断面数据，与路线设计流程相似，先导入平面线文件，然后导入对应的纵断面数据。

　　注意：导入平面、纵断面 ASCⅡ文本文件时需要对文件进行编辑后，另存为 xml 格式的文件，再进行导入。以从 ASCⅡ文件导入平面几何图形为例，过程如图 7.4.4-2～图 7.4.4-4 所示，平、纵几何图形导入显示如图 7.4.4-5 所示。

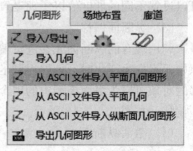

图 7.4.4-1　导入平面几何图形

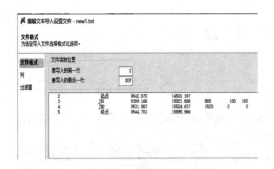

图 7.4.4-2　编辑文本导入格式设置

图 7.4.4-3　编辑文本导入列设置

图 7.4.4-4　文本导入

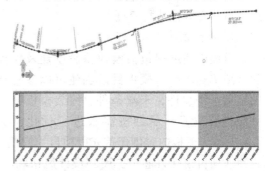

图 7.4.4-5　平、纵图形导入显示

（2）导入几何图形。其主要针对平面文件的导入，当路线为 dwg 或者 dgn 文件时，可以直接将元素选中，以图形导入的形式快速创建线路（图 7.4.4-6），从而进行线路的编辑和调整。

2. 导出几何图形

可将采用交点法和积木法绘制的几何图形或由 ASCⅡ 文件导入的几何图形导出（图 7.4.4-7），可根据要求选择文件导出类型（图 7.4.4-8）。利用上述的导入几何图形，快速创建线路。

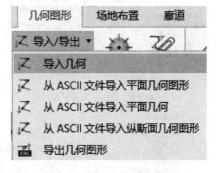

图 7.4.4-6　导入几何图形

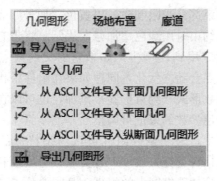

图 7.4.4-7　导出几何图形

图 7.4.4-8　文件导出类型

7.5 三维廊道设计

7.5.1 横断面模板

横断面模板与标准横断面不同，横断面模板不是简单的横断面图，而是一个参数化的线性放样模板。横断面模板一般包含了构造物的几何尺寸、材质、图层等信息，通过横断面模板能够构建路基、路面、桥梁、隧道、排水、护栏等几乎所有道路沿线构造物模型。

1. 模板创建

模板创建过程包括模板目录创建及模板内容创建（图 7.5.1-1）。模板目录创建可以参考模板分类的定义，将组件、末端条件、组装模板分别定义文件夹进行管理，后期按需求进行优化、组装（图

图 7.5.1-1　创建模板

7.5.1-2）。模板内容创建首先以项目为依托，优先满足当前项目情况，逐步扩展到设计风格和习惯，最终实现模板直接按需调用、无须再新建，形成企业级的模板库。模板的创建分三步：创建各类组件（包含末端条件）、拼装组件、测试组装模板。

（1）模板的组件。道路模板组件包括路缘石、沥青路面、混凝土结构层、边沟、排水沟、挖方放坡、填方放坡、中央分隔带等。模板的组件是由开放或者闭合的点构成的，系统新建组件可以选择不同的类型：简单、受约束、无约束、空点、末端条件、重叠/剥离、圆（图 7.5.1-3）。点是构成组件的重要部分，点与点的位置决定组件的形状，点的约束关系决定组件的变化。单个点的约束最多有两个，当点存在两个约束时，点的位置在当前状态下是唯一且固定的，此时点用红色"加号"表示；当点的约束部分受限制时，以黄色"加号"表示；当点没有约束时用绿色"加号"表示。将带有约束条件的点应用到模型中，如果它的父约束点发生变化，该点会随之变化，同理如果在组件中将约束关系以参数形式（约束标签）添加，也可以在模型中直接创建参数约束进行调整。

其中，末端条件组件可认为是特殊的模板组件，包括各类挖方放坡、各类填方边坡及利用放坡功能计算特殊控制点的组件。其主要特点是结构尺寸不固定，会根据不同的控制条件得到不同的设计

```
C:\ProgramData\Bentley\CNCCBIMOpenRoads\Configurat:
  点名称列表
  CC-Components
    挡土墙
    分隔带
    沥青路面
      1车道
      1车道-路肩
      1车道-路缘石
      2车道
      2车道-路肩
      2车道-路缘石
      底基层
      垫层
      防冻层
      封层
      功能层
      基层
      路基改善层
      面层
      黏层
      排水层
      上基层
      上面层
      透层
      下基层
      下面层
      中面层
    路缘石
    绿化带
    排水沟
    人行道
    水泥路面
    土路肩
  CC-Demo
    10m-有排水沟
    16m-无排水沟
    16m-有排水沟
    公路通用
    新建模板4
  边坡
    填方边坡
      FILL-1.5-L
```

图 7.5.1-2　模板目录

模型。例如路堤边坡高度 8m 以内采用 1∶1.5 坡度，大于 8m 时，在 8m 高度位置设置宽 2m 平台，平台边缘按照 1∶1.75 继续放坡直至结束。这类设计要求分别创建两个末端条件来实现，此时可以通过优先级的定义来处理，定义不大于 8m 的优先级为"1"，另一个为"2"，进行优先级高的末端条件放坡，实际情况"超过"时，则自动选择其次的优先级完成创建，以此类推，模板中同一位置的放坡可以创建多种不同优先级的末端条件。

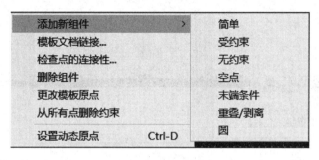

图 7.5.1-3　组件类型

点约束类型（图 7.5.1-4）中水平是指子点与父点水平相对位置，左侧为负值，右侧为正值；竖向是指子点与父点垂直相对位置，下侧为负值，上侧为正值；坡度是指子点与父点之间的坡度，从左向右，上坡为正，下坡为负；矢量-偏移是指子点与两个父点构成的矢量关系，矢量左侧为负，右侧为正；对表面（设计）进行投影是指将子点投影到已有表面（设计）控制方向，结合其他约束得到子点；平面最大（小）值是指在子点的水平方向上取两个父点之间最大（小）值的位置；纵面最大（小）值是指在子点的整直方向上取两个父点之间最大（小）值的位置；角度距离是指子点通过两个父点的连线确定转角方向

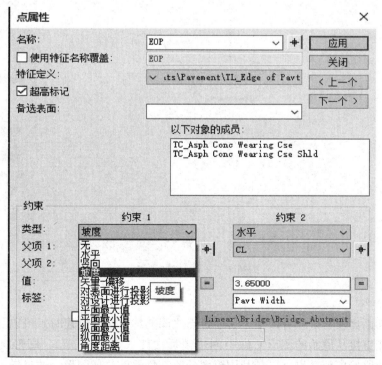

图 7.5.1-4　点约束类型

及一个父点的距离而进行的约束。

（2）拼装组件。项目应用标准断面，包含了模板组件、末端条件组件。根据项目需求进行的模板组合，重点是确认各个组件之间的逻辑约束关系，按照项目情况进行模板命名以便创建模型时调用。组合模板的数量无须很多，基本原则为易管理、方便调整。例如只是路基宽度不同，可以通过不同的路基组件加上相同的附属结构组成不同的模板，如图7.5.1-5所示。

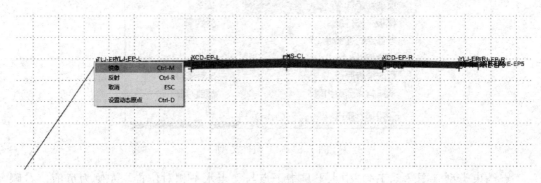

图7.5.1-5　拼装组件

（3）测试模板。创建路面宽度和边沟及放坡的道路模板，进行模板测试，看是否达到预期结果，如图7.5.1-6所示。

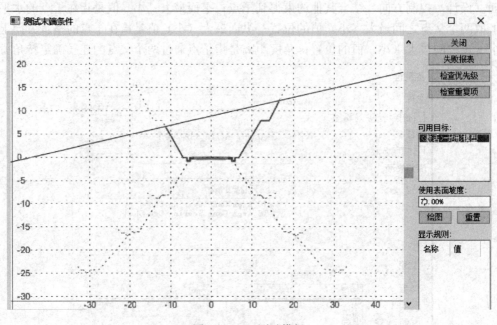

图7.5.1-6　测试模板

2. 模板导入

当模型断面比较复杂或者尺寸不易通过点之间的约束快速创建时，可以利用横断面模板的导入功能直接从原始的图形文件中创建模板文件（图7.5.1-7），图形文件支持的既可以是已有的原始模板，也可以是利用绘图功能新创建的几何图形，通过导入模板的功能快速实现横断面模板的创建和已有数据的利用。

7.5.2 廊道设计

廊道是指整个道路的设计内容，不仅包括路面模板生成的三维模型，同时还包括道路设计中不同断面的应用列表、曲线加宽控制、设计参数约束控制等内容。

1. 廊道创建

在模型中选中路线利用"快捷命令"直接创建廊道，也可以通过工具栏中"新建廊道"命令创建廊道，如图7.5.2-1、图7.5.2-2所示。**注意：** 在廊道设计时纵断面的选择，采用激活纵断面进行创建；廊道的设计时应根据当前的项目需求选择不同的廊道特征，廊道特征包含

图7.5.1-7　导入模板

廊道精度、廊道显示形式、廊道显示内容等，不同的设计阶段对廊道的要求是不同的（图7.5.2-3）。

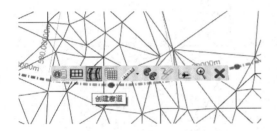

图7.5.2-1　快捷命令创建廊道

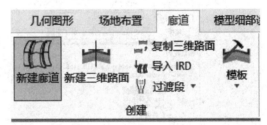

图7.5.2-2　廊道工具栏命令

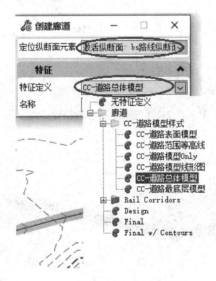

图7.5.2-3　创建廊道

2. 三维路面创建

在廊道创建完成后会自动跳转到三维路面创建的窗口，对应的命令没有自动弹出时，

可以选择工具栏中的新建三维路面的工具（图7.5.2-4）。设置选择的横断面模板使用的区间，包括起点桩号、终点桩号、模型精细度，按照提醒设置对应的值即可完成三维路面创建（图7.5.2-5、图7.5.2-6）。

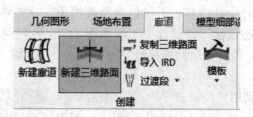

图7.5.2-4 "新建三维路面"命令

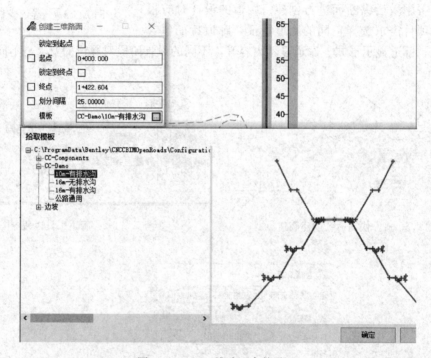

图7.5.2-5 三维路面参数设置

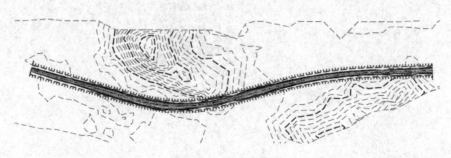

图7.5.2-6 三维路面

3. 三维路面编辑

路面创建完成后，如对路面设计进行调整时，可从工具栏中选择"编辑三维路面"工

324

具（图 7.5.2-7），打开横断面模板的编辑界面进行修改。针对三维路面的编辑除横断面以外还有三维路面的属性、复制三维路面和模型及库同步等功能。

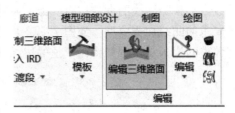

图 7.5.2-7　编辑三维路面

4. 关键桩号

在模板放样的过程中，个别桩号需要单独增加放样。例如填挖的临界点，系统不会自动在临界点创建断面，此时需要创建关键桩号以便在必要的位置创建断面（图 7.5.2-8），实现更精细的模型展示。可以根据需要在重点关注位置创建关键桩号，标准划分断面为实线，关键桩号为虚线，如图 7.5.2-9 所示。

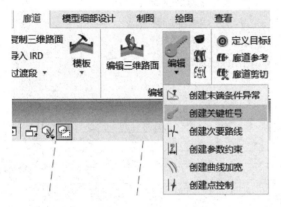

图 7.5.2-8　创建关键桩号

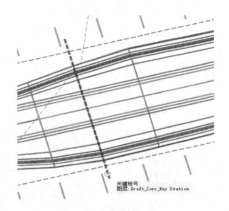

图 7.5.2-9　关键桩号显示

5. 参数约束

当横断面模板中的点与点之间的关系是固定的类型，如局部路面宽度需要变化时，可以采用参数约束的操作进行模型参数化调整。选择廊道编辑中的"创建参数约束"（图 7.5.2-10），系统显示参数约束的控制界面，按照提示进行设置（图 7.5.2-11）。

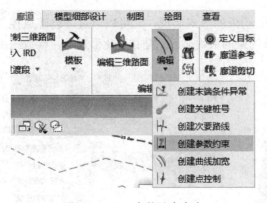

图 7.5.2-10　参数约束命令

图 7.5.2-11　创建参数约束

6. 曲线加宽

当公路需要设置曲线加宽，选择对应的命令（图 7.5.2-12），读取对应的加宽文件，系统自动根据路线的参数进行匹配，并将曲线加宽的数据应用到廊道模型中，得到符合规范要求的曲线加宽模型，如图7.5.2-13、图7.5.2-14所示。注意："点"用以确认曲线加宽调整的模板点，例如将行车道的边缘点（曲线内侧）作为加宽的控制点。

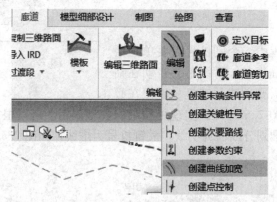

图 7.5.2-12　创建曲线加宽

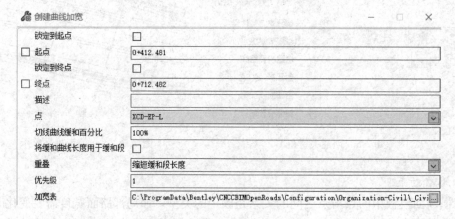

图 7.5.2-13　曲线加宽参数

7. 点控制

道路设计中局部变化既可以通过参数约束的形式实现，又可以通过"创建点控制"的方式实现（图7.5.2-15）。点控制与参数约束的最明显区别是在变化形式上，参数约束通过

图 7.5.2-14　曲线加宽　　　　　　　　图 7.5.2-15　创建点控制

参数的变化调整模型，但是变化的过程是线性的；点控制是通过已知的元素对模板点进行控制，元素的形式是灵活的，既可以是线性的直线，也可是曲线或者是通过其他功能创建的关联特征线。当道路设计中需要进行紧急停车带的设置，且有标准紧急停车带的加宽外形控制线时，可以采用创建点控制快速实现（图7.5.2-16）。

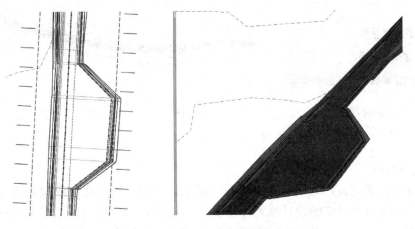

图 7.5.2-16　紧急停车带

8. 廊道信息

廊道设计包含三维路面的设计、关键桩号、参数约束等各种与廊道编辑相关的信息，可以通过廊道对象进行查询（图7.5.2-17），同时可以在廊道查询界面中对相关的设计信息进行调整和编辑。

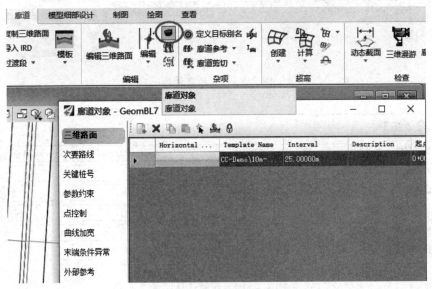

图 7.5.2-17　廊道对象

7.5.3　超高设计

1. 超高区间及超高车道

创建超高区间和创建超高车道是前后相连的两个操作（图7.5.3-1），选择创建超高区间，按提示进行超高区间和超高车道的创建（图 7.5.3-2）。

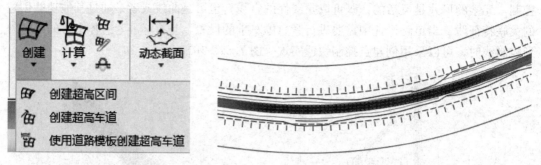

图 7.5.3-1　创建超高区间和　　　　　　　　图 7.5.3-2　超高区间和超高车道
　　创建超高车道菜单命令

2. 超高编辑

超高车道创建完成后，进行超高计算（图 7.5.3-3），选择应用的超高规范文件，同时根据项目情况选择对应的设计原则，勾选打开编辑器，系统会根据路线结合规范进行超高计算（图 7.5.3-4），在超高编辑中可检查、编辑超高（图 7.5.3-5）。

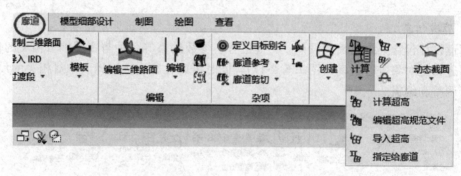

图 7.5.3-3　超高计算

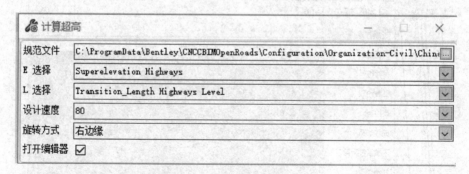

图 7.5.3-4　超高计算设置

3. 超高设计应用到廊道

超高设计是独立的功能，超高设计是基于路线和超高规范进行的，廊道模型中路面横坡是以廊道参数约束及模板中定义的横坡，需要进行超高与廊道匹配（图 7.5.3-6），得到带有超高数据的道路模型。超高设计应用到廊道上之后才是真正意义的道路超高设计。

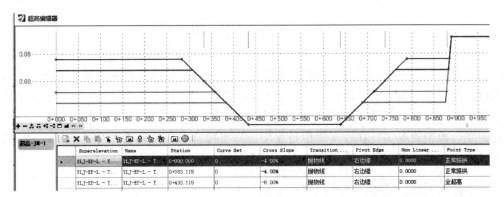

图 7.5.3-5　超高编辑器

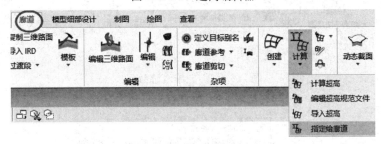

图 7.5.3-6　超高设计应用

7.5.4　三维横断面检查

廊道设计完成后，可以通过动态横断面来直观地检查设计的合理性和准确性，同时在动态横断面中还可以设置临时标注，用于查询宽度、高差、坡度等相关信息，如图 7.5.4-1 所示。

7.5.5　廊道报表

项目的工程量可以通过廊道报表（图 7.5.5-1）中的"组件数量"进行查询，组件工程量的划分是以横断面模板中的组件特征定义为依据的，以特征定义名称来分组。其中，填、挖方除了根据体积汇总以外还可根据边坡特征定义对填、挖边坡的面积进行汇总。廊道报表主要针对廊道设计过程中的相关参数进行综合输出，选择对应命令后按照提示即可查询廊道设计参数等相关信息，并以报表的形式输出。

图 7.5.4-1　动态截图

图 7.5.5-1　廊道报表

7.6 3D 漫 游

在设计中常常需要以驾驶员的视角观察项目模型，以便验证通视情况、道路平纵组合效果以及标志标线设置的合理性（图 7.6.0-1）。相比传统平台的沿路径镜头移动方法而言，专业软件中的镜头移动更贴近实际，模拟更真实。在行车模拟过程中可以将项目周边相关现状模型参考到设计模型中，呈现身临其境的感觉，更易于检查项目设计的合理性（图 7.6.0-2）。

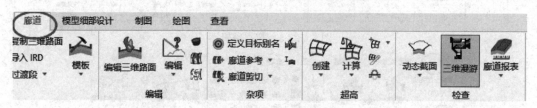

图 7.6.0-1 三维漫游命令

图 7.6.0-2 三维漫游效果

7.7 可 视 化 展 示

项目设计成果的展示既可以在专业软件中进行，也可以过渡到渲染平台进行图片和动画视频编辑输出。在 3D 模型中，将工作流切换到"可视化"（图 7.7.0-1），在"动画-交通-创建车道"中设置车道，然后添加车辆，模拟车流；也可在"LumenRT"中定义模型与车流，详见第 9 章。

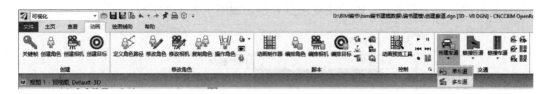

图 7.7.0-1　创建车道

7.8　成　果　输　出

项目设计完成后，成果的输出是项目交付的重要体现。成果输出主要包括图纸和表格的输出，系统出图是通过对模型进行实时的动态剖切，引用图框，结合相关数据表格得出的。切换到"CNCCBIM 绘图制作"工作流，主要功能集中在数据、图纸、报表三个选项卡。注意 CNCCBIM 制图功能在 3D 模型下不可用，应该在 2D 模型下使用，路线特征定义为 Alignment \ CC-MR。

7.8.1　数据

数据编辑需在源 dgn 文件中操作（导入或生成的路线桩号、占地、桩号标注设置等数据存储在路线上），不支持在参考文件中操作编辑数据。数据栏中包括浏览、信息、纵断面地质、桩号数据等命令，如图 7.8.1-1 所示。

图 7.8.1-1　CNCCBIM 绘图制作数据

1. 浏览

通过"项目-浏览"，可以查询当前项目相关的信息，并显示该构件在模型中的位置。

2. 信息

用于显示对象的工程信息，便于直接查询模型中对象的专业信息。启动该命令后，选择需要查询的对象即可。

3. 测量数据导入

基于路线、用户定义的导入数据模板和导入数据提取地面模型 DTM 高程及 DTM 相关数据，在 DGN 中进行绘制，并可以根据需求对绘制出的测量点添加属性。通过该功能能将各类外部纵断面地面测量数据和横断面地面测量数据导入。

4. 模板映射

模板映射用于编辑点名和构件名的映射关系。

5. 纵断面地质

纵断面地质主要用于编辑纵断面地质数据。其中，桩号一栏表示从前一桩号到该桩号处的地质概况，若无前桩号，则默认从起点开始，如图 7.8.1-2 所示。

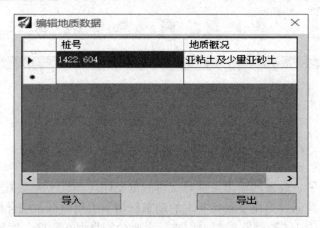

图 7.8.1-2　编辑纵断面地质

6. 桩号数据

桩号数据主要应用于后期纵断面出图以及横断面出图中对应桩号的设置，既可以采用导入的形式直接定义输出的关键桩号位置信息，也可以利用本功能自动生成相关桩号信息，如图 7.8.1-3 所示。

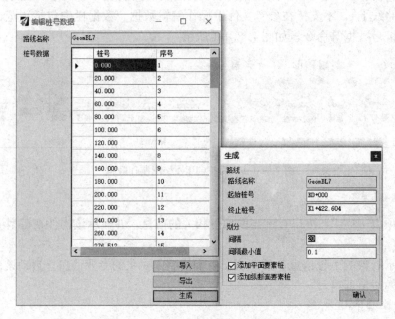

图 7.8.1-3　编辑桩号数据

7. 路廊数据

路廊数据主要包括廊道"关键桩号"的确认和用地范围的设置。系统原生的路廊创建基于固定间隔如 25m 放置横断面，这仅用于路廊模型创建，但实际上需要指定桩号位置放置横断面，通过编辑路廊关键桩号命令，直接将桩号数据赋予路廊关键桩号。激活"关键桩号"命令后，只需选择对应的路线即可，如图 7.8.1-4 所示。"用地设置"可以对廊道的占地红线进行自动定义，并为后期生成的"占地"图纸提供基础的几何数据，如图 7.8.1-5 所示。

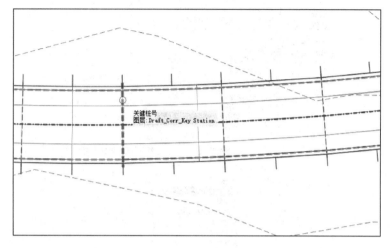

图 7.8.1-4　关键桩号

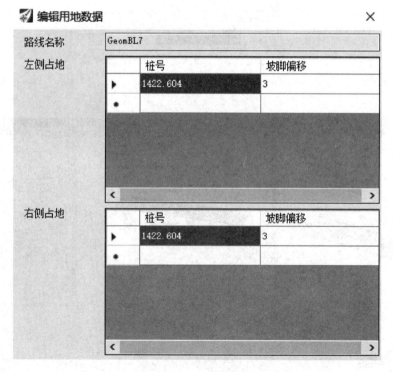

图 7.8.1-5　编辑用地数据

8. 构造物

路线设计完成后，可以通过"构造物"命令快速创建沿线的桥梁、隧道、涵洞、交叉的示意模型，并为相关图纸提供示意模型以便于标注依据，如图 7.8.1-6 所示。打开平面、纵断面、3D 三种 Model 可视化操作，如图 7.8.1-7 所示。创建的构造物通过桩号、形式及相关参数进行定义，且可以随时修改和删除，也可批量导入、导出。

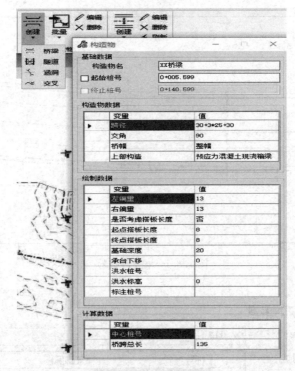

图 7.8.1-6　创建构造物

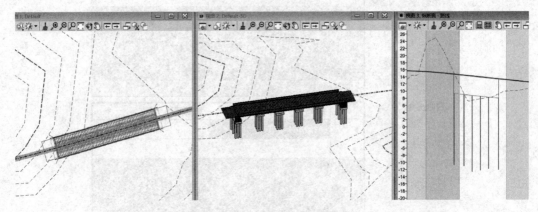

图 7.8.1-7　三视图构造物预览

9. 路基边线

应用"路基边线"命令可快速创建项目各类控制线，依据选择的设计标准，自动读取相应的参数，实现平面线形的快速创建，如图 7.8.1-8 所示。同时连接部还提供了"鼻端"设计的多种参数定义，以实现立交项目的出、入口的快速定义。

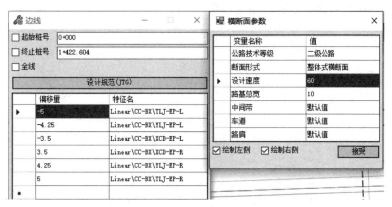

图 7.8.1-8　创建边线

7.8.2　图纸

图纸栏中包括标注、工具集和出图三大部分，支持路线、十字坐标、示坡线、用地线、收费站等标注，支持路线和边线信息标注，支持平面图、纵断面图、横断面图、总体图、用地图、平纵缩图等的出图，如图 7.8.2-1 所示。

图 7.8.2-1　CNCCBIM 绘图制作"图纸"栏

1. 路线标注

选中路线，在设置窗口中可选择标注标准以及具体的标注设置、标注内容的设置，设置完成后关闭标注设置框，如图 7.8.2-2 所示。标注路线时，直接选择平面线即可按照设置的选项对选择的对象进行自动标注并实时进行标注更新，如线路中已经创建了相关的构

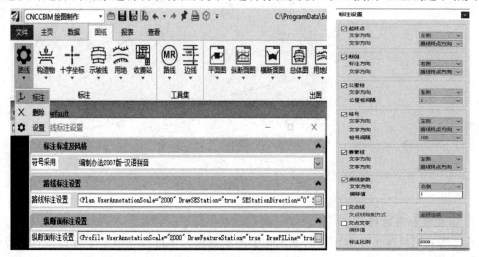

图 7.8.2-2　路线标注设置

造物，则会自动进行标注，如图 7.8.2-3 所示。

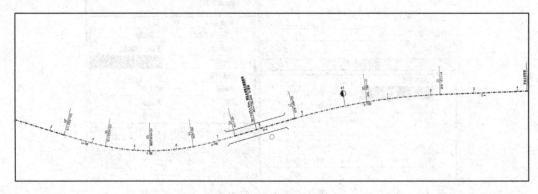

图 7.8.2-3　路线标注图

2. 十字坐标

启动"十字坐标"命令后，首先进行标注的设置，包括十字坐标 X、Y 的间隔，距路线最小范围、最大范围，其次选择要进行标注的平面线，可根据项目情况逐个选择需要进行标注的内容，如图 7.8.2-4 所示。

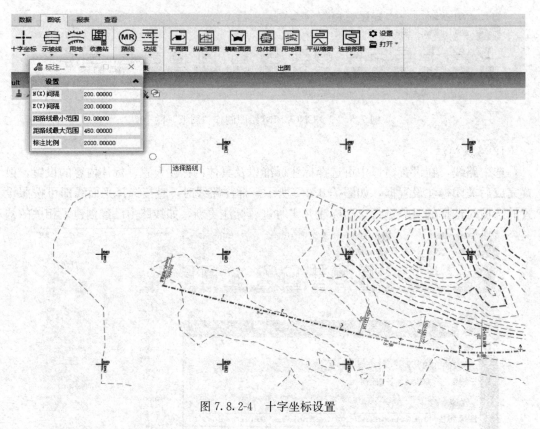

图 7.8.2-4　十字坐标设置

3. 示坡线和用地线

示坡线和用地线主要应用在后期的相关图纸输出，不推荐在模型中直接设置，以免造成模型中元素众多，以致检查不便。建议新建对应的空白文件，通过参考的形式将路线、廊道及地形模型引入新建文件中，然后进行对应标注。如示坡线可以新建"总体图"，用地线可以新建"用地图"，按照提示进行操作即可，如图7.8.2-5、图7.8.2-6所示。

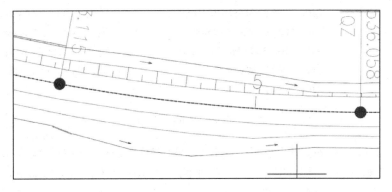

图7.8.2-5　示坡线

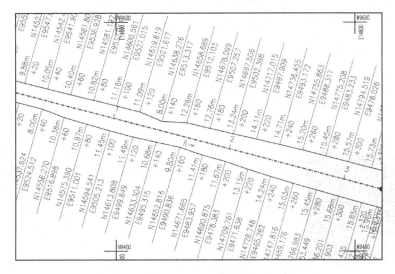

图7.8.2-6　用地线

4. 图框

利用产品工作空间原理对图框进行编辑，并在一定原则基础上可满足用户不同风格的定制，快速打开图框目录（图7.8.2-7、图7.8.2-8），定位需要修改的图框名称。各类图纸的图框均由两部分组成，分别是 CC TK A3.dgnlib 文件和对应的 CC TK A3　××.dgnib 文件（图纸图框），A3图框作为基础图框被广泛引用。

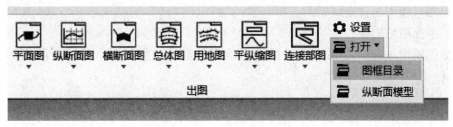

图7.8.2-7　打开图框目录

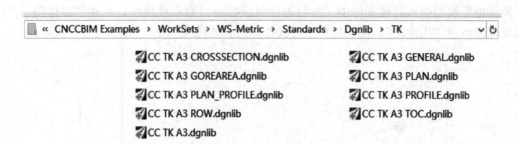

图 7.8.2-8 图框配置文件

打开"CC TK A3. dgnlib"文件，可针对基础图框中的图签进行风格定制，同时打开"CC-TK-KEYWORD"图层。其中" 〔 〕"中的样式不可修改，但可移动位置或删除，其余文字均可编辑修改并可移动位置，如图 7.8.2-9 所示，基础图框定制完成后，一定要关闭"CC-TK-KEYWORD"图层，同时注意图层名称不可更改。

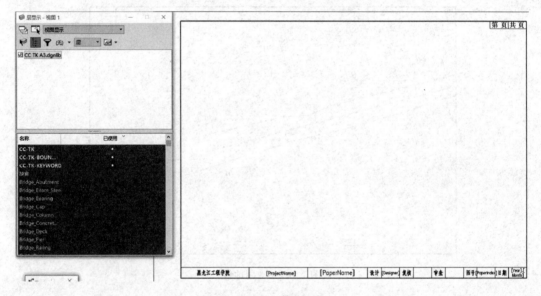

图 7.8.2-9 修改图框

5. 路线设计出图

(1) 出图设置

出图设置是对系统生成图纸时标题栏内容进行定义，不同项目名称、不同标段、不同设计者可在出图设置时进行定义，如图 7.8.2-10 所示。同时可选择不同的输出表格模板，以实现出图过程中的自动填充。

(2) 平面图输出

平面图输出过程中需要注意选择输出项目的起、终点桩号，控制出图比例，如图 7.8.2-11～图 7.8.2-13 所示。

图 7.8.2-10　出图设置

图 7.8.2-11　平面图出图　　　　　　　　　图 7.8.2-12　平面图设置

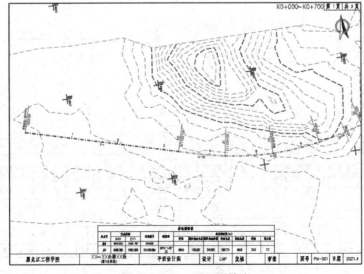

图 7.8.2-13　平面图输出

（3）纵断面图输出

纵断面图输出时可进行图纸比例、放大系数（平纵比例）、纵断面表格及纵断面构造物的标注等设置，如图 7.8.2-14 所示。纵断面图输出时在打开纵断面模型后，切换回平面模型中，选择平面路线，选择纵断面出图范围起、终点桩号（桩号从小到大选择），左键确认完成。纵断面如图 7.8.2-15 所示。

图 7.8.2-14　纵断面图设置

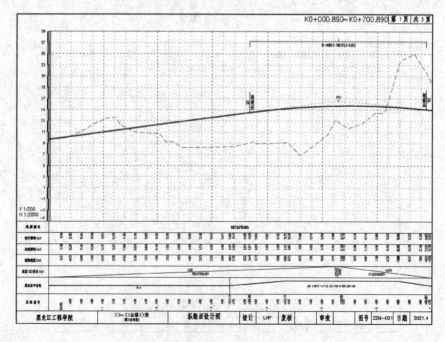

图 7.8.2-15　纵断面输出

（4）横断面图输出

横断面图输出需要参考路线、廊道、地形，如果范围内存在构造物，也需参考构造物模型，生成横断面图时需要打开三维模型，显示相应三维信息，进行横断面图设置和输出，如图 7.8.2-16、图 7.8.2-17 所示。

图 7.8.2-16　横断面图设置

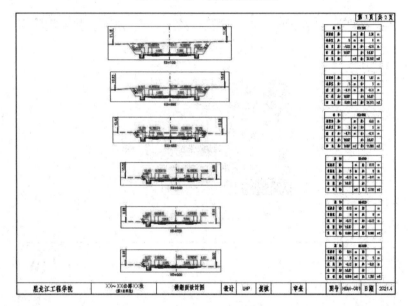

图 7.8.2-17　横断面图输出

（5）总体图输出

利用标注功能中创建的"示坡线"文件执行"总体图"输出，完成设置后，选择平面线以及起、终点范围，确认后完成总体图输出，如图 7.8.2-18、图 7.8.2-19 所示。

（6）用地图输出

利用标注中创建的"用地图设置"执行"用地图"输出，设置完成，如图 7.8.2-20 所示。选择出图范围后即可得到"用地图"，如图 7.8.2-21 所示。

（7）平纵缩图输出

图 7.8.2-18　总体图设置

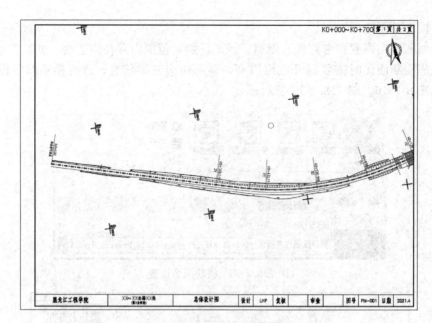

图 7.8.2-19　总体图设置

图 7.8.2-20　用地图设置

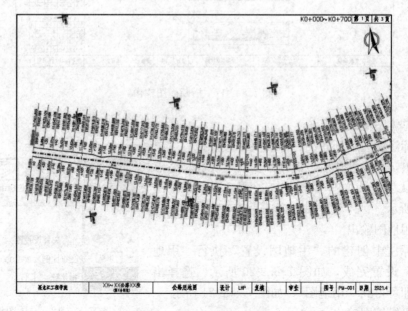

图 7.8.2-21　用地图输出

平纵缩图可以将平面图与纵断面图同时布置在一张图纸中，设置平纵的比例关系，如图 7.8.2-22 所示。需要注意出图前要打开纵断面视图，切换回平面模型中，选择平面路线，选择纵断面出图范围起、终点桩号（桩号从小到大选择），左键确定，如图 7.8.2-23 所示。

图 7.8.2-22　平纵缩图设置

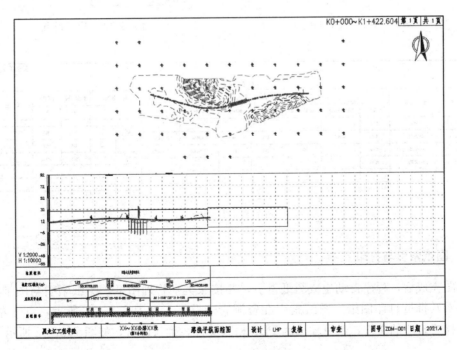

图 7.8.2-23　平纵缩图输出

7.8.3 报表

出报表前请确认是否参考了地形模型文件，以便后期生成相关数据时从地形中读取相关信息。通过导出设置导出格式，可选择相应模板以不同的表格形式导出，输出格式可选择 xlsx 和 txt，如图 7.8.3-1～图 7.8.3-3 所示。

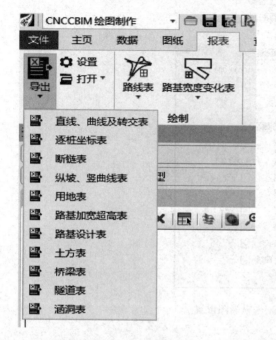

图 7.8.3-1　表格类型 　　　　　　　　　　　　图 7.8.3-2　出表设置

图 7.8.3-3　出表

7.8.4 图纸索引与打印

出图完成后，程序自动生成图纸索引，并按照类别管理图纸，图纸索引与图纸关联，方便查看及批量打印图纸。图纸索引在资源管理器下，如图 7.8.4-1 所示，点击左侧按钮，选择要打印的文件，也可输出为 PDF 格式文件，确认即可，如图 7.8.4-2 所示。

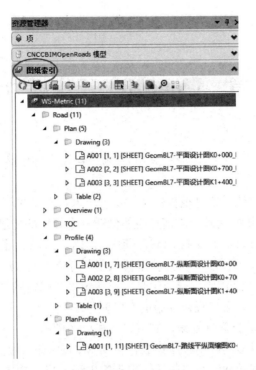

图 7.8.4-1 图纸索引

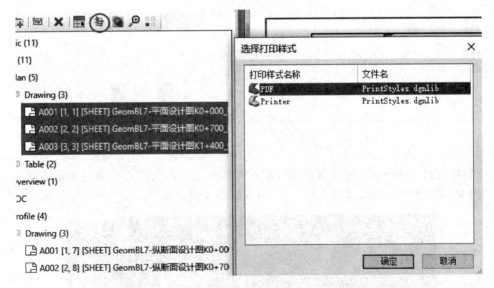

图 7.8.4-2 图纸打印

第8章　LumenRT 三维模型渲染

8.1　工程信息模型导入与调整

　　LumenRT 是一款虚拟建筑可视化软件，它为土木行业提供了一个理想的虚拟可视化解决方案，能够为数字化的基础设施信息模型创建一个真实的场景，将数字化的模型和逼真的场景结合起来。LumenRT 支持 3DS、OBJ、FBX 和 DAE 等多种格式，能配合主流建筑三维设计软件使用。LumenRT 为模型提供的场景包括景观、周围场景、天气效果、光线控制以及必要的人物、动物、交通工具、花草树木等丰富的景观库，以丰富场景。在 LumenRT 里创建的场景，可以提供动态的、实时的交互效果，可以在一个真实的世界里对我们的基础设施项目进行设计推敲、交流以及相应的模拟。

　　LumenRT 可以和很多的应用程序集成，包括 MicroStaiton 的各种应用程序。在安装 LumenRT 时，系统会自动和已经安装的应用程序进行集成，如图 8.1.0-1 所示。LumenRT 在安装完成并集成后，如在 CNCCBIM Openroads 应用程序中，将命令流切换至"可视化"，在菜单上会有 LumenRT 按钮。BIM 建模工作完成后，就可以使用 LumenRT 导出的选项，将模型导出到 LumenRT 做后期的效果。

图 8.1.0-1　LumenRT 按钮

　　模型导出到 LumenRT 完成后，会自动打开场景。点击文件，可新建场景（图 8.1.0-2）。由于在应用程序中标高设置问题，导入 LumenRT 后，模型的位置会偏高，可以在左面

图 8.1.0-2　场景预设

346

的主菜单里点击"选择"工具，选中导入的模型，解锁锁定转换，可以通过点击箭头来垂直移动模型（图 8.1.0-3、图 8.1.0-4）。

图 8.1.0-3　移动锁定转换　　　　　　　　　　　图 8.1.0-4　模型移动

8.2　匹配场景和模型

　　一般情况下，项目在设计时使用的地形模型，都类似一张没有厚度的纸，因此在模型导入 LumenRT 后需要利用相关工具对场景地形进行调整，以便于添加其他元素，对项目环境进行设计。

8.2.1　对场景地面进行调整

　　地形调整可使用任务栏中的"地形和海洋-雕刻地形"命令（图 8.2.1-1），进行堆填、抬高地面、挖坑降低地面、整平地面、推移地面制造斜坡。每个命令都可以对地形范围、幅度以及边缘曲率进行调整。

图 8.2.1-1　场景地面调整

8.2.2　场景地面材质赋予

可以利用任务栏的"地形和海洋-绘制地形"命令（图 8.2.2-1）对场景中的地面进行材质赋予操作。

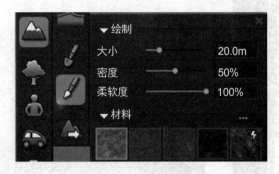

图 8.2.2-1　场景地面调整

8.2.3　添加水域

在诸多项目环境中水域水系是一个非常重要的元素，LumenRT 中水域的创建需要配合地形进行，因此一般在地形创建完成后添加水域。在添加水域之前，通过"地形和海洋-雕刻地形-挖低"命令创建一个坑槽，创建坑槽后可以使用任务栏"地形和海洋-雕刻地形-挖低"工具添加水体（图 8.2.3-1），水面的位置可以使用移动工具进行调整，水域的颜色会随水面的高程位置即"水深"变化，水面越高水的颜色越深，透明度越低。水域添加完成后，可以在水域中添加船舶、人物、鱼群等元素，丰富项目场景。

图 8.2.3-1　添加水体

8.2.4　添加植被

为了使场景更加真实，可以利用任务栏的"添加植物"工具添加植被（图 8.2.4-1）。放置的树木会自动匹配地形高度，也可以使用"选择"工具对树木的位置进行调整。使用"绘制实例"工具（图 8.2.4-2），可以随机选择一批树木，它是根据选择笔刷大小来随机放置构件。添加不同的景观因素后，场景变得更加真实（图 8.2.4-3）。

图 8.2.4-1　添加植被

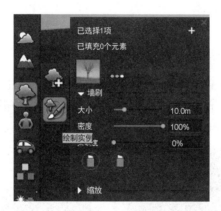

图 8.2.4-2　随机放置植被

图 8.2.4-3　植被效果

8.2.5　添加人物、车辆以及其他元素

人物、车辆以及其他元素的添加方法与添加植被类似，分别通过任务栏中的"添加人物""添加车辆""其他杂项"等选项实现相关功能（图8.2.5-1、图8.2.5-2）。

图8.2.5-1　添加人物

图8.2.5-2　添加车辆

8.2.6　设置元素路径

在LumenRT中几乎所有元素都可以设置相应的路径，通过设置路径可以实现模拟车流、添加人物动画等效果。首先点击任务栏中的"选择"选中需要设置的元素，然后利用"动画设置"工具对相关元素设置相关动作路径，如图8.2.6-1、图8.2.6-2所示。

图8.2.6-1　元素路径设置

图8.2.6-2　模拟车流和人物动画效果

8.3　修改工程模型材质

在建模过程中，项目模型都会按照实际材料设置对应的材质，在导入LumenRT的过程中项目的材质也会同时导入，并且可以在LumenRT中对模型的材质进一步修改。利用任务栏区"选择"工具选中需要设置的元素，然后在"材料"中修改模型材质（图8.3.0-1）。

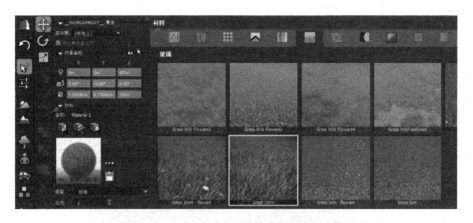

图 8.3.0-1　工程模型材质修改

8.4　层及修改环境设置

在项目模型导入 LmenRT 的过程中，模型所在层信息随之导入，可在 LmenRT 中使用层来管理模型的显示（图 8.4.0-1）。环境设置主要是对项目模型所在场景的时间、位置、季节以及天气等进行设置，可以通过任务栏中的"太阳和大气设置"进行设置（图 8.4.0-2）。调整时间：在"太阳位置"中通过修改"时间"和"日期"设置项目场景中的时间。可以改变光照的强度、方向以及色温。调整北向：通过设置"北"值来修改项目所在的位置，以改变光照方向。调整季节：通过设置"季节"来修改项目所在的季节，以改变季节性变化的植被效果，季节调整后，你会发现树木的变化。需要注意：放置树木时，分为 Season 树木和常绿的树木。调整天气：通过设置"天气"以及"云-方向、速度"来修改项目所在的天气环境，对日照强度、能见度、风速以及云移动的方向、速度等参数进行设置。

图 8.4.0-1　层设置

图 8.4.0-2　太阳和大气设置

8.5 项目交流

为了使项目具有更多方位，能进行多角度交流，可以将项目保存为一个图片，一段影片或者一个动态的场景。

8.5.1 保存图片

从主菜单中选择相机，对图片导出选项进行设置（图 8.5.1-1），并以实时视角导出图片。

图 8.5.1-1 照片选项

8.5.2 创建动画

为了创建一个动画，最简单的是创建一个关键帧动画。选择"电影编辑器"，可以移动相机来改变场景，然后选择"添加关键帧"，关键帧动画制作界面如图 8.5.2-1 所示。

图 8.5.2-1 关键帧动画

创建完成动画后，点击"导出电影"打开"电影选项"界面设置相关的动画选项，完成动画导出，如图 8.5.2-2 所示。

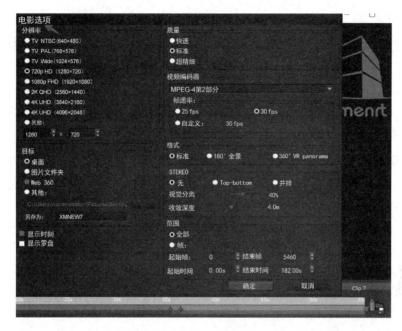

图 8.5.2-2　动画导出

8.5.3　发布交互式场景

通过任务栏中的"共享 LiveCube"命令（图 8.5.3-1）可以创建一个不需要安装 LumenRT 就能运行的交互式场景，使项目交流更加自由、便捷，而且这个 exe 格式的交互式场景文件，同时支持 Windows 和 MAC 系统。

图 8.5.3-1　发布交互式场景

第9章 BIM技术在交通工程设计中的应用实例

9.1 工 程 项 目 资 料

本设计项目为某地区新建公路项目，根据工程可行性研究，拟建二级公路，设计车速为60km/h，设置交叉口一处、桥梁一处。依据交通运输部《公路工程技术标准》JTG B 01、《公路路线设计规范》JTG D20相关规定，设计车速为60km/h的二级公路，设计荷载为公路-Ⅰ级，路基宽度10.0m，行车道宽2×3.50m，硬路肩宽2×0.75m，土路肩宽2×0.75m，桥面宽为12m，其他设计技术指标参照《公路路线设计规范》JTG D20相关规定。由于项目设计资料保密等原因，本实例仅选取设计中部分路段设计资料。路线设计采用CNCCBIM OpenRoads软件完成，桥梁上部、下部绘制采用MicroStation CE软件完成。

9.2 设 计 准 备

9.2.1 创建地形模型

1. 处理DWG图形文件

点击CNCCBIM OpenRoads进入，选择dwg文件打开，设计单位为"米"（图9.2.1-1）。由于按图形过滤器创建地形模型需要利用高程点、首曲线和计曲线所在的图层，因此在层管理器中新建图层，将现有的dwg图形资料所在图层中会造成干扰的元素移动到其他图层，保证所使用的图层中没有干扰元素，新建图层后右键设置激活（图9.2.1-1）。将

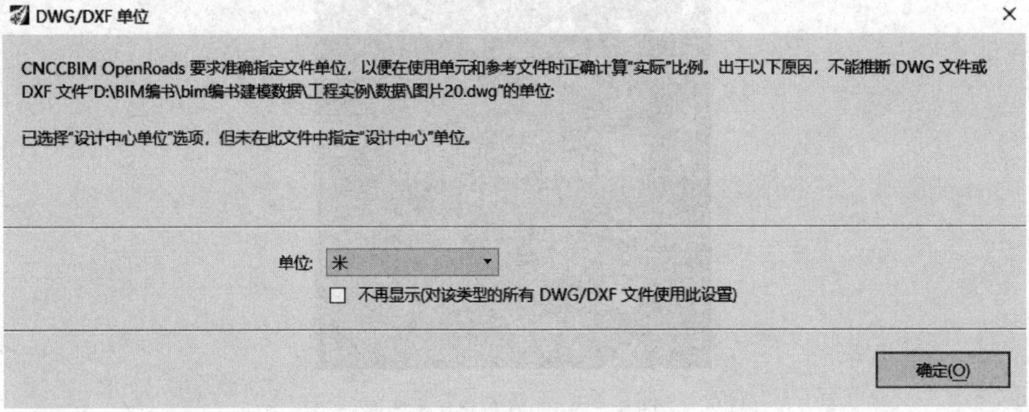

图9.2.1-1 DWG/DXF单位

文件另存，保存类型为 MicroStation V8 DGN 文件（图 9.2.1-2、图 9.2.1-3）。

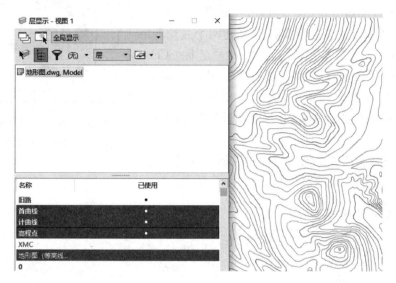

图 9.2.1-2　新建图层

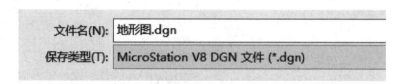

图 9.2.1-3　文件保存类型

2. 从图形过滤器创建地形模型

新建空白文件，地形文件如果为"图形过滤器创建"需采用"三维种子"文件，其他方法创建地形以及其他模型均采用"二维种子"文件。进入软件，点击"参考"，选择地形图.dgn 文件（图 9.2.1-4）。

图 9.2.1-4　参考地形文件

点击"从图形过滤器创建地形模型"（图9.2.1-5），打开"从图形过滤器"对话框，点击"地形过滤器管理器"，打开"地形过滤器管理器"，新建两个过滤器，即"名称-DGX、特征类型-等高线"和"名称-GCD、特征类型-点"，在属性"编辑过滤器"中，选择图层快速编辑过滤器。如图9.2.1-6、图9.2.1-7所示为DGX过滤器创建及编辑，GCD过滤器创建过程相同。

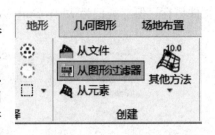

图9.2.1-5 从图形过滤器
创建地形模型

针对等高线和高程点创建两个对应的过滤器，通过过滤器组关联两个过滤器，如图9.2.1-8所示。

图9.2.1-6 新建过滤器

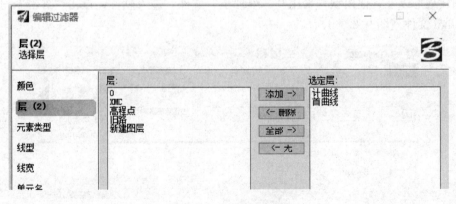

图9.2.1-7 编辑过滤器

退出地形过滤器管理器子界面，主界面中弹出按图形过滤器创建地形模型子界面，在图形过滤器组中选择"DGX＋GCD group"（图9.2.1-9），按提示选择边界方法"最大三角形长度"，三角形边最大长度选择200，然后在主界面窗口中，点击左键确认相关提示选项，成功创建地形模型，如图9.2.1-10所示。地形模型生成后，选中地形模型，将鼠

356

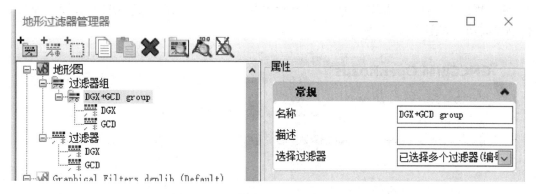

图 9.2.1-8　创建过滤器组关联过滤器

标放在地形模型边界上，利用快捷菜单导出地形模型，如图 9.2.1-11 所示，按需选择不同的数据格式，即可完成地形模型的数据格式保存。

图 9.2.1-9　图形过滤器组选择

图 9.2.1-10　地形模型

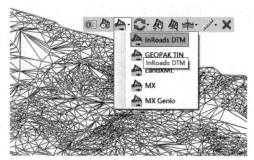

图 9.2.1-11　导出地形模型

9.2.2　创建项目文件

打开软件，设置工作空间，点击"新建文件-浏览"，进入种子文件，选择"CC Seed2D-Metric Design"公制种子，在新建文件界面的文件名处，输入新建项目文件名称

"公路工程初步设计"，设置好项目文件储存路径，点击"保存"，进入打开界面，项目文件创建成功，如图 9.2.2-1 所示。

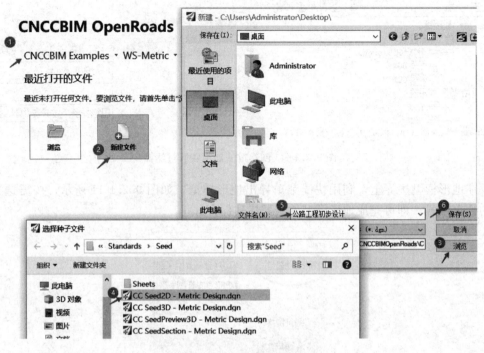

图 9.2.2-1　创建项目文件

9.3　导入地形模型

地形模型文件是设计过程中非常重要的基础资料，纵断面设计过程中地面线的剖切和生成走廊带过程中边坡的放置都需要以激活的地形模型文件为依据。在"地形-从文件"选择生成的地形模型 dtm 文件，点击完成、导入，如图 9.3.0-1 所示。

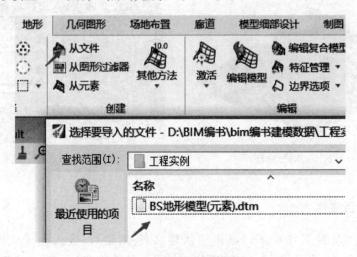

图 9.3.0-1　导入地形模型

地形模型导入项目文件后，将鼠标放置在地模边界上，弹出快捷菜单，点击激活地形模型，如图9.3.0-2所示。

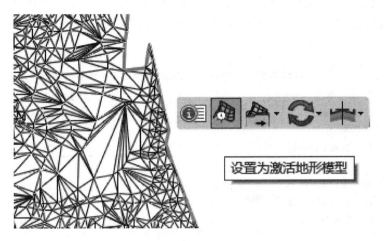

图 9.3.0-2　激活地形模型

9.4　道路线形设计

9.4.1　路线设计标准

本项目设计依据为《公路路线设计规范》JTG D20，设计标准如图9.4.1-1所示。

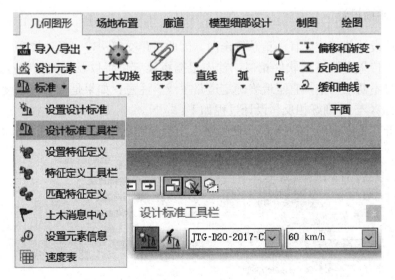

图 9.4.1-1　路线设计标准

9.4.2 路线特征定义

本项目中公路路线设计线型的特征定义采用"CC-MR",在 CNCCBIM OpenRoads 中平面线及纵断面设计线特征要选择以"CC"开头的特征名称,以便后期实现自动批注及一键出图,如图 9.4.2-1 所示。

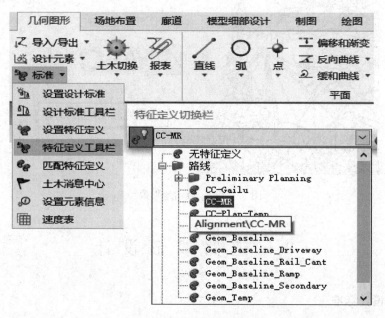

图 9.4.2-1　路线特征定义

9.4.3 路线平面设计

由于主线设计范围较大且注重总体走向,因此采用交点法进行设计较为适宜,其设计思路与纬地等传统道路设计软件相似,首先根据桥梁等位置以及相关控制点进行总体布线,随后通过不断地调整,直至最终确定道路主线。注意:如果是根据纬地设计结果进行翻模,其坐标 X 与 Y 刚好相反。设计过程如下:

(1) 打开"土木精确绘图-XY",便于输入坐标及其他相关参数(图 9.4.3-1)。

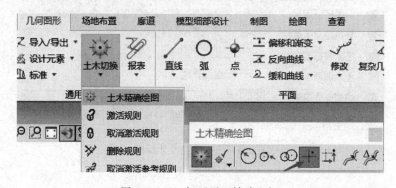

图 9.4.3-1　打开平面精确坐标

（2）点击"复杂几何图形-交点法创建路线"（图 9.4.3-2），将鼠标放置在窗口内，按 Tab 键切换到 X 坐标输入栏，输入起点 X 坐标，输入完成按回车键锁定，继续切换将 Y 坐标输入，按回车键锁定，半径设为 0，前后缓和曲线半径设为 0，也可在对话框输入相关信息，确认快捷窗口的元素信息后点击左键完成起点输入（图 9.4.3-3）。

（3）接下来依次完成各交点的信息输入，需要注意的是在输入某一交点的元素信息时（元素信息包括半径和缓和曲线长度），输入的不是本交点的元素信息，而是上一个交点的元素信息，例如输入 JD_3 时半径应输入 2600 而不是 400。输入完最后一个终点后，点击右键结束交点法创建路线（图 9.4.3-4）。

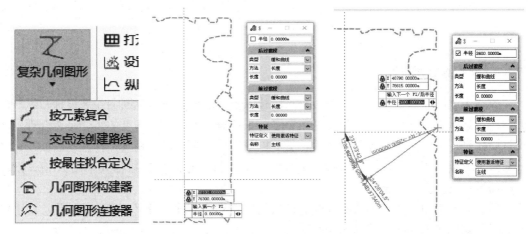

图 9.4.3-2　交点法创建路线　　图 9.4.3-3　输入起点信息　　图 9.4.3-4　JD_3 信息输入

（4）将鼠标放置在路线上，使用快捷工具"打开纵断面模型"即可观察地面线，如图 9.4.3-5 所示。路线初步设计完成后，应根据地面线的情况对路线进行修改优化，通过对象的"句柄参数"直接进行修改，也可在表编辑器进行调整。此部分工作已完成，在此不详述。主线设计直线、曲线及转角表如图 9.4.3-6 所示。

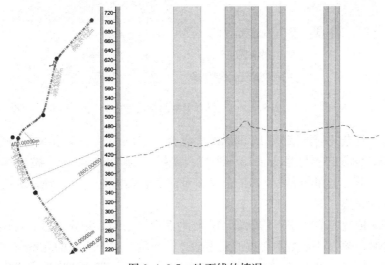

图 9.4.3-5　地面线的情况

直线、曲线及转角表

主线

交点号	交点坐标 N(X)	E(Y)	交点桩号	转角值	曲线要素值(m) 半径	缓和曲线长度	缓和曲线参数	切线长度	曲线长度	外距	校正值	曲线主点桩号 第一缓和曲线起点	第一缓和曲线终点或圆曲线起点	圆曲线中点	第二缓和曲线起点或圆曲线终点	第二缓和曲线终点	直线长度及方向 直线长(m)	交点间距(m)	计算方位角
1	2	3	4	5	6	7	8	9	10	11	12	13	14	15	16	17	18	19	20
起点	76300	50100	K12+600														1141.614	1440.7734	35°33′55.49″
JD1	77472	49262	K14+040.773	13°7′38.34″(Y)	2600			299.1592	595.6987	17.1542	2.6196	K13+741.614	K14+039.464	K14+337.313			515.5427	1236.8216	22°26′17.16″
JD2	78815	48790	K15+274.776	77°26′2.90″(Y)	400	200.000 150.000	282.843 244.949	421.920 399.306	715.5923	117.848	105.63	K14+852.856	K15+052.856	K15+235.652	K15+416.448	K15+568.448	185.955	786.21689	54°59′45.74″
JD3	79066	49434	K15+965.359	41°15′36.71″(Y)	400	100	200	200.9559	388.0505	28.5201	13.861	K15+764.403	K15+864.403	K15+948.428	K16+042.454	K16+142.454	816.7120	1196.8459	13°44′9.03″
JD4	80228.617	49718.18608	K17+138.343	28°55′44.89″(Y)	500	100	223.6068	179.1772	352.4543	17.228	5.9	K16+959.166	K17+059.166	K17+135.394	K17+211.621	K17+311.621	896.5112	1075.6884	42°39′53.92″
终点	81019.60189	50447.19121	K18+208.132																

图 9.4.3-6　平面主线元素信息

9.4.4 路线纵断面设计

道路主线的纵断面设计采用按竖交点创建纵断面的方法进行纵断面拉坡设计。纵断面竖曲线设计除了考虑坡率、坡长等基本要素外，还需要考虑平纵线型的组合是否合理，其设计同样是一个反复修正优化的过程，下面以最终设计成果讲解相关操作。纵断面设计之前需要查看竖曲线参数在设计文件中的设置，本项目中竖曲线参数格式采用 R 值。设计过程如下：

（1）打开前面工作中创建的纵断面模型视图窗口，点击"土木精确绘图-Z"，便于输入坐标及其他相关参数（图 9.4.4-1）。

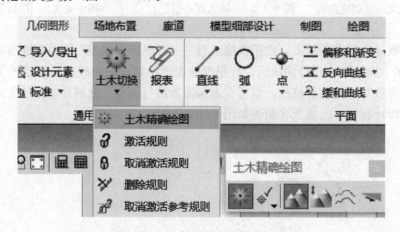

图 9.4.4-1　打开纵断面精确坐标

（2）点击"复杂几何图形-按 PI 的纵断面复合"（图 9.4.4-2），将鼠标放置在窗口内，按 Tab 键切换，输入起点桩号为"12+600"、高程 Z 为"415.273"，按回车锁定，设置竖曲线类型为圆形，竖曲线参数为 0。也可在对话框输入相关信息，确认快捷窗口的元素信息后点击左键完成（图 9.4.4-3）。

（3）接下来依次完成各交点信息输入，与平面设计相同，需要注意的是在输入某一交点的元素信息时，输入的不是本交点的元素信息，而是上一个交点的元素信息。完成最后一个竖交点输入后，点击右键结束交点法创建路线。纵断面竖曲线创建完成后，应反复检查不断修改,最终确定纵断面方案。纵断面方案确定后,左键点击选中竖曲线,将鼠标放在竖曲线上,快捷窗口弹出设置为"激活纵断面",主线纵断面设计完成。纵断面拉坡成果如图9.4.4-4所示,主线设计纵坡、竖曲线表如图9.4.4-5所示。

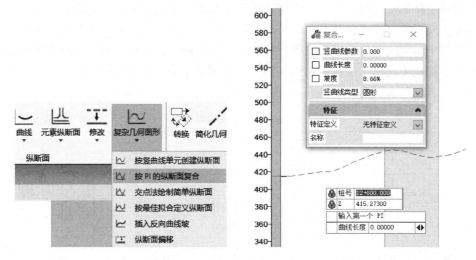

图 9.4.4-2 按 PI 的纵断面复合   图 9.4.4-3 输入起点信息

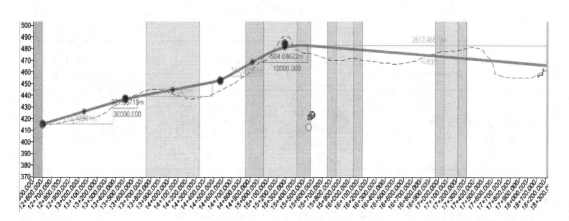

图 9.4.4-4 纵断面拉坡

纵坡、竖曲线表

主线   第1页/共1

| 序号 | 桩号 | 竖 曲 线 | | | | | | | 纵 坡 (%) | | 变坡点间距 | 直坡段长 |
		标高(m)	凸曲线半径R(m)	凹曲线半径R(m)	切线长T(m)	外距E(m)	起点桩号	终点桩号	+	-	(m)	(m)
1	K12+600	415.273										
									2.38		910.000	774.698
2	K13+510	436.931	30000.000		135.560	0.306	K13+374.478	K13+645.546				
									1.48		1059.454	835.810
3	K14+569.455	452.568		-6000.000	88.199	0.648	K14+481.265	K14+657.568				
									4.42		714.045	374.374
4	K15+283.500	484.118	10000.000		252.168	3.179	K15+031.577	K15+535.663				
										-0.63	2924.632	2672.521
5	K18+208.132	465.788										

图 9.4.4-5 纵断面主线元素信息

9.4.5 路线廊道设计

1. 创建横断面模板

本项目道路横断面模板的设计内容除了路基路面，还包含支挡构造物、排水沟、护栏等，横断面模板的设计充分体现了 BIM 设计的相关特点，其中包含了大量的设计信息。本设计项目中需要绘制的横断面模板及相关设计信息较多，下面以填方道路横断面模板的创建为例讲解相关操作。主线填方道路路基、路面的相关设计在此不详述，具体设计成果见表 9.4.5-1 和表 9.4.5-2。

路基结构相关参数 　　　　　　　　　　　　　　　　　　　　表 9.4.5-1

公路等级		二级公路
车道数		2 车道
路基标准宽度（m）		10.00
宽度组成	行车道宽度（m）	2×3.50
	硬路肩宽度（m）	2×0.75
	土路肩宽度（m）	2×0.75
横坡组成	行车道及硬路肩横坡（%）	1.5
	土路肩横坡（%）	3
填方边坡坡率		1∶1.5

路面结构厚度及材料相关参数 　　　　　　　　　　　　　表 9.4.5-2

层位	结构名称	厚度（cm）
面层	中粒式沥青混凝土（AC-13C）	4
	粗粒式沥青混凝土（AC-20C）	6
基层	水泥稳定碎石基层	20
底基层	水泥稳定碎石底基层	20
防冻层	天然砂砾	18

（1）路基、路面横断面模板绘制。利用非约束组件绘制路面面层和土路肩模板。设计开始之前点击窗口左下角的动态设置开关，打开动态设置功能（图 9.4.5-1）。右键点击窗口，选择"添加新组件-无约束"，在动态设置对话框中输入 X，Y 为"0，0"，按回车键确定第一点位置，如图 9.4.5-2 所示。

图 9.4.5-1　动态设置

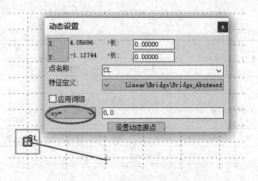

图 9.4.5-2　确定第一点位置

364

按照相同方法通过输入无约束点位置绘制组件，组件各点输入完之后，右键选择完成。路面结构层各组件绘制结果见图 9.4.5-3。

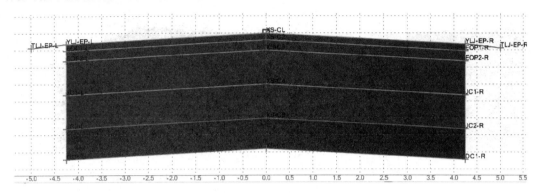

图 9.4.5-3　路面结构层各组件绘制

（2）各点约束关系设置。左键双击右侧硬路肩边缘线构造点"YLJ-EP-R"，打开点特征编辑界面，设置约束 1 的类型为"水平"，父约束点为道路中心线构造点"XS-CL"，值为"4.25"，标签命名。设置约束 2 的类型为"坡度"，父约束点为道路中心线构造点"XS-CL"，值为"−1.50％"，点击应用完成约束设置（图 9.4.5-4）。通过同样方法打开上面层层底点"EOP1-R"的点特征编辑界面，设置约束 1 的类型为"水平"，父约束点为"YLJ-EP-R"，值为"0"，设置约束 2 的类型为"竖向"，父约束点为"YLJ-EP-R"，值为"−0.04"，点击应用完成约束设置，用同样方法设置路面结构约束关系。以上设置完成后可以右键点击点"YLJ-EP-R"，选择"测试点控制-测试点全部"，对约束效果进行测试，实现路基路面结构的参数化变化（图 9.4.5-5、图 9.4.5-6）。

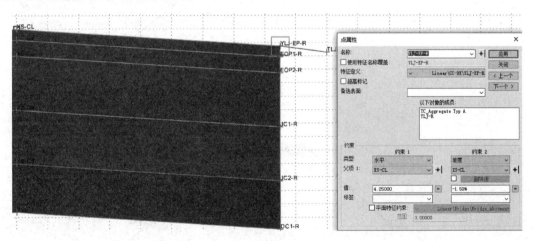

图 9.4.5-4　约束关系设置

（3）填方边坡模板绘制。利用末端条件组件绘制道路填方边坡模板，右键点击窗口"添加新组件-末端条件"，右键打开"镜像"，左键点击左侧土路肩外边缘，确定第一点（道路边坡起点）的位置，接着利用动态设置，在 VS 坐标模式下输入坐标"−8，−66.67"（纵向坐标为−8m，坡率为 1∶1.5），如图 9.4.5-7 所示。路堤边坡高度 8m 以

内采用1∶1.5坡度，大于8m时，在8m高度位置设置宽2m平台，平台边缘按照1∶
1.75继续放坡直至结束，创建道路二级边坡，如图9.4.5-8所示。

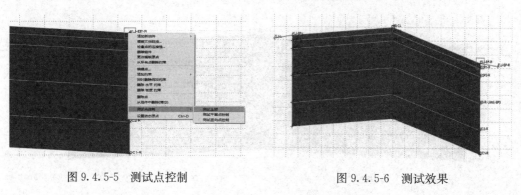

图9.4.5-5　测试点控制　　　　　　　图9.4.5-6　测试效果

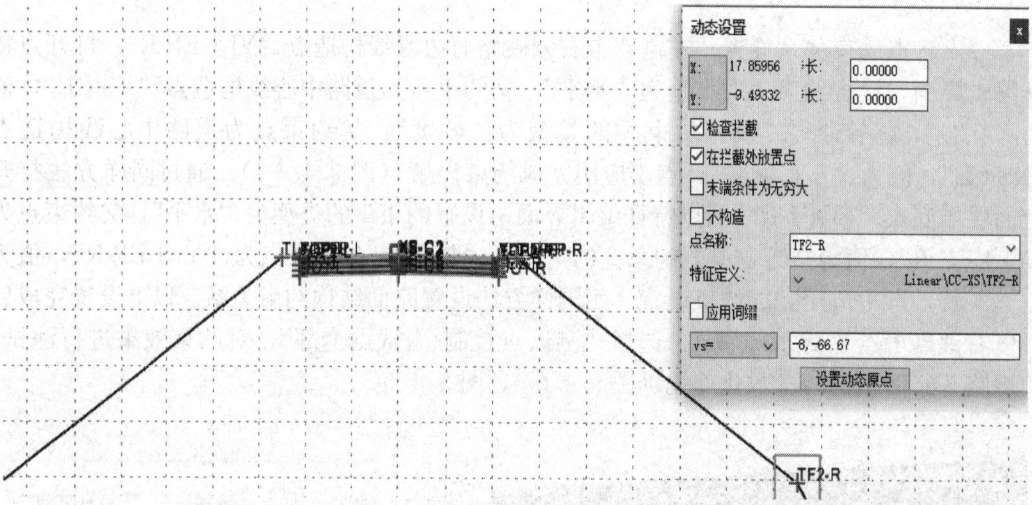

图9.4.5-7　创建道路边坡

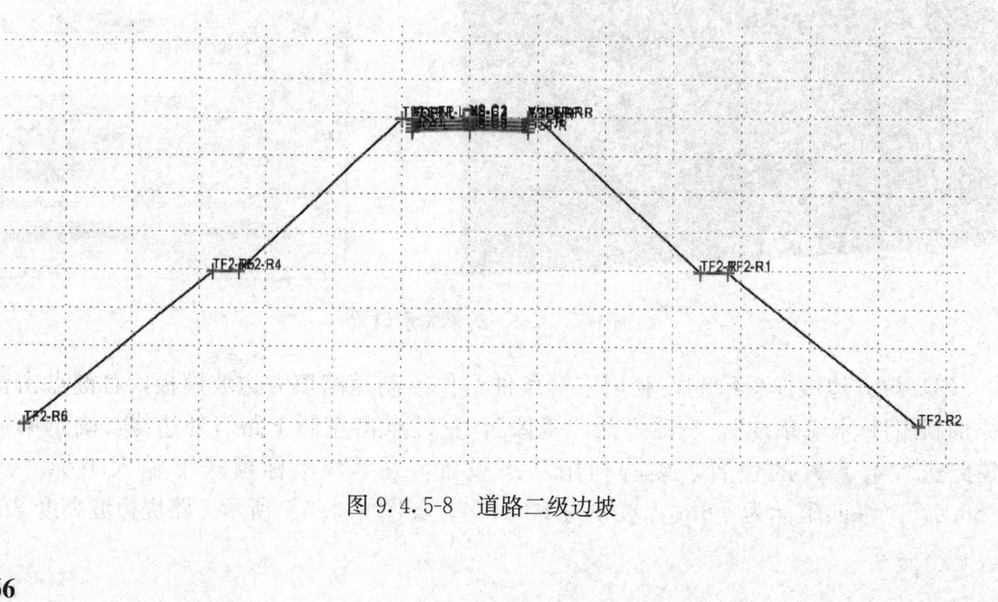

图9.4.5-8　道路二级边坡

（4）排水沟模板绘制。排水沟横断面的设计方法与路面结构层设计方法相同，都是采用约束或非约束组件创建。需要说明的是其约束效果，应是排水沟组件位置随边坡坡脚位置变化，因此在约束关系设置时可以将排水沟组件的所有构造点的父约束设置为边坡坡脚线构造点，测试如图 9.4.5-9 所示。

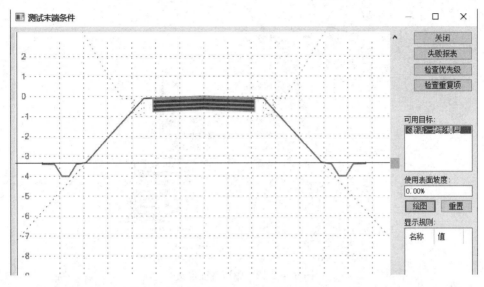

图 9.4.5-9　排水沟测试

（5）横断面模板材料设计。以设置上面层材料为例讲解相关操作，右键点击上面层组件，选择"组件编辑"打开组件编辑对话框（图 9.4.5-10），设置特征定义为对应材料，点击应用，完成材料设置（图 9.4.5-11）。其余组件按照同样方式设置特征定义，路面各层材料见表 9.4.5-2，路基、路面横断面模板设计完成。

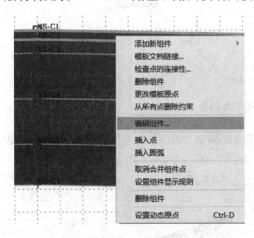

图 9.4.5-10　编辑组件

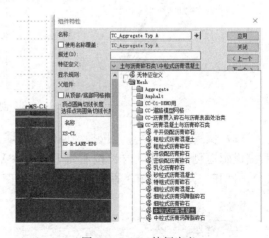

图 9.4.5-11　特征定义

2. 创建廊道

在创建廊道之前需要做以下准备工作：激活路线纵断面设计线、激活项目的地形模型、将所有横断面模板整合到同一个模板库中。创建廊道的操作过程如下：

(1) 点击"廊道-创建廊道"，然后左键选中主线，右键重置跳过激活纵断面，完成走廊带名称设置，特征定义设置选择"CC-道路模型样式"中的模型（图 9.4.5-12），最后点击左键，弹出"创建三维路面"对话框（图 9.4.5-13）。

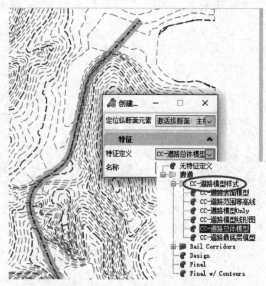

图 9.4.5-12　廊道特征定义

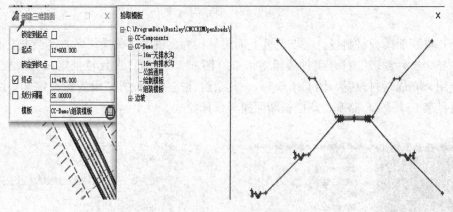

图 9.4.5-13　创建三维路面

(2) 设置起点、终点，选择前面创建的填方道路横断面模板，点击左键确认各项信息后完成廊道创建。窗口内长按右键，选择"View Control-Views Plan/3D"（图 9.4.5-14)，打开 3D 模板视图，查看廊道模型，如图 9.4.5-15 所示。

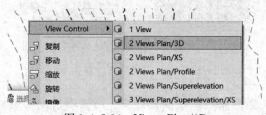

图 9.4.5-14　Views Plan/3D

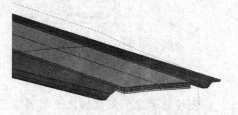

图 9.4.5-15　廊道模型

9.5　平面交叉设计

9.5.1　交叉口拉坡设计

主线路线 1 已经完成全部设计，交叉口路线 2 完成平面设计（图 9.5.1-1），现参考主线路线 1 进行交叉口路线 2 纵断面设计。首先选择"几何图形-纵断面创建-平面交叉点投影至其他剖面"，先选择要显示交点的元素，即路线 2，然后选择要投影的元素，如与路线 2 相交存在多条相交元素可以依次选择，右键重置命令结束选择。打开路线 2 的纵断面模型，可以看到在空白的纵断面模型中存在上一步选择的相交元素的投影点（图 9.5.1-2），可以利用这些点作为路线 2 的纵断面控制点，以投影点作为出发点，进行交叉口拉坡设计，并创建三维路面，如图 9.5.1-3 所示。

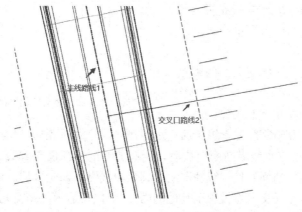

图 9.5.1-1　交叉口路线

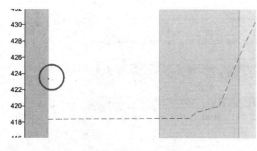

图 9.5.1-2　主线在交叉口纵断面投影

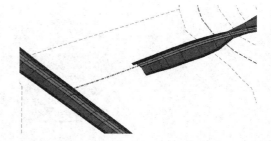

图 9.5.1-3　交叉口三维路面

9.5.2　绘制交叉口轮廓线

创建交叉口的方法一般有两种：一种是采用"放置土木单元"功能，根据系统自带的土木单元或预设的土木单元创建交叉口，此类方法适用于常见的交叉口类型，操作方法比较简单。本项目中采用另一种方法，使用"模型细部设计-应用表面模板、应用线性模板"创建交叉口（图 9.5.2-1），此方法适用于各类局部不规则道路。

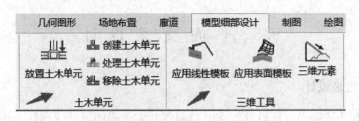

图 9.5.2-1　交叉设计方法

（1）交叉口轮廓线平面线绘制。利用"几何图形-渐变和偏移-局部路段等距偏移"命令，将主线路线 1 和交叉路线 2 向两侧偏移，创建边线、局部道路中心线；利用"几何图形-弧-插入简单切向圆弧"命令，在交叉路线偏移出来的局部路线与主线偏移出来的路线间插入简单圆弧（图 9.5.2-2）。

注： 采用"直线"连接交叉口两侧轮廓线进行封口。

（2）交叉口纵断面轮廓线绘制。直线

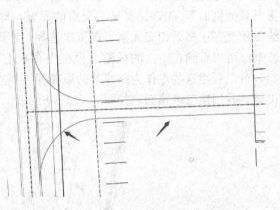

图 9.5.2-2　交叉口轮廓线平面线绘制

段的纵断面，利用"几何图形-元素纵断面-基于参照纵坡"按固定坡度绘制纵断面，按照路拱横坡设置轮廓线。所有直线纵断面完成后，绘制曲线的纵断面轮廓线。利用"几何图形-元素纵断面-插入过渡纵断面"按"线性"绘制圆弧曲线纵断面轮廓线。对于封口处纵断面，可利用"纵断面创建-平面交叉点投影至其他剖面"，定位要显示的相交元素，打开封口纵断面视图，根据投影点位置按交点法绘制纵断面（图 9.5.2-3）。打开 3D 模板视图，可以看到纵断面轮廓线（图 9.5.2-4）。

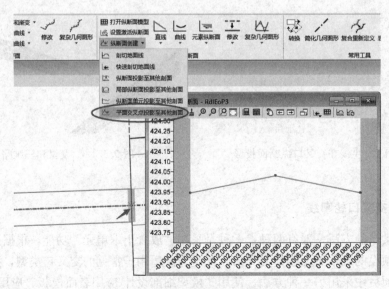

图 9.5.2-3　封口处纵断面轮廓线绘制

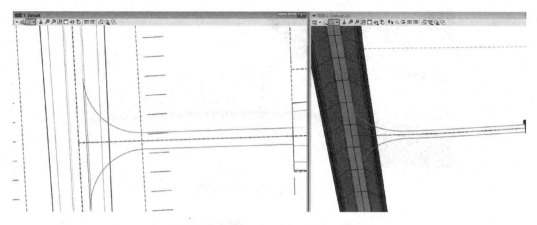

图 9.5.2-4　交叉口纵断面轮廓线绘制

9.5.3　创建交叉口地形模型

按住"Ctrl"键，左键选中交叉口轮廓线，点击"地形-从元素创建"，特征类型选择"边界"，边界方法为"最大三角形长度"，最大边长度为"100"，确认各选项信息，点击左键创建地形模型。点击"地形-特征管理-添加特征"，先选中地形模型，再选中创建的局部道路中心线，特征类型选择"断裂线"，交叉口路拱形成（图 9.5.3-1）。点击地形模型属性，将三角网格关闭。

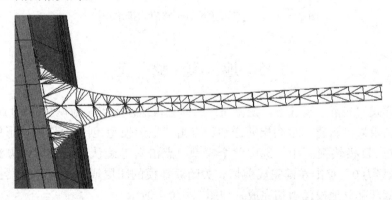

图 9.5.3-1　交叉口地形模型

9.5.4　创建交叉口三维路面

（1）点击"模型细部设计-应用表面模板"，选中地形模型，设置模板为预设的路面面层模板，确认各项信息，点击左键完成表面模板应用，交叉口三维路面结构创建完成（图9.5.4-1）。

（2）点击"模型细部设计-应用线性模板"，设置为土路肩、边坡和排水沟模板。选中对应的交叉口轮廓线，完成起、终点等其余选项的设置。在创建时应注意"设计场地"地形模型激活。曲线处边沟可能出现重合现象，利用"廊道-廊道剪切"进行处理。交叉口边坡、土路肩和排水沟模型如图 9.5.4-2 所示。

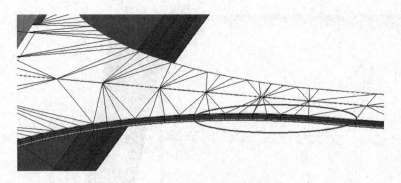

图 9.5.4-1　交叉口三维路面结构

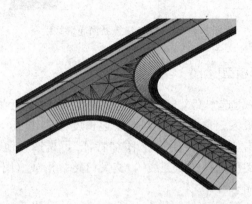

图 9.5.4-2　交叉口边坡、土路肩和排水沟模型

9.6　地　模　修　剪

　　在显示样式"光滑"模式下，挖方路段路面会被地模覆盖，地模修剪后可以很直观地观看建成后的效果。新建一个图层并激活，点击"地形模型-创建剪切的地形模型"选择地形模型。在 2D 模块视图中，选中整个模型，点击右键确认，设置剪切方法为"内部的"，平纵偏移为 0，点击左键完成剪切。关闭原地模的图层或在项目浏览器的中删除原地模，可见遮蔽部分地模已剪切完成，如图 9.6.0-1 所示。

图 9.6.0-1　地模剪切路段

9.7 交通安全设施

9.7.1 标线设计

标线的设计方法有两种：一种是将标线做成线型，利用与创建护栏类似的方法链接到特征定义中，再随廊道一起生成，但是这种方法在设置局部路段标线时需要特殊处理，十分不便。另一种是用"贴"标线的方法进行创建，该方法简单易懂，适用于协同设计工作流程，因此本项目采用此方法。

新建一个 dgn 文件，WorkSpaces 设置与项目文件一致，种子文件选择 2D Metric。利用主线偏移等方法确定标线位置，利用"几何图形"中的直线曲线等功能，结合修改线型和特征定义等方法绘制道路标线。绘制完成后，打开项目文件，将标线 dgn 文件参考到项目文件的 3D 模型中。切换命令流到"可视化"，点击实用工具中"三维几何图形上的模板二维元素"，弹出"模板映射参考元素"对话框（图 9.7.1-1），设置合适的曲面偏移、公差等参数。交叉口标线效果如图 9.7.1-2 所示。

图 9.7.1-1　模板映射参考元素对话框

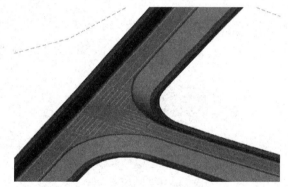

图 9.7.1-2　交叉口标线效果

9.7.2 交通标志设计

交通标志设计主要由三部分工作组成：结构设计、应用材质、交通标志放置。其中结构设计主要是利用实体建模中的相关功能绘制。具体过程如下：

（1）在 CCNCBIM OpenRoads 打开 C：\ ProgramData \ Bentley \ CNCCBIM Open-Roads \ Configuration \ Organization-Civil \ Civil Default Standards-Metric \ Cell 文件夹下的文件单元库（图 9.7.2-1），创建一个模型，绘制需要的标志牌。

（2）将绘制的标志牌应用材质。点击任务列表中"可视化"应用材质，打开材质编辑器界面，点击"材质板-新建"新建一个材质板，选中新建的材质板（图 9.7.2-2）；打开材质图案设置界面，打开对应图案，单位选择表面，完成后关闭材质编辑器（图 9.7.2-3）。打开刚刚新建的圆形元素属性界面，设置其材质为"指路标志"即完成材质应用（图 9.7.2-4）。

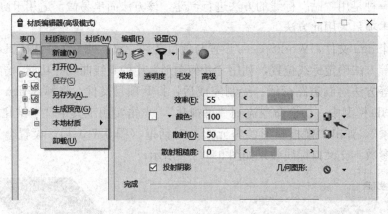

Annotations - Metric   Bar Scales - Metric
Bentley 3D Cells Metric - 副本   Bentley 3D Cells Metric
Cross Section Labeling - Metric   Dynamic XS Labels - Metric
Plan View - Metric   Plan View Labeling - Metric
Profile View Labeling - Metric   Subsurface Feature Definitions - Metric
Subsurface Utilities Labeling - Metric

图 9.7.2-1　文件单元库

图 9.7.2-2　新建材质板

图 9.7.2-3　打开对应图案　　　　　　图 9.7.2-4　材质应用效果

（3）将标志牌文件作为共享单元或者三维自定义线型的形式批量放置到建立好的道路模型中。

9.8　桥梁模型绘制

下面以绘制大桥 0 号桥台的桥型为例（图 9.8.0-1），介绍应用 MicroStation 绘制桥梁结构。

双击 MicroStation CE 图标，选择工作空间，点击"新建文件"工具图标，弹出"新

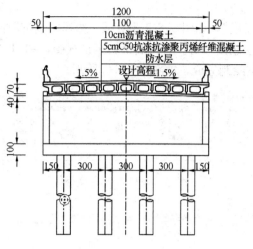

图 9.8.0-1 桥型布置图

建”对话框，单击“浏览”按钮，选择 3D 类型种子文件，对设计文件进行设置，工作单位设置单位为“厘米”。将文件所需图层进行创建，并设置图层颜色。

9.8.1 桥梁下部

基桩和桥台一般构造如图 9.8.1-1 所示。

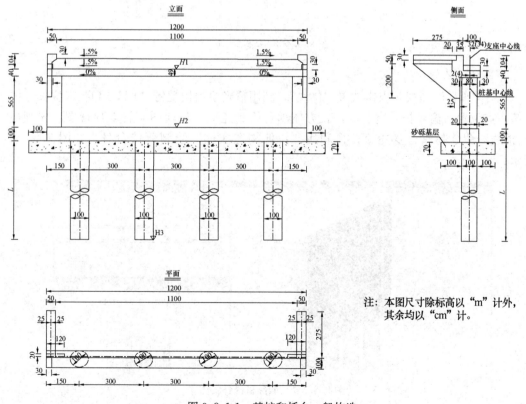

注：本图尺寸除标高以“m”计外，
其余均以“cm”计。

图 9.8.1-1 基桩和桥台一般构造

1. 基桩

将命令流切换至"建模",如图 9.8.1-2 所示。选择"基桩"图层,利用圆柱体命令,设置半径及高度,即可绘制出基桩。将视图旋转至顶视图,利用"复制"命令,将其他的 3 根基桩进行复制,基桩绘制完成,如图 9.8.1-3 所示。

图 9.8.1-2　工具栏命令

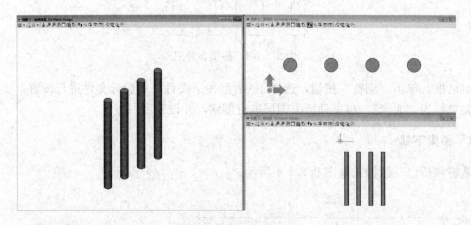

图 9.8.1-3　基桩绘制

2. 承台与台身

选择"承台"图层,点击放置"体块",利用精确绘图快捷键"F11+O"定位长方体块第一点位置,输入长、宽、高,长方体承台绘制完成。将视图旋转至顶视图,先利用"智能线"命令制作台身轮廓,再利用"拉伸构造实体"绘制薄壁台身,如图 9.8.1-4 所示。

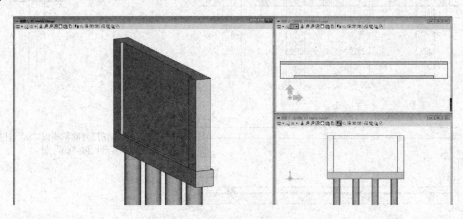

图 9.8.1-4　承台和台身实体

3. 台帽与墙背

台帽及墙背中心和边缘处的构造如图 9.8.1-5 所示。选择"台帽与墙背"图层，台帽及墙背利用"放样曲面"命令进行绘制。先利用"智能线"命令，画出台帽Ⅰ-Ⅰ截面和Ⅱ-Ⅱ截面的轮廓，再利用"放样"曲面命令创建曲面，如图 9.8.1-6 所示。利用"转换为实体"命令，将绘制的台帽及墙背曲面转换成台帽及墙背实体（图 9.8.1-7）。参数化曲面无法转为智能实体的解决办法为：利用"组-打散元素"，在对话框中勾选"应用程序元素"；并将台帽与墙背移动至其空间的相对位置，利用复制、镜像绘制另一侧台帽及墙背，如图 9.8.1-8 所示。

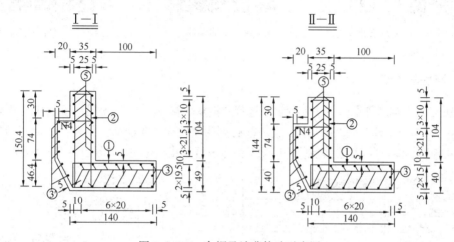

图 9.8.1-5　台帽及墙背构造示意图

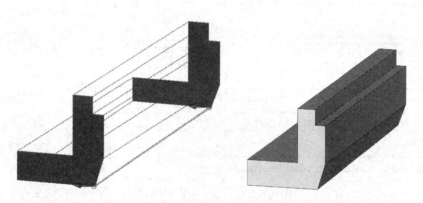

图 9.8.1-6　创建台帽及墙背曲面　　　图 9.8.1-7　一侧台帽及墙背

4. 耳墙

耳墙构造可分成两部分绘制，选择"耳墙"图层，上部利用放置"体块"及"倒角"命令绘制，下部先利用"智能线"命令，画出耳墙轮廓，再利用"拉伸构造实体"，创建实体，完成耳墙实体绘制，如图 9.8.1-9 所示。对耳墙、台身、墙背使用"相并"命令，完成桥台绘制，如图 9.8.1-10 所示。

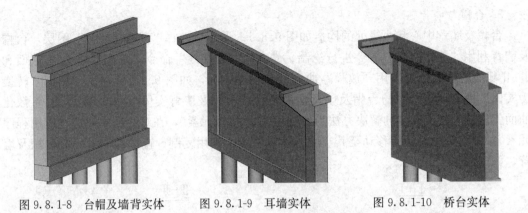

图 9.8.1-8　台帽及墙背实体　　　图 9.8.1-9　耳墙实体　　　图 9.8.1-10　桥台实体

9.8.2　挡块与支座

挡块与支座构造如图 9.8.2-1 所示。选择"挡块、减振挡板"图层，可利用"体块"命令绘制长方体，如图 9.8.2-2 所示。支座垫石利用"放样"曲面命令创建，利用"转换为实体"命令转换实体，并利用"复制""移动"命令放置到指定位置，如图 9.8.2-3 所示。

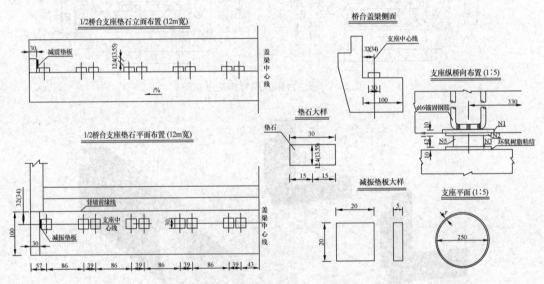

图 9.8.2-1　挡块与支座构造图

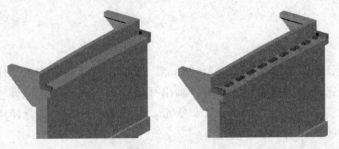

图 9.8.2-2　挡块和减振挡板实体　　　图 9.8.2-3　支座垫石实体

台帽顶钢板绘制方法：选择"台帽顶钢板"图层，利用"体块"命令，使用精确绘图快捷键"F11＋O"定位长方体块第一点位置，在垫石上绘制长方体，如图9.8.2-4所示。利用"圆柱体"命令，使用精确绘图快捷键"F11＋O"定位圆形位置，绘制支座，如图9.8.2-5所示。板底楔形钢板利用"放样"曲面命令创建，利用"转换为实体"命令转换为实体，如图9.8.2-6所示。

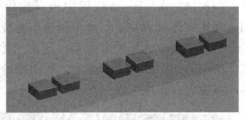

图9.8.2-4　台帽顶钢板实体

图9.8.2-5　支座实体

图9.8.2-6　板底楔形钢板实体

9.8.3　桥梁上部

1. 空心板

空心板一般构造如图9.8.3-1所示。选择"空心板"图层，利用"智能线"命令，绘

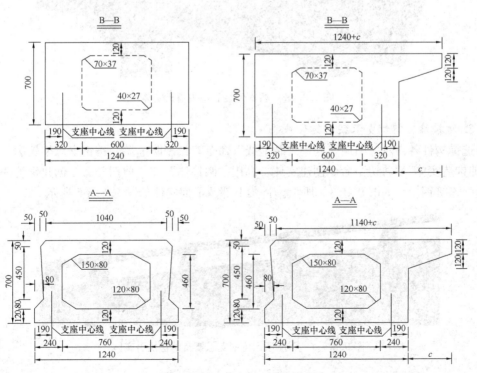

图9.8.3-1　空心板一般构造图

制空心板 A—A、B—B 截面中板及边缘轮廓，利用"放样"曲面命令创建空心板曲面，利用"转换为实体"命令创建空心板实体。按空心板横坡度"旋转""复制""镜像"后，完成空心板轮廓绘制。使用"剪切"命令，将板空心轮廓切除，完成空心板实体绘制，如图 9.8.3-2 所示。利用精确绘图快捷键"F11＋O"和"移动"命令，将空心板放置在支座上方。

图 9.8.3-2　空心板实体图（A—A 截面）

2. 桥面铺装和桥头搭板

选择"桥面铺装和桥头搭板"各自对应图层，桥面铺装是利用"体块"命令，输入桥面长、宽、厚度，绘制 1/2 桥面铺装，然后"复制""镜像"，最后"相并"，桥面铺装绘制完成。桥头搭板是利用"体块"命令，分别绘制两幅桥面桥头搭板，然后"相并"。桥面铺装和桥头搭板实体如图 9.8.3-3 所示。

图 9.8.3-3　桥面铺装和桥头搭板实体

3. 防撞墙、铸钢支承架和钢管扶手

选择构件各自对应图层，利用"智能线"命令，绘制防撞墙、铸钢支承架轮廓，利用"拉伸构造实体""剪切"命令创建实体。利用"圆柱体"及"剪切"命令创建钢管扶手及接缝处连接钢管，如图 9.8.3-4 所示。桥梁上部及下部实体如图 9.8.3-5 所示。

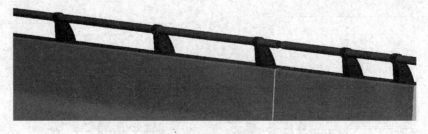

图 9.8.3-4　防撞墙、铸钢支承架及钢管扶手实体

380

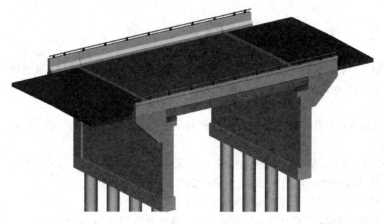

图 9.8.3-5　桥梁实体

9.9　项目局部成果展示

桥梁实体绘制完成后，可利用"可视化-材质"将桥梁上部、下部结构应用材质，参考到 CNCCBIM OpenRoads 路线设计中，放置在路线相应桩号位置，完成整个路线设计后，将模型在 LumenRT 中渲染，局部成果展示如图 9.9.0-1 所示。

图 9.9.0-1　局部成果展示

参 考 文 献

[1] 王平，刘鹏飞，赵全斌. 建筑信息模型(BIM)概论[M]. 北京：中国建材工业出版社，2018.
[2] Peter Routledge, paul Woddy. Autodesk Revit 2017 建筑设计基础应用教程[M]. 北京：机械工业出版社，2017.
[3] 欧特克(中国)软件研发有限公司. Autodesk® Revit® 二次开发基础教程[M]. 上海：同济大学出版社，2015.
[4] 焦柯，杨远丰. BIM 结构设计方法与应用[M]. 北京：中国建筑工业出版社，2016.
[5] 杨宝明. BIM 改变建筑业[M]. 北京：中国建筑工业出版社，2017.
[6] 李邵建. BIM 纲要[M]. 上海：同济大学出版社，2015.
[7] 中国建筑科学研究院，建研科技股份有限公司. 跟高手学 BIM-Revit 建模与工程应用[M]. 北京：中国建筑工业出版社，2016.
[8] 汤众，刘烈辉，等. MicroStation 工程设计应用教程(表现篇)[M]. 北京：中国建筑工业出版社，2008.
[9] 汤众，栾蓉，等. MicroStation 工程设计应用教程(制图篇)[M]. 北京：中国建筑工业出版社，2008.
[10] 梁旭源，宁长远，等. MicroStation CE 应用教程[M]. 北京：人民交通出版社，2019.
[11] BENTLEY 软件(北京)有限公司. MicroStation CONNECT Update 3 简体中文在线帮助，2017.
[12] 陈晨，戈普塔(尼泊尔). 道路工程 BIM 设计指南－CNCCBIM OpenRoads 入门与实践[M]. 北京：机械工业出版社，2021.
[13] 张驰，王建伟，等. 公路 BIM 及设计案例[M]. 北京：人民交通出版社，2018.
[14] 中交第一公路勘察设计研究院有限公司，BENTLEY 软件(北京)有限公司. CNCCBIM OpenRoads U8 帮助文档，2020.
[15] BENTLEY 软件(北京)有限公司. LumenRT 使用教程，2016.
[16] 张泳. BIM 技术原理及应用[M]. 北京：北京大学出版社，2020.
[17] 交通运输部. 公路工程技术标准 JTG B01—2014[S]. 北京：人民交通出版社，2014.
[18] 交通运输部. 公路路线设计规范 JTG D20—2017[S]. 北京：人民交通出版社，2017.
[19] 交通运输部. 公路路基设计规范 JTG D 30—2015[S]. 北京：人民交通出版社，2015.
[20] 交通运输部. 公路沥青路面设计规范 JTG D50—2017[S]. 北京：人民交通出版社，2017.